生命科学前沿及应用生物技术

食药用真菌资源生物技术及应用

Biotechnological Application of Ediblc and Medicinal Fungi

丁重阳　刘高强　杨海龙　编著

科学出版社
北　京

内 容 简 介

食药用真菌因其生长和代谢特性，是天然活性物质和相关酶的资源库，如何深入挖掘、高效利用这些资源是研究食药用真菌的重要内容。本书通过借鉴国内外相关研究成果，并在本实验室研究工作的基础上，全面介绍了食药用真菌资源利用方面的研究进展。全书共分7章，具体内容包括：绪论（第1章），食药用真菌的活性物质资源（第2章），食药用真菌多糖、三萜类化合物及其他活性物质的生物合成（第3、4、5章），食药用真菌其他重要的酶资源及其应用（第6章），食药用真菌的生物信息学研究与运用（第7章）。

本书适合食药用真菌研究领域广大科技工作者，以及食品、生物技术等相关专业的科技、教学、生产工作者研究参考。

图书在版编目（CIP）数据

食药用真菌资源生物技术及应用 / 丁重阳，刘高强，杨海龙编著．— 北京：科学出版社，2021.10

ISBN 978-7-03-069902-2

Ⅰ．①食… Ⅱ．①丁… ②刘… ③杨… Ⅲ．①食用菌 – 种质资源 – 研究②药用菌类 – 种质资源 – 研究 Ⅳ．① S646 ② S567.3

中国版本图书馆 CIP 数据核字（2021）第 194442 号

责任编辑：罗 静 刘 晶 / 责任校对：郑金红
责任印制：吴兆东 / 封面设计：刘新新

科学出版社 出版
北京东黄城根北街16号
邮政编码：100717
http://www.sciencep.com
北京建宏印刷有限公司印刷
科学出版社发行 各地新华书店经销
*
2021年10月第 一 版 开本：720×1000 1/16
2025年 1 月第三次印刷 印张：11
字数：230 000

定价：128.00 元

（如有印装质量问题，我社负责调换）

前　言

食药用真菌，无论是日常生活中常见的香菇、金针菇、木耳、杏鲍菇、鸡腿菇等，还是被称为仙草的灵芝和冬虫夏草，因其丰富的营养物质、独特的风味特征和广谱的食药用价值，长期以来深受人们的喜爱。食药用真菌中的生物活性物质以及这些物质的合成代谢途径与高附加值应用是食药用真菌研究的主要内容之一。

在食药用真菌中，除了多糖、三萜这两大类活性物质外，还有多酚、黄酮、单萜与倍半萜、多肽等，呈现出种类与结构的多样性。正是这种多样性的特征，使得这些活性物质不仅是食药用真菌呈现生物活性多样性的物质基础，也成为研究者探索和发掘新药或新药先导物的重要资源库。然而这些活性物质大多是次级代谢产物，产量低、提取效率低。如何大规模较低成本地获得这些物质，不仅需要制备工艺的优化创新，更需要对这些物质的合成代谢途径全面深入理解从而实现对代谢调控的精准把握。

在这些活性物质的合成过程中，有大量的酶参与其中，如糖供体合成相关酶、糖基转移酶、P450 酶等，这些酶与其他微生物以及植物中的同种类的酶既有相似性，又有其独特性。对这些酶的清晰认识，既是代谢途径全面深入理解的关键，也是基于合成生物学的原理与技术开展这些活性物质生物合成研究的重要基础。

除了上述参与活性物质合成的各种酶外，大部分食药用真菌还含有丰富的木质素与纤维素降解类酶，这种酶资源的多样性是食药用真菌的又一大特点。这一大类酶在环境、纺织、食品、再生资源利用等领域的应用已广为人知。从食药用真菌中挖掘、改造、高效制备这类酶的研究也有较长的历史，而新一代发酵技术的发展，为这一研究赋予了新的活力。

同时，生物信息学的应用，使我们能够在一个全新的角度和尺度上去研究食药用真菌的生长与代谢特征。虽然，由于食药用真菌代谢的复杂性以及基因功能注释的相对缺乏，其研究的深度与广度目前远不及酿酒酵母和大肠杆菌，但随着多学科的交叉融合以及技术的迭代更新，生物信息学必将为食药用真菌研究提供更为广阔和高效的支撑。

本书由江南大学丁重阳、中南林业科技大学刘高强、温州大学杨海龙共同编写，丁重阳统稿。江南大学王琼及博士研究生徐萌萌、赵丽婷、马忠宝参与了部分编写工作。本书第 1 章为绪论。第 2 章“食药用真菌的活性物质资源”讨论和讲述了食药用真菌中的主要生物活性物质的结构、活性及其应用。第 3 章“食药用真菌多糖的生物合成”主要以灵芝为例，论述了食药用真菌多糖生物合成途径尤其是糖供体合成、糖链延伸过程及其参与的酶，以及食药用真菌多糖的发酵生产。第 4 章“食药用真菌三萜类化合物的生物合成”同样以灵芝为主要实例，论述了食药用真菌三萜的合成途径、主要参与的酶以及三萜的生产。第 5 章“食药用真菌其他活性物质的生物合成”讨论和讲述了食药用真菌中酚酸、单萜和倍半萜、多 / 寡肽、皂苷的生物合成。第 6 章“食药用真菌其他重要的酶资源及其应用”主要论述了利用食药用真菌发酵产纤维素酶、漆酶、木质素过氧化物酶、锰过氧化物酶。第 7 章“食药用真菌的生物信息学研究与应用”主要讲述了生物信息学在食药用真菌基因挖掘，以及基因组网络模型构建方面的应用。

本书适宜食药用真菌领域广大科技工作者和食品、生物技术等相关专业的科技、教学、生产工作者研究参考。

限于能力和水平，书中难免存在遗漏、不当和错误之处，恳请广大读者、同仁批评指正！

作　者

2021 年 6 月于江南大学

目　　录

第 1 章　绪　　论

1.1　食药用真菌概况

食药用真菌是一类在分类学、生态学和生理学上极为多样化的真核生物群体，真菌分类中属于担子菌亚门和子囊菌亚门，其种类繁多、形态各异。目前，已有近 2000 种食用和（或）药用大型真菌被鉴定。一般而言，可食用的大型真菌称之为食用菌，具有药用价值的大型真菌称之为药用菌，而许多大型真菌往往既是食用菌又是药用菌，故将其统称为食药用真菌。食药用真菌是人类饮食的重要组成部分，在世界各地普遍生产。在过去几年中，随着消费者对食药用真菌需求的增大，其产量有了显著增长。据 FAOSTAT（Food and Agriculture Organization Statistical）统计，2000 ～ 2018 年全球食药用真菌产量从 419 万吨 / 年增加到 899 万吨 / 年。预计在未来的几年中，食药用真菌的总产量、商业化品种的数量以及食药用真菌在人类饮食中的重要性将继续增加 [1]。据《全球蘑菇市场报告 2015—2021 年》估计，2015 年全球食药用真菌市场规模约为 350 亿美元，2021 年将达到 600 亿美元，复合年增长率为 9.2%[2]。

食药用真菌易于栽培，且栽培所需物料及面积要求低，大多数是通过大规模固态发酵进行商业栽培，产生食用或药用子实体；其栽培所使用的基质主要来自小麦和水稻秸秆、麸皮、稻壳、林业副产品、玉米芯等木质纤维素废弃物。液体深层发酵培养是近年来应用于大型真菌的一项新技术，与传统固态发酵相比，它具有培养周期短、培养条件易于控制、活性代谢产物和特定培养成分易于获得等诸多优点。此外，深层发酵可能会增加从大型真菌中获得的生物活性化合物的相对数量。因此，适宜的生产和栽培条件对于食药用真菌的规模化生产至关重要，特别是对于稀有菌株资源 [3]。

食药用真菌不仅含有丰富的膳食纤维、多种氨基酸和蛋白质（酶、凝集素和麦角硫氨酸），还富含维生素 B_1、维生素 B_2、维生素 D_2、维生素 C、微量元素、大量元素及不饱和脂肪酸等，具有重要的营养价值；此外，食药用真菌是多种生物活性成分（多糖、萜类、生物碱、抗生素和金属螯合剂）的重要来源，这些生物活性化合物具有不同的生理活性，包括抗肿瘤、抗炎、抗糖尿病、抗过敏、免疫调节、心血管保护、抗胆固醇、解毒、保肝、抗菌、抗氧化益生元等 [4]。

食药用真菌具有广泛的生物活性和令人愉快的独特风味，可作为营养丰富的食品、商业营养品和医药产品。香菇、金针菇、木耳、猴头菇、草菇、杏鲍菇、蟹味菇、珍珠菇、鸡腿菇、凤尾菇等都是日常生活中常见的食用菌。食用菌的药用价值也十分突出，在中国古代的许多医药名著中都有大量的记载。表1-1中列举了部分传统医药名著中记载的食药用真菌的种类，早在神农氏炎帝和轩辕氏黄帝时期就应用真菌入药治疗疾病；《神农本草经》中记载了茯苓、赤芝、猪苓、雷丸等多种食药用真菌，其中茯苓和赤芝被列为“上品”药；陶弘景的《名医别录》介绍了雷丸、六芝、茯苓、猪苓、桑耳和马勃等食药用真菌，同样也把茯苓与六芝（青芝、赤芝、黄芝、白芝、黑芝、紫芝）列为上品。此外，《新修本草》以《本草经集注》为基础，增补注文与新药，是中国第一部国颁药典，也是世界上最早的药典，其对六芝、茯苓、雷丸等食药用真菌也进行了详细介绍。在《本草纲目》中，李时珍以《证类本草》为蓝本加以变革，采用“目随纲举”编写体例，故以“纲目”为名，主要介绍历代诸家本草及中药基本理论等内容；在草部、菜部与木部中增加了六芝、桑耳、槐耳、柳耳、皂荚蕈、香蕈、天花蕈、羊肚菜、鸡菌、鬼盖、鬼笔、竹荪、桑黄、蝉花、雪蚕、茯苓、猪苓、雷丸及马勃等40余种食药用真菌，相对于其他几部药学著作中所记载的食药用真菌更加全面。

表1-1 传统医药名著中记载的食药用真菌

药学名著	成书年代	食药用真菌种类
《神农本草经》	汉代	赤芝、雷丸、茯苓、桑上寄生、猪苓、白僵蚕、藿菌
《名医别录》	汉末	雷丸、六芝（青芝、赤芝、黄芝、白芝、黑芝、紫芝）、茯苓、猪苓、桑耳、马勃、桑上寄生、鬼盖
《新修本草》	唐代	六芝（青芝、赤芝、黄芝、白芝、黑芝、紫芝）、茯苓、猪苓、茯神、雷丸、桑耳、白僵蚕、松萝、马勃
《本草纲目》	明代	六芝、赤茯苓、茯苓、茯神、猪苓、木耳、槐耳、桑耳、槐耳、松蕈、杉菌、天花蕈、白僵蚕、藿菌、菌子、马勃、菰、鸡菌、蘑菰蕈、香蕈、皂荚蕈、竹黄、雪蚕、羊肚菜、柳耳、鬼盖、鬼笔、竹荪、桑黄、蝉花、雷丸

中国现代许多医药名著中对于食药用真菌也有着大量的记载。《中国药用真菌学》是1997年徐锦堂主编的一部本草类中医著作，主要介绍了茯苓、灵芝、猪苓、冬虫夏草、香菇、木耳、猴头菇、蜜环菌等30余种重要药用真菌的药理、化学和生物学特性、栽培技术、发酵工艺及临床应用等有关资料和技术。科学出版社2007年出版的《中国东北野生食药用真菌图志》、上海科学技术文献出版社在2010年出版的《中国食药用菌学》等均对食药用真菌进行了详细的介绍，可供生物学、菌物学、林业、农业、医药资源科研工作者，以及从事食药用真菌栽培和贸易的有关人员及广大爱好者学习参考。

1.2　研究 / 利用史

食药用真菌的历史可以追溯到 4000 多年前，因其独特的食用和药用价值而被誉为健康食品。数百年来，中国、韩国、日本、东欧国家等均使用食药用真菌的提取物作为替代药物。在国内，目前已鉴定出食用真菌 966 种，其中药用真菌约 700 种。这些真菌中有 100 多种可作为食用和药用真菌对其进行商业化栽培 [5]。

1.2.1　起源及发展

从古至今，世界上许多国家都以野生“蘑菇”作为食物、药物等，其在人们日常生活中发挥着重要作用。到了 21 世纪，食药用真菌不仅可作为健康美味的食物，更重要的是可作为功能性食品、抗癌药物、降血压和降血脂药物等，已经成为大健康产业密不可分的一部分。

中国是世界上发现和利用食药用真菌最早的国家，数千年来，我国人民在和大自然相处过程中对大型真菌的形态、生长环境、习性进行了仔细的观察，创造了丰富的词汇进行描述，记载于历史、小说、农书、本草等各类书籍文献中，还以这些野生食用菌为题材，创作了许多优美的诗、词、歌、赋等。郭沫若在《中国通史》中记述，早在 6000 ～ 7000 年前的仰韶文化时期，人类就开始采食菌菇。公元前 235 年春秋时期，我国已经有利用野生食用菌的文字记载，《吕氏春秋·本味篇》中记载了“和之美者、阳朴之姜、招摇之桂、越骆之菌”。在西晋和隋代，我国有了香菇栽培（《古田县志》），唐代有了构菌（即金针菇）和黑木耳栽培。宋代陈仁玉撰写了专门的菌类著作《菌谱》。浙江庆元的吴三公创造了系统的人工栽培香菇技术。明代李时珍在《本草纲目》中已专门分列出菌类的中药材。我国传统的食药用真菌栽培起源于清代，四川通江有了大规模银耳栽培，广东南华有了草菇栽培。表 1-2 介绍了部分食药用真菌首次栽培记录 [6]。

表 1-2　世界食药用真菌首次栽培记录

菌种	拉丁学名	首次栽培年份 / 年	栽培发源地
黑木耳	*Auricularia heimuer*	581 ～ 600	中国
金针菇	*Flammulina velutipes*	800	中国
茯苓	*Wolfiporia cocos*	1232	中国
香菇	*Lentinula edodes*	1000	中国
双孢蘑菇	*Agaricus bisporus*	1600	法国

续表

菌种	拉丁学名	首次栽培年份 / 年	栽培发源地
草菇	*Volvariella volvacea*	1700	中国
银耳	*Tremella fuciformis*	1800	中国
糙皮侧耳	*Pleurotus ostreatus*	1900	美国
猴头菇	*Hericium erinaceus*	1960	中国
巴氏蘑菇	*Agaricus blazei*	1970	日本
肺形侧耳	*Pleurotus pulmonarius*	1974	印度
毛木耳	*Auricularia cornea*	1975	中国
高大环柄菇	*Macrolepiota procera*	1979	印度
大杯伞	*Clitocybe maxima*	1980	中国
竹荪 3 种	*Dictyophora* spp.	1982	中国
灰树花	*Grifola frondosa*	1983	中国
蜜环菌	*Armillaria mellea*	1983	中国
绣球菌	*Sparassis crispa*	1985	中国
羊肚菌	*Morchella* spp.	1986	美国
蛹虫草	*Cordyceps militaris*	1987	中国
猪苓多孔菌（猪苓）	*Polyporus umbellatus*	1989	中国
裂褶菌	*Schizophyllum commune*	2000	中国
暗褐网柄牛肝菌	*Phlebopus portentosus*	2011	中国
尖顶羊肚菌	*Morchella conica*	2014	中国

1.2.2 食药用真菌产业发展

社会经济的发展和进步促进了人们对高品质生活的追求和对食品安全的高度重视。食药用真菌具有丰富的营养价值和药用价值，逐渐受到大众的关注和喜爱。食药用真菌产业在整个产业结构中占据越来越重要的地位，促进其产业良好发展十分必要。

在全世界范围内，中国是历史上最早对食药用真菌进行利用的国家，日常生活中的香菇、黑木耳、金针菇、银耳等均起源于我国。相较于我国，日本、欧美各国、俄罗斯等研究起步较晚，但以欧美各国的双孢蘑菇栽培、日本和韩国的木腐菌栽培为代表，国外食药用真菌产业自动化、机械化生产程度非常高，且具有高产和优质的特点[7]。

国外最早实现人工栽培的食药用真菌是双孢蘑菇，于 1600 年在法国实现商业化栽培。韩国食药用真菌栽培起源于 1900 年，首先实现了对香菇的人工栽培[8]。美国在 1900 年之前没有商业化的食药用真菌，而现在已发展为世界第二大规模的栽培食药用真菌大国[9]，据美国农业部的数据统计显示，2017 年美国食用菌总产值为 12.2 亿元；2018 年美国食用菌进口量为 19.6 万吨，是 1970 年进口量的 8 倍，进口品种主要是食用菌罐头和香菇、黑木耳、杏鲍菇和银耳等[10]。日本推行食用菌“培养中心”模式，是目前食药用真菌栽培种类最多的发达国家。作为俄罗斯的传统食物，食药用真菌大约在 10 世纪时逐渐流行；俄罗斯食用菌的进口量增长较快，从 1995 年到 2014 年的 20 年时间里，茶薪菇等鲜菇的进口量增加了数十倍。尽管俄罗斯食用菌人工栽培的产量增长缓慢，但食用菌的年消费量仍然达到 140 万吨[11]。

自 20 世纪 90 年代以来，伴随着国际食用菌产业发展空间的转移和国内食用菌生产得天独厚的自然条件，在各级政府部门的重视和推动下，我国食用菌产业获得了良好发展，成为世界第一的食用菌生产大国。经过 30 多年的快速发展，我国食药用真菌商业化品类已经扩增，生产标准逐步规范，生产设施日益专业，产业规模不断扩大，效益不断增加[12]。

现如今，我国的食药用真菌产量已经达到了世界产量的 75% 以上，出口到上百个国家。我国主要商业化菌种约有 30 多种，包括黑木耳、香菇、双孢蘑菇、平菇、金针菇、毛木耳等。我国现行食药用真菌国家技术标准共计 30 余项，涵盖了菌种、产品加工、成分检测、农药残留、卫生等多个方面（表 1-3）[13]。

表 1-3 我国食药用真菌国家技术标准

标准编号	标准名称
GB 7096—2003	食用菌卫生标准
GB 7098—2003	食用菌罐头卫生标准
GB 19169—2003	黑木耳菌种
GB 19170—2003	香菇菌种
GB 19171—2003	双孢蘑菇菌种
GB 19172—2003	平菇菌种
GB 11675—2003	银耳卫生标准
GB/T 18525.5—2001	干香菇辐照杀虫防霉工艺
GB/T 5009.189—2003	银耳中米酵菌酸的测定
GB/T 12728—2006	食用菌术语
GB/T 14151—2006	蘑菇罐头

续表

标准编号	标准名称
GB/T 21125—2007	食用菌品种选育技术规范
GB/T 12532—2008	食用菌灰分测定
GB/T 12533—2008	食用菌杂质测定
GB/T 19087—2008	地理标志产品　庆元香菇
GB/T 22746—2008	地理标志产品　泌阳花菇
GB/T 23189—2008	平菇
GB/T 23216—2008	食用菌中 503 种农药及相关化学品残留量的测定　气相色谱-质谱法
GB/T 6192—2008	黑木耳
GB/T 23188—2008	松茸
GB/T 23190—2008	双孢蘑菇
GB/T 23191—2008	牛肝菌　美味牛肝菌
GB/T 15673—2009	食用菌中粗蛋白含量的测定
GB/T 15674—2009	食用菌中粗脂肪含量的测定
GB/T 15672—2009	食用菌中总糖含量的测定
GB/T 23775—2009	压缩食用菌
GB/T 23599—2009	草菇菌种
GB/T 23395—2009	地理标志产品　卢氏黑木耳
GB/T 29368—2012	银耳菌种生产技术规范
GB/T 29369—2012	银耳生产技术规范
GB/T 29344—2012	灵芝孢子粉采收及加工技术规范
GB/Z 26587—2011	香菇生产技术规范

虽然我国是食药用真菌生产大国，但在资源、技术、规模上均不属于强国。我国的食药用真菌产业发展距离发达国家还有很大差距，目前还处于初级阶段。想要谋求我国食药用真菌产业可持续发展，必须突破现有技术壁垒，积极研究食药用真菌产业发展中存在的问题，使我国发展成为真正的食药用真菌技术强国[14, 15]。

1.3　食药用真菌资源的多样性

食药用真菌作为生物多样性的一个重要组成部分，对人类的生活与健康都有着十分重要的作用，为人类提供了许多健康美味的食物和生产药物的原材料，也是人类赖以生存与发展的生物圈的重要成员。食药用真菌资源的多样性包括很多方面，最突出的是菌种资源、代谢（天然）产物资源和酶资源多样性。

1.3.1 菌种资源的多样性

食药用真菌的菌种多样性是指所有食药用真菌以及它们所拥有的基因及其生存环境，包括遗传多样性、物种多样性、生态系统多样性。物种是生命存在的最基本单元，它们有共同的起源，经过几十亿年的进化，形成了庞大的系统，物种多样性是整个生物多样性研究的基石，大型真菌的物种多样性是地球生物多样性的重要组成部分[16]。据菌物学家估计，全球约有 150 万种真菌，在地球生物圈中仅次于昆虫，属第二大生物类群。中国是世界上食药用真菌菌种资源多样性最丰富的国家。据戴玉成等人[17]的统计，中国大陆食用菌有 936 种、23 变种、3 亚种和 4 变种。中国食药用真菌已知的 67 科、177 属，它们分别隶属于 2 门、5 纲、16 目。

食药用真菌也是地球生态系统的重要组成部分，其遗传多样性和菌种多样性离不开各式各样的生态系统。在长期的生长进化过程中，食药用真菌遗传物质的改变是发生遗传多样性的根本原因。因此，基因的多样性也是食药用真菌进化和物种分化的根本。

1.3.2 代谢（天然）产物资源的多样性

食药用真菌代谢产物不仅包括蛋白质、氨基酸、粗纤维等常规物质，还包括各种具有良好生物活性的代谢产物，如多糖、黄酮、皂苷、糖蛋白（凝集素）、内酯、萜类、生物碱等，以及许多尚未能够纯化并明确结构的物质[18]。食药用真菌代谢（天然）产物资源的多样性不仅仅指代谢产物种类的多样性，还包括这些代谢产物在生物活性方面所表现出的多样性。不同的食药用真菌，其代谢（天然）产物也不尽相同，所对应的具有代表性的生物活性也各有偏重。

许多食药用真菌生物活性化合物具有抑制肿瘤增殖的能力，已成为抗肿瘤药物开发的重要潜在资源。目前分离得到的化合物主要有萜类、多糖、甾醇类等，广泛存在于灵芝、蜜环菌、桦褐孔菌、香菇等。其中，香菇多糖是研究得最早和最透彻的一种。有些大型食药用真菌在民间被用作降糖药物，如毛头鬼伞、猴头菇、桦褐孔菌、金顶侧耳等，其活性物质主要包括倍半萜类、苯酮类、甾醇类等。食药用真菌中的麦角硫因与其抗氧化活性有关。双孢蘑菇子实体中麦角硫因含量达 1.79 mg/g DW，新生菌丝中达 0.46 mg/g DW，牛肝菌和平菇中含量分别为 0.5281 mg/g FW 和 0.1189 mg/g FW[19]。食药用真菌产生的抗菌活性物质多属于聚乙炔化合物、萜类化合物、类固醇化合物、芳香族化合物、与核酸有关的化合物，具有广谱抗菌活性。食药用真菌丰富的天然代谢产物资源已成为探索和发掘新药或新药先导物的重要化合物库。

1.3.3 酶资源的多样性

食药用真菌资源的多样性除了菌种资源与代谢（天然）产物资源多样性外，其丰富的酶（基因）资源也是食药用真菌的巨大资源库。在多种食药用真菌中，多糖种类也十分丰富，与多糖合成相关的酶多种多样（包括一系列的多糖前体合成酶与糖基转移酶系，以及糖苷水解类酶），这些酶控制着多糖的组分、结构、分子质量大小及其生物活性等。以灵芝为例，其存在超过 100 个与灵芝多糖前体合成相关的基因。此外，大约有 130 个糖基转移酶的相关编码基因。由此可见，食药用真菌不仅有着丰富的酶系，其相关编码基因也十分丰富。

食药用真菌由于生长环境条件的特殊性，其具有丰富的纤维素与木质素降解酶系。降解纤维素的主要为纤维素酶，其是一种复合酶，主要由外切 β-葡聚糖酶、内切 β-葡聚糖酶和 β-葡萄糖苷酶组成。降解木质素的酶系主要由过氧化物酶、锰过氧化物酶和漆酶组成；其中，过氧化物酶与锰过氧化物酶这两种酶属于过氧化物酶，而锰过氧化物酶和漆酶又同属于酚氧化酶。食药用真菌降解木质素所涉及的降解酶系也存在着多样性，例如，姬松茸的木质素降解酶系中过氧化物酶、锰过氧化物酶和漆酶都是完整存在的；而双孢蘑菇木质素降解酶系主要为过氧化物酶与锰过氧化物酶；平菇及阿魏蘑则具有强大的漆酶分泌能力，主要以漆酶降解木质素。即使是同种食药用真菌不同菌株之间，其降解木质素的酶系也存在着显著差异性[20]。

1.4 食药用真菌的培养方式

对于真菌子实体的获取，目前主要采用固体栽培的方式；而菌丝体通常是由发酵获得。另外，按发酵所选用培养基的不同，食药用真菌发酵主要有 2 种类型：固体发酵和液体发酵。固体发酵和液体发酵各有优缺点、互为补充，在实际生产中往往根据需要和实际条件进行相应选择。

1.4.1 固体栽培

固体栽培作为获取真菌子实体的主要方式与固态发酵有着一定的相似之处，将菌种接种在棉籽壳、大米、小麦、高粱米、玉米、豆粉、木屑等为主的基质中，并添加其他营养成分到固体培养基中，在一定的温度、湿度和光照条件下培养一定的时间，从而获取子实体。

目前已有大量的食药用真菌通过人工固体栽培的方式获取子实体，例如，市场上最常见的金针菇、平菇、鸡腿菇、香菇等多种食药用真菌食品，非常受消费者的欢迎，图 1-1 为市场上常见的平菇与金针菇子实体。但最具有代表性的应该属于灵芝的人工固体栽培。随着技术的完善与成熟，灵芝栽培所获得的保健产品实现了规模化，我国的灵芝出口也逐渐由干品转为深加工品，例如，在市场上售卖的灵芝孢子粉产品、灵芝酒等系列产品，其附加值明显提高，这也为我国灵芝的生产开辟了一条新的外销渠道[21]。

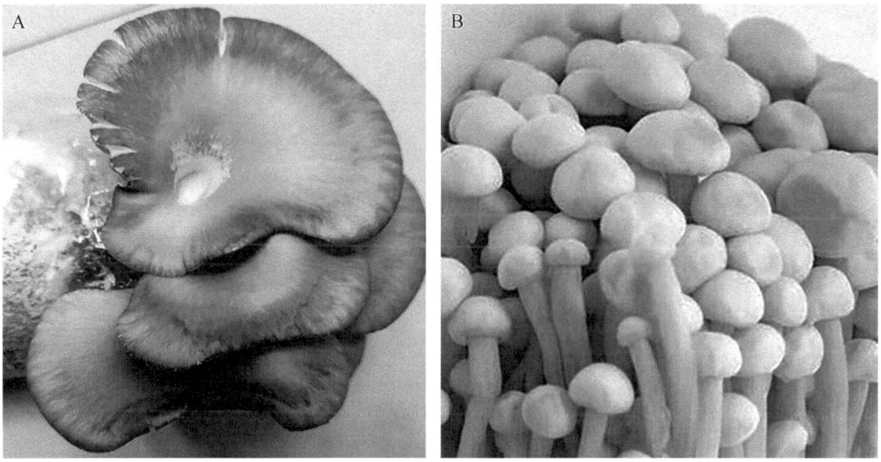

图 1-1 平菇（A）与金针菇（B）子实体

1.4.2 固体发酵

固体发酵是利用惰性底物（合成材料）或天然底物（有机材料）作为栽培基质，在没有或接近没有游离液体的情况下进行的发酵过程。固体发酵的培养基含水量一般在 50% 左右。与液体发酵相比，固体发酵是最能模拟大多数丝状真菌自然生长过程的一种培养方式。生长在固体培养基基质中的菌体形态为菌丝，包括气生菌丝和基内菌丝。

固体基质常为大分子化合物，如淀粉、纤维素、半纤维素、果胶、木质素、蛋白质和脂质等，真菌常分泌胞外分解酵素从而利用其周围的培养基质作为碳源及氮源。这一方面增加了这些废物或副产物的经济价值，另一方面解决了它们的处理问题，避免造成污染。但是木质纤维素原料的使用可能使产物分离纯化过程更加困难。

固体发酵产物可以用溶剂提取其中的有用成分，再将提取物制成饮料、调味品、保健品和药物等，如猴菇菌片、云芝片和槐耳菌片（图 1-2），剩下的渣用作食品添加剂或饲料；也可以直接制成片剂、胶囊、冲剂、食品添加剂、饲料等，这不仅大大简化了生产工艺、降低了生产成本，而且还能充分利用培养物中全部营养和保健成分。固体发酵技术还应用在少数食药用真菌栽培料的发酵上[22]。

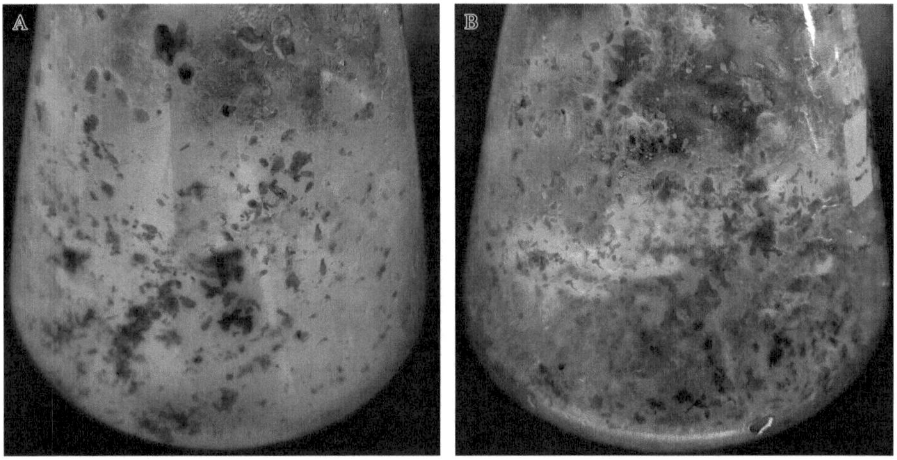

图 1-2　金耳（A）与猴头菇（B）的固体发酵

1.4.3　液体发酵

食药用真菌深层发酵是随着20世纪40年代中期抗生素工业的兴起而出现的，Humfeld 等[23]首次在发酵罐中成功培养出双孢蘑菇菌丝体。随后，许多食用和药用真菌的深层发酵获得成功（图 1-3）。我国在 1958 年开始研究食药用真菌液体

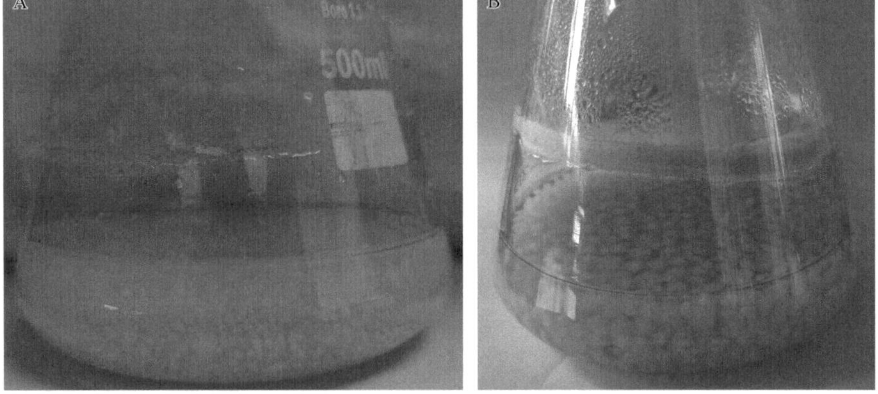

图 1-3　灵芝（A）与裂褶菌（B）的液体发酵

发酵，较早的报道是上海植物生理研究所陈美聿等于1960年进行的香菇液体发酵研究。20世纪80年代后国内外又有许多食用菌液体发酵研究的报道。除液体深层发酵技术用于食药用真菌外，液体浅层培养也在食药用真菌上有所应用，如在平菇、香菇、滑菇上的应用已有报道[22, 24]。

近年来，深层液体发酵作为一种高效生产食药用真菌菌丝体及其代谢产物的优质方法受到了广泛的研究与关注。液体发酵培养具有菌丝体产量高、培养周期短、可控性好等优点，更易于工业化持续大量生产，具有广泛的市场前景。目前，针对灵芝、猴头菇、樟芝、桑黄、冬虫夏草和蛹虫草等食药用真菌的液体发酵均有较多的研究报道[25]。

食药用真菌在液体发酵过程中，除菌丝或孢子大量增殖外，还会在发酵液中产生多糖、多肽、生物碱、萜类化合物、甾醇、酶、核酸、氨基酸、维生素、植物激素等多种具有生理活性的物质。液体发酵可以完全标准化生产具有高营养价值的生物量和其他具有可预测成分的产品。此外，虽然液体发酵后的下游处理需要去除大量的水，而且成本更高，但与固态发酵相比，产品的提取纯化更简单。摇瓶分批培养和实验室发酵罐培养是最常用的液体发酵技术。

食药用真菌液体发酵所需接种量较大，一般为培养基的10%～20%，所以发酵必须逐级扩大。食药用真菌液体发酵的工艺流程一般为：一级种子培养—二级种子培养（小型发酵罐）—大型发酵罐。

目前，食药用真菌深层液体发酵已经广泛应用于医药行业、饲料加工行业、功能性食品产业等（表1-4）。例如，金耳深层发酵获得的菌丝体含有丰富的赖氨酸和亮氨酸等营养物质，对高脂血症、冠心病、糖尿病等均有一定的治疗效果。目前，市场上已有许多这类药物出售，如安络痛片、香云片、灵芝片、蜜环菌片等[22, 23]。

表1-4 食药用真菌在食品中的应用[3]

食药用真菌	产品	有益效果
牛樟芝，姬松茸，猴头菇，桑黄菌丝体	面包	更高的鲜味强度；维持大量的GABA和麦角硫氨酸
凤尾菇子实体	饼干	提高饼干中的膳食纤维、β-葡聚糖和蛋白质含量，改善餐后血糖反应
香菇	米线	增强米线的延展性和坚固性
美味侧耳	素食香肠	替代商业蔬菜蛋白质
灰树花，灵芝	发酵茶	提高发酵茶的感官风味和治疗品质

（丁重阳　刘高强　杨海龙）

参考文献

[1] Marcal S, Sousa A S, Taofiq O, et al. Impact of postharvest preservation methods on nutritional value and bioactive properties of mushrooms. Trends in Food Science & Technology, 2021, 110: 418-431.

[2] Yang M Y, Tarun B, Hari P D, et al. Trends of utilizing mushroom polysaccharides (MPs) as potent nutraceutical components in food and medicine: A comprehensive review. Trends in Food Science & Technology, 2019, 92: 94-110.

[3] Lu H Y, Lou H H, Hu J J, et al. Macrofungi: A review of cultivation strategies, bioactivity, and application of mushrooms. Comprehensive Reviews in Food Science and Food Safety, 2020, 19(5): 2333-2356.

[4] 李亚娇, 孙国琴, 郭九峰, 等. 食用菌营养及药用价值研究进展. 食药用菌, 2017, 25(2): 103-109.

[5] Islam T, Ganesan K, Xu B. New insight into mycochemical profiles and antioxidant potential of edible and medicinal mushrooms: A review. International Journal of Medicinal Mushrooms, 2019, 21(3): 237-251.

[6] 张金霞, 陈强, 黄晨阳, 等. 食用菌产业发展历史、现状与趋势. 菌物学报, 2015, 34(4): 524-540.

[7] 康乐. 中国和日本食用菌产业发展模式特点对比. 中国食用菌, 2019, 38(2): 77-80.

[8] 韩德贤, 刘姿彤, 史磊, 等. 韩国食用菌产业发展现状与趋势. 中国林副特产, 2014, 2: 80-82.

[9] 李荣春. 美国食用菌产业现状与发展趋势. 浙江食用菌, 2007, 1: 34-36.

[10] 于洁, 张博然, 李逸波, 等. 美国食用菌产业发展报告. 中国食用菌, 2021, 40(1): 118-123.

[11] Khrenov A. 俄罗斯食用菌产业的现状与发展趋势. 食药用菌, 2016, 24(1): 18-20.

[12] 王田姝. 我国食用菌新兴产业发展的战略分析与建议. 中国战略新兴产业, 2018, 44: 171.

[13] 李贺, 许修宏, 王相刚. 我国食用菌技术标准的现状、问题及对策研究. 中国食用菌, 2015, 34(3): 1-6.

[14] 张俊飚, 李鹏. 我国食用菌新兴产业发展的战略思考与对策建议. 华中农业大学学报 (社会科学版). 2014, 5: 1-7.

[15] 夏学武. 食用菌产业可持续发展研究. 江西农业, 2018, 10: 47-48.

[16] 图力古尔. 我国蕈菌生物多样性及保育研究进展. 鲁东大学学报 (自然科学版), 2010, 26(4): 353-360.

[17] 戴玉成, 杨祝良. 中国药用真菌名录及部分名称的修订. 菌物学报, 2008, 6: 801-824.

[18] 巩婷, 温艳华, 陈尔东, 等. 担子菌类真菌新产物研究进展. 菌物研究, 2017, 15(2): 89-111.

[19] 唐巧娟, 吴红燕, 刘彩琴. 食用菌抗氧化成分及抗氧化机制研究进展. 广州化工, 2017, 45(20): 19-21.

[20] 李燕荣, 周国英, 胡清秀, 等. 食用菌生物降解木质素的研究现状. 中国食用菌, 2009, 28(5): 5-8.

[21] 赵小平. 药用真菌灵芝研究与栽培现状. 中国食用菌, 2019, 38(7): 1-5.

[22] 崔战利, 纪洪刚, 曹君继. 发酵技术在食 (药) 用菌上的应用概况. 中国林福特产, 2000, 2: 33-34.

[23] Humfeld H. The production of mushroom mycelium(*Agaricus campestris*)in submerged culture.Science, 1948, 107(2780): 373.

[24] 郭尚, 王慧娟. 食用菌深层发酵技术及其应用. 山西农业科学, 2013, 41(8): 885-888.

[25] 姜福春, 冯杰, 杨焱. 珍稀药用真菌发酵调控技术研究概况与展望. 天然产物研究与开发, 2017, 45(2): 171-178.

第 2 章　食药用真菌的活性物质资源

2.1　多　　糖

多糖是食药用真菌中最主要也是最常见的生物活性物质，是一类从食药用真菌子实体、菌丝体或发酵液中分离获得，由各种单糖通过糖苷键连接起来的高分子聚合物。食药用真菌多糖一般具有抗肿瘤、抗炎症、免疫调节等活性，但不同食药用真菌来源的多糖都具有各自独特和显著的生物活性 [1]。

2.1.1　多糖结构

多糖的结构分析是多糖研究的基础，对揭示其分子结构与功能关系有重要作用。多糖的一级结构主要包括单糖组成、连接方式、侧链基团、分支度及分子质量。二级结构是建立在一级结构排布基础上，多糖骨架链间以氢键结合形成各种聚合体，只包括多糖分子中主链的构象，不涉及侧链的空间排布；在二级结构的基础上进一步物理盘曲、折叠形成多糖的三级结构；三级结构进一步通过非共价键相互作用形成有序而粗大的聚集体，即多糖的四级结构 [2]。

食药用真菌多糖是由单糖聚合成的大分子物质，可以分为均一多糖和杂多糖两类。均一多糖和杂多糖构型或连接位置都具有同型连接和异型连接。杂多糖因多样化的单糖组成、组合序列及其糖苷键类型而呈现出复杂的结构多样性 [3]。多糖结构解析主要通过对其进行部分水解、高碘酸氧化、Smith 降解等，并结合傅里叶红外光谱、拉曼光谱、GC-MS、核磁共振等来表征单糖组成和多糖结构（表 2-1）。

表 2-1　多糖结构常见分析方法

表征结构	方法
多糖纯度及相对分子质量	HPGPC、渗透法、黏度法、光散射法、凝胶电泳
单糖组成及比例	HPLC、GC、GC-MS、高效离子色谱
糖苷的糖环形式（吡喃环、呋喃环）	红外光谱
单糖残基类型和糖苷键连接方式	甲基化、GC-MS
糖苷连接顺序	酸水解、糖苷酶水解、核磁共振
羟基取代情况	甲基化、高碘酸氧化、Smith 降解、GC-MS、NMR
糖链-肽链连接方式	烯碱水解、肼解反应、氨基酸组成分析

注：HPGPC，高效凝胶渗透色谱；HPLC，高效液相色谱；GC，气相色谱；GC-MS，气相色谱-质谱；NMR，核磁共振。

2.1.2 食药用真菌多糖的单糖组成

在食药用真菌多糖的一级结构中，单糖是糖类的基本组成单元，单糖之间脱水形成糖苷键，并以糖苷键线性或分支连接成寡糖和多糖。单糖之间糖苷键的构型决定着多糖的形状，同时也决定了多糖的化学、物理性质。多糖的单糖组成是多糖结构最基本且最关键的物质基础。单糖组成的多样性决定了多糖结构的多样性及其生物活性的多样性。

单糖的组成通常因菌种而异，但也可能取决于特定菌株的能力。子囊菌纲食药用真菌多糖的单糖组成与担子菌纲食药用真菌多糖明显不同。一般而言，食药用真菌多糖的单糖组成主要为葡萄糖、半乳糖、甘露糖。研究表明，同一种食药用真菌子实体多糖、菌丝体多糖及液体发酵胞外多糖的单糖组成及比例往往不同，即使是同一种食药用真菌的同一种类多糖，因其生长环境或培养条件的不同，也会造成单糖组成及其比例的变化，从而影响结构与活性[3]。表 2-2 列举了常见食药用真菌多糖的单糖组成及比例[3]。

表 2-2 常见食药用真菌多糖的单糖组成

菌种		多糖来源	单糖组成	摩尔比
冬虫夏草	*Cordyceps sinensis*	菌丝体	甘露糖∶葡萄糖∶半乳糖∶葡萄糖酸	9.6∶4.0∶4.4∶1.0
蝉花	*Cordyceps sobolifera*	子实体	甘露糖∶葡萄糖∶半乳糖	1.7∶8.9∶1
九州虫草	*Cordyceps kyushuensis*	基质	岩藻糖∶甘露糖∶鼠李糖∶葡萄糖∶阿拉伯糖	1∶1.29∶0.14∶0.07∶0.32
羊肚菌	*Morchella esculenta*	子实体	木糖∶葡萄糖∶甘露糖∶鼠李糖∶半乳糖	5.4∶5.0∶6.5∶7.8∶72.3
			葡萄糖∶甘露糖∶半乳糖∶阿拉伯糖∶木糖∶鼠李糖	38.06∶14.43∶17.06∶9.25∶2.08∶0.94
			葡萄糖∶甘露糖∶半乳糖∶阿拉伯糖∶木糖∶鼠李糖	27.04∶28.66∶11.12∶9.07∶6.71∶3.22
			葡萄糖∶甘露糖∶半乳糖∶阿拉伯糖∶木糖∶鼠李糖	24.69∶20.46∶10.22∶7.91∶4.05∶2.83
		发酵液	阿拉伯糖∶甘露糖∶葡萄糖∶半乳糖	0.7∶2.8∶24.8∶1.0
			鼠李糖∶甘露糖∶葡萄糖∶半乳糖	1.8∶3.1∶21.4∶1.0
灵芝	*Ganoderma lucidum*	子实体	葡萄糖	—
			葡萄糖∶半乳糖∶甘露糖	29∶1.8∶1.0
松杉灵芝	*Ganoderma tsugae*	菌丝体	岩藻糖∶木糖∶甘露糖∶半乳糖∶葡萄糖∶*N*-乙酰葡萄糖胺	2.9∶16.1∶66.7∶9.4∶0.1∶4.3
			岩藻糖∶木糖∶甘露糖∶半乳糖∶葡萄糖∶*N*-乙酰葡萄糖胺	4.5∶1.3∶58.0∶24.5∶3.8∶7.9

续表

菌种		多糖来源	单糖组成	摩尔比
黑灵芝	*Ganoderma atrum*	子实体	半乳糖:岩藻糖:葡萄糖 葡萄糖:甘露糖:半乳糖:半乳糖醛酸	75.87 : 11.83 : 6.02 4.91 : 1 : 1.28 : 0.71
紫芝	*Ganoderma sinense*	子实体	甘露糖:葡萄糖:半乳糖	4.7 : 27.1 : 1.0
会东块菌	*Tuber rufum*	子实体	葡萄糖:半乳糖:岩藻糖	4 : 3 : 1.0
棕红块菌	*Tuber huidongense*	子实体	葡萄糖:甘露糖:半乳糖	60.56 : 20.12 : 19.32

2.1.3　食药用真菌多糖的构效关系

食药用真菌多糖的构效关系是指化学结构与其生物活性之间的关系。尽管构效关系没有普遍规律，且多糖结构十分复杂，但通过这方面研究的积累可不断加深对食药用真菌多糖的全面理解，逐渐减少高活性食药用真菌多糖筛选的盲目性。除了前述单糖组成对生物活性的影响外，多糖的其他一级结构特征及其高级结构与生物活性之间都存在着一定的关联。

1. 分子质量

多糖类高分子化合物不同于单糖和寡糖，没有专属于自己的、不能改变的分子质量。多糖的理化性质往往与其相对分子质量密切相关。食药用真菌多糖发挥生物活性通常需要其分子质量在一定范围内，分子质量过大和过小均不利于其生物活性功能的体现。例如，桦褐孔菌多糖 UIOPS-1 经过体外模拟胃肠消化，分子质量由 105.02 kDa 转变为 88.97 kDa 和 36.74 kDa 两个均一低分子质量组分，结果消化后的多糖抗氧化活性增强[4]。但需要注意的是，不同种类食药用真菌，其多糖表现出高生物学活性的分子质量范围亦不完全相同，目前尚无可循的规律。

2. 分支度

分支度（degree of branch，DB）是指平均每个单糖单位所具有的分支数目，亦称取代度。分支度不同，其表现出的生物活性也不同，有研究表明不同食药用真菌多糖在呈现抗肿瘤活性时其分支度不尽相同，如茯苓多糖为 1.5% ～ 2%、香菇多糖为 23% ～ 40%、灰树花多糖为 31% ～ 36%、裂褶菌多糖为 33%。

3. 糖苷键

单糖之间连接的糖苷键是影响多糖生物活性最基础的因素，一般认为多糖主链上 β-糖苷键是其特定生物活性的结构前提。有研究发现在褶皱菌和小核菌多糖中，含有 β-(1→3)-D-葡聚糖组分的多糖具有较强的抑制肿瘤活性，含有

α-(1→3)-D-葡聚糖组分的多糖则没有[5]。香菇多糖等已应用于临床的抗肿瘤多糖药物均是以β-(1→3)糖苷键为主[6]。

4. 高级结构

多糖的生物活性不仅与其一级结构有关，而且与糖链的高级构象密切相关。有学者认为，高级结构对多糖生物活性的影响较初级结构大，具有规则空间构象的结构呈三股螺旋的多糖活性较高，但目前多糖的高级结构与生物活性之间的关系还有待于进一步深入研究[7]。表2-3列举了部分具有抗肿瘤活性食药用真菌多糖的结构[8]。

表 2-3 部分具有抗肿瘤活性食药用真菌多糖的结构特征

食药用真菌	抗肿瘤多糖	高级结构	分支度	分子质量/kDa	生物活性
姬松茸 *Agaricus blazei*	ABP-W1：(1→6)-α-D-吡喃半乳糖基和(1→2,6)-α-D-吡喃葡糖基主链，在(1→2,6)-α-D-吡喃葡萄糖基O-2位置具有一个单末端(1→2)-α-D-吡喃葡糖基分支，沿主链的比例为1∶1∶1	三螺旋	50%	390	作为免疫促进剂抑制癌细胞增殖
	(1→6)-β-葡聚糖主链，每3个主链残基在O-3处具有1个(1→3)-β-葡聚糖侧链	—	—	—	
	(1→4)-α-葡聚糖主链，连接(1→6)-β-葡聚糖侧链	—	—	20	
牛樟芝 *Antrodia camphorate*	(1→3)-β-D-葡聚糖主链，侧链为(1→3)-β-葡聚糖	螺旋结构	—	10～10^3	抑制癌细胞的增殖；增强NK/LAK活性
黑木耳 *Auricularia auricula-judae*	AAG：(1→4)-连接的D-吡喃葡萄糖基主链，在O-6处具有(1→6)-连接的D-吡喃葡萄糖基分支	在0.1mol/L NaCl水溶液中为半刚性链	65.5%	34～288	诱导癌细胞凋亡
	AF1：(1→3)-β-D-葡聚糖主链，每3个主链葡萄糖残基具有2个(1→6)-β-D-葡萄糖基支链	水溶液中为梳状支化结构	—	—	
蛹虫草 *Cordyceps militaris*	(1→6)-β-D-甘露吡喃糖基主链，在主链甘露糖O-3处具有(1→4)-α-D吡喃葡萄糖基和(1→6)-β-D-吡喃半乳糖基侧链	无规则卷曲	25%	26～50	诱导癌细胞凋亡
金针菇 *Flammulina velutipes*	(1→3)-β-D-葡聚糖	单螺旋	—	200	增强细胞因子的表达

续表

食药用真菌	抗肿瘤多糖	高级结构	分支度	分子质量 /kDa	生物活性
灵芝 *Ganoderma lucidum*	(1→3)-,(1→4)-和 (1→6)-β-D-葡聚糖	三螺旋	33%	80 ～ 200	诱导细胞周期阻滞、凋亡；细胞因子表达增加等
	β-D-杂多聚糖（葡萄糖醛酸-β-D-葡聚糖，阿拉伯木糖-β-D-葡聚糖，木糖-β-D-葡聚糖，甘露糖-β-D-葡聚糖和木糖甘露糖-β-D-葡聚糖）	—	—	—	
	通过 (1→6) 键连接的具有 (1→6)-β-D-吡喃葡萄糖基分支的 (1→3)-β-D-葡聚糖	—	—	—	
灰树花 *Grifola frondosa*	(1→6)-β 主链，具有 (1→4)-β 分支；(1→3)-β 主链，具有 (1→6)-β 分支	三螺旋	33%	800	增加细胞因子的表达
猴头菇 *Hericium erinaceus*	HEB-AP Fr I：β-甘露聚糖	三螺旋	20%	＞ 100	增强阿霉素介导的凋亡信号；诱导细胞色素 c 的分泌等
	HEP3：(1→3)-β-D-吡喃葡萄糖基主链，每三个主链单元在 O-6 位具有一个单元 β-D-吡喃葡萄糖基分支	—	—	—	
	FII-1：由 (1→3)-β 和 (1→6)-糖苷键连接的木葡聚糖	—	—	—	
	FIII-2b：包含 (1→3)-β 和 (1→6)-糖苷键连接的半乳木葡聚糖 蛋白质复合物	—	—	13	
	HE：含有 1,3-支链的 β-1,6-葡聚糖	—	—	—	
桦褐孔菌 *Inonotus obliquus*	α-连接的岩藻葡甘聚糖	三螺旋	—	1000	诱导细胞凋亡
	杂多糖（木半乳葡聚糖，包含葡萄糖、甘露糖、半乳糖、木糖、阿拉伯糖和岩藻糖）	—	—	—	
香菇 *Lentinus edodes*	(1→3)-β-葡聚糖主链，每五个 (1→3)-β-D-吡喃葡萄糖苷含有两个 (1→6)-β-D-吡喃葡萄糖苷分支	三螺旋	40%	400 ～ 800	恢复免疫细胞的活化；增加细胞因子的表达等
平菇 *Pleurotus ostreatus*	(1→3)-β-D-葡聚糖，杂葡聚糖	—	25%	2200 ～ 2900	增加淋巴细胞的增殖

续表

食药用真菌	抗肿瘤多糖	高级结构	分支度	分子质量 /kDa	生物活性
茯苓 *Poria cocos*	β-茯苓聚糖	单螺旋	1.5% ～ 2%	26 ～ 268	促进免疫反应；增加细胞因子的表达
	β-葡聚糖	—	—	—	
	(1→3)-α-D-葡聚糖	—	—	—	
	(1→3)-β-D-葡聚糖	线性结构	—	—	
裂褶菌 *Schizophyllm commune*	裂褶菌多糖	在水溶液中为可逆卷曲的三螺旋构象	33%	10^2 ～ 10^4	增强免疫反应；增加细胞因子的表达；增加NK 细胞活性等
	(1→3)-β-D-葡聚糖主链，每三个主链葡萄糖连接一个 (1→6)-β-D-吡喃葡萄糖	二甲基亚砜中为随机线圈构象	—	—	
核盘菌 *Sclerotinia sclerotiorum*	(1→3)-β-D-葡聚糖为主链，侧链连接一个 (1→6)-β-D-葡萄糖	三螺旋	50%	—	促进 Th1 细胞的发育
绣球菌 *Sparassis crispa*	(1→3)-β-D-葡聚糖为主链，每三个葡萄糖残基侧链连接一个 (1→3)-β-D-葡萄糖	三螺旋，不规则单螺旋	—	2000	增强造血作用；促进细胞因子的产生
云芝 *Coriolus versicolor*	蛋白质-β-葡聚糖 [(1→3)-β-葡聚糖为主链，侧链为 (1→6)-β-糖苷键连接的葡萄糖] 复合物	三螺旋	20%	94；28	增加细胞因子的表达；刺激巨噬细胞、吞噬细胞等
银耳 *Tremella fuciformis*	酸性葡木甘露聚糖 [(1→3)-α-D-甘露糖主链，侧链为 β-连接的 D-葡萄糖醛酸，以及一个或短链的位于主链甘露糖 C-2 位点连接的 (1→2)-β-木糖残基]	三螺旋	—	53 ～ 1000	诱导人单核细胞表达白细胞介素

2.1.4 食药用真菌多糖的结构修饰

在某些情况下，对食药用真菌多糖进行一定的结构修饰，通过改变多糖分子结构、分子质量、黏度、取代基的种类、位置及数量等进而改变其理化性质、生物活性，甚至获得新的生物活性等。多糖的结构修饰主要通过化学、物理学及生物学等手段[9]。

多糖的化学修饰主要包括硫酸化、磷酸化、羧甲基化和乙酰化等。硫酸化修饰是将多糖与相应的硫酸化试剂在一定的条件下反应，使多糖残基的羟基接上硫酸基团；磷酸化修饰是指用磷酸基团取代多糖分子支链上的羟基，增加原多糖分子的水溶性，改变其空间构象；羧甲基化修饰是在多糖羟基上引入羧甲基，常用的方法是利用多糖在碱化条件下与氯乙酸反应生成羧甲基化多糖；乙酰化修饰是采用适当的方法在多糖中引入乙酰基，使得糖链的伸展方向发生改变，暴露多糖的羟基，增加溶解度[10]。

目前，对多糖进行物理修饰应用比较广泛的主要有超声波降解修饰和离子辐射修饰两种方法。超声波降解主要通过切断多糖大分子中的某些化学键以降低多糖分子质量、增加其水溶性来提高多糖生物活性，该方法可广泛应用于葡聚糖、壳聚糖及其他天然多糖等的结构修饰。离子辐射修饰主要是利用 γ 射线、X 射线及电子束等电离辐射诱导多糖发生物质聚合、交联、接枝或降解等物理化学变化以改变多糖的分子结构，提高其生物活性[9]。

多糖生物修饰有基因工程技术和酶法两种，其中基因工程技术通过操纵微生物基因的表达或引入外源基因等来控制多糖在微生物体内合成的途径，从而获取所需的多糖。多糖的酶法修饰是利用特异性酶对糖苷键进行作用，得到特异性降解产物，其优点是高选择性和底物特异性，糖苷酶是酶法修饰中使用最多的一种酶[9]。

不同的结构修饰方法具有不同用途，根据不同多糖的理化性质以及不同用途的需求来选择适合的修饰方法，才能得到更好的效果。表 2-4 列举了常用的多糖结构修饰方法及其对生物活性的影响。

表 2-4　食药用真菌多糖结构修饰方法与生物活性

	食药用真菌多糖	修饰方法	生物活性
化学修饰	白树花多糖[11]	硫酸化	淋巴细胞增殖和巨噬细胞功能明显增强——免疫性能增强
	黑灵芝 S-PSG-2[12]	硫酸化	抗氧化能力、免疫性能增强
	香菇多糖[13]	硫酸化	抑制 S-180 细胞增殖的活性
	竹荪多糖[14]	磷酸化	抗氧化、抗肿瘤活性增强
	茯苓多糖（CMP-1）[15]	羟甲基化	羧甲基茯苓多糖抗氧化活性增强
	梭柄乳头蘑多糖[16]	羧甲基化	抗氧化活性和抗菌活性增强
	香菇多糖[17]	羧甲基化	能明显提高香菇多糖 Le-2 抑制 SP-2 小鼠肿瘤细胞的活性
	黑灵芝[18]	乙酰化	抗氧化性能增强
	金耳酸性多糖 TAPA1[19]	乙酰化	免疫性能增强
物理修饰	桦褐孔菌多糖[20]	超声	二苯基吡啶肼基（DPPH）自由基清除作用增强
	黑木耳多糖[21]	超声	抗氧化活性增强
生物修饰	灰树花 FGFP-11[22]	果胶酶、胰酶	羟基自由基和 DPPH 自由基清除作用增强
	红平菇多糖 EnPPs[23]	蜗牛酶	增强在预防氧化应激方面的潜在作用
	长根菇多糖 En-OPS[24]	蜗牛酶	抗氧化、保肝

续表

	食药用真菌多糖	修饰方法	生物活性
生物修饰	金针菇胞内多糖[25]	蜗牛酶	抗衰老
	香菇多糖[26]	木瓜酶、果胶酶、纤维素酶	抗氧化

2.1.5 食药用真菌多糖的生物活性

目前的研究表明，食药用真菌多糖具有多种生物学活性，包括免疫调节、抗肿瘤、抗病毒、降血糖及降血脂、抗炎症等作用[7, 27]。

1. 调节机体免疫

免疫刺激被认为是人体预防和对抗感染、炎症及癌症的重要防御策略之一，食药用真菌多糖作为一种非特异性免疫促进剂，能激活体内免疫细胞等的免疫功能，激发产生细胞因子，从而提高机体免疫水平。灵芝多糖、云芝多糖、香菇多糖、灰树花多糖在这方面均有良好的表现，这些多糖通过对淋巴细胞、巨噬细胞、网状内皮系统等作用调节机体免疫功能。

2. 抗肿瘤

抗肿瘤活性是食药用真菌多糖被人们广泛了解的一种生物活性。Nauts 等于 1946 年首次报道了多糖在肿瘤和癌症治疗中的包膜作用。某些多糖可诱导癌症患者完全缓解。Chihara 于 1969 年首次报道了真菌多糖的抗肿瘤活性。近些年来，已有几十种食药用真菌多糖被认为具有抗肿瘤活性，并主要通过增强对肿瘤的免疫力、抑制肿瘤细胞增殖、诱导肿瘤细胞凋亡实现[28]。灵芝多糖通过诱导肿瘤细胞凋亡或抑制细胞癌基因表达，直接杀伤肿瘤；香菇多糖、裂褶菌多糖、灰树花多糖等是通过改善宿主的免疫功能进而起到抗肿瘤效果。需要注意的是，不同的食药用真菌多糖对不同肿瘤细胞的抑制率存在明显的差距[29]。除了香菇多糖、灵芝多糖等少数已被临床用于肿瘤辅助治疗药物的食药用真菌多糖外，其他食药用真菌多糖因实验研究方法与实验设计的不同（实验细胞系、动物模型等），相互之间并不能进行很好的比较。

3. 抗菌与抗病毒

研究表明，部分食药用真菌多糖对于多种细菌、病毒具有较好的抑制作用。在抗菌活性方面，香菇多糖对大肠杆菌、金黄色葡萄球菌、酿酒酵母菌均有一定程度的抑制[30]；蛹虫草多糖通过破坏细菌细胞壁和细胞膜、增加细胞通透性，导致细胞结构损伤和细胞成分释放并致死亡，其对大肠杆菌、金黄色葡萄球菌、枯草芽孢杆菌、副伤寒沙门氏菌和铜绿假单胞菌具有抑制作用[31]；灵芝多糖对金黄色葡萄球菌有抑制作用，对菲氏弧菌细胞有毒性作用[32]。目前，研究报道具有抗病毒活性的食药用真菌有香菇、灰树花、凤尾菇、裂褶菌、云芝、侧耳和冬虫夏草等。同时，一些硫酸化多糖，如硫酸化姬松茸多糖表现出强烈的抗单纯疱疹病毒活性[33]；硫酸香菇多糖对流感病毒、单纯疱疹病毒、巨细胞病毒、劳斯肉瘤病毒、乌肉瘤病毒、艾滋病毒和囊状胃炎病毒等均呈现出抑制作用。此外，食药用真菌多糖还是一种潜在的良好佐剂，联合用药可防止或推迟耐药株的出现，提高药物抗病毒活性[34]。

4. 降血糖与降血脂

食药用真菌能够调节生物体内激素分泌和糖代谢过程，具有降血糖和降血脂的生物活性。目前，研究发现部分食药用真菌所呈现的这两种生物活性的物质基础包含多糖。例如，金耳多糖可降低链脲霉素诱导的糖尿病小鼠血液中血糖浓度和总胆固醇含量[34]；灵芝多糖具有缓解妊娠期糖尿病作用，其机制可能与上调胰岛素有关[35]。杏鲍菇中 2 种多糖组分均具有抗糖尿病肾病作用，包括显著降低血糖水平，抑制血清白蛋白、尿素氮、肌酐、尿酸水平[27]；黑木耳多糖能显著提高高脂小鼠心肌和血液抗氧化酶的活性，降低脂质过氧化水平[27]；双孢蘑菇中 2 种多糖组分能够诱导链脲佐菌素诱发 2 型糖尿病小鼠血浆中总胆固醇、LDL-胆固醇和肝脏中总胆固醇水平显著下降[36]。

5. 抗炎症

部分食药用真菌多糖具有防护炎症的功效，如金针菇多糖能够显著降低正常或烧伤小鼠结肠和血清中 $CD4^+$、$CD8^+$、ICAM-1 和 MPO 的水平；一种硫酸化修饰的灵芝多糖 GLPss58，不仅能抑制 L-选择素介导的炎症，而且能抑制补体系统和细胞因子介导的炎症；真姬菇多糖能明显改善脂多糖诱导的肺功能衰竭小鼠的肺湿干重（W/D）比值和肺组织病理状况，降低支气管肺泡灌洗液（BALF）中肿瘤坏死因子（TNF-α）、白细胞介素 IL-6 和 IL-1β 的水平[27]。

6. 其他活性

除上述活性以外，灵芝多糖、香菇多糖、虫草多糖等大多数食药用真菌多糖都具有很好的自由基清除能力和抗氧化能力，而且可以在一定程度上延缓衰老。食药用真菌多糖所呈现的广泛生物活性为其广谱应用奠定了良好的基础。

2.1.6 食药用真菌多糖的产品应用

基于食药用真菌多糖良好的生物学活性，以及作为高分子物质所具有的理化特性，随着研究不断深入，其产品应用已经从原有的功能食品（食品配料）、药品向着化妆品（护肤产品）、高分子生物材料（纳米材料）、畜禽养殖等众多领域不断拓展[37]。

1. 功能食品 / 食品配料

近 30 年来，以灵芝多糖为代表的食药用真菌多糖成为功能食品（保健品）中重要的一大类产品。目前，市场上利用食药用真菌多糖制造的功能食品有金针菇露、香菇多糖口服液、金针菇豆奶饮料、灵芝口服液、黑木耳饮料等。灵芝多糖还与刀豆素 A、松茸、羊胎素、蜂胶、初乳素复合成功能性食品[38]。这些产品中的多糖往往以粗多糖或者食药用真菌提取物的形式呈现。以纯多糖制备功能食品的产品并不多见。

同时，将食药用真菌作为功能性食品配料的应用也逐渐得到关注。例如，双孢蘑菇多糖、黑木耳多糖、金针菇多糖、灵芝多糖（GLPS）等被认为是食品中新型的天然抗氧化剂。目前，这类功能性食品配料产品尚未大规模商业化，但已有许多与之相关的应用专利，呈现出良好的市场潜力。

2. 药物

在食药用真菌多糖中，香菇多糖是最早也是最具代表性的应用于临床治疗的药物，临床上香菇多糖很少单独使用，主要是在术前注射或是联合化疗药物共同作用。临床试验证明，香菇多糖可在增强化疗效果的同时改善患者生活质量。茯苓多糖已制成片、针剂用于癌症化疗的辅助治疗剂[34]。灵芝多糖是一种重要的生物活性成分，经过 40 多年的临床应用，其疗效、安全性和长期耐受性已被神经科医师所认可。它是少数用于治疗难治性肌病的非激素类药物之一，也用于联合治疗，可以减少处于缓解期的肌病患者对糖皮质激素的需求量。此外，它还减少了化疗期间癌症患者的不良反应，提高了患者的生活质量[39]。

除此之外，裂褶菌多糖、云芝糖肽（PSP）、云芝多糖（PSK）商业化的多糖药物已作为临床药物应用于免疫性缺陷疾病、自身免疫病和肿瘤等疾病的治疗，并取得良好的临床效果[40]。

3. 护肤产品

食药用真菌多糖中大量亲水羟基的存在使其有着良好的保湿性能，加之其本身所具有的多种生物活性，在护肤等化妆产品中的应用赋予了这些产品更好的皮肤护理功效（表 2-5）[41]。例如，银耳多糖有除雀斑的独特功能，可以有效润泽肌肤[40]。而灵芝多糖或灵芝提取物已在许多化妆品中被当作核心功效成分使用，可以起到抗衰老、滋润保湿、建立皮肤屏障的功效[42]。此外，牛肝菌、口蘑、裂褶菌、松茸等来源的多糖也逐渐被应用于相关产品中。但需要说明的是，与功能性食品 / 食品配料的应用类似，这些多糖成分在护肤产品中应用同样以粗多糖或者食药用真菌提取物的形式呈现。同时，由于食药用真菌中除了多糖，还有多种其他活性物质，依据提取工艺的不同，提取物中多糖含量也有所不同，也存在着多糖并非提取物中主要成分的可能。

表 2-5　部分食药用真菌提取物（多糖）在护肤品中的应用

成分	所应用产品的功效
虫草多糖	抗皱，提拉紧致，滋润
虫草提取物	提亮肤色，遮瑕，滋润，防晒
银耳提取物	补水，保湿，滋润[40, 41]
紫芝提取物	抗衰老，紧致皮肤，滋润，促进皮肤能量再生[42]
	保湿，蕴含天然保湿因子，补充并保持水分[42]
赤芝提取物	皮肤屏障，增强机体免疫力和皮肤抵抗力[42]
	抗衰老，提升细胞能量，加速细胞焕新[42]
	淡化细纹，改善肌肤松弛和缺水
黑灵芝提取物	滋润养颜，增加皮肤弹性[42]

4. 生物材料

作为天然高分子物质，多糖是制备生物材料的良好原料之一。除了常见的甲壳素、透明质酸、淀粉等多糖类物质外，食药用真菌来源的多糖同样兼具生物活性和可被吸收降解性，在第三代生物材料制备中也备受关注。

以具有生物活性和可降解性食药用真菌多糖为材料制备的生物水凝胶，是易降解口服药物及注射药物的优良载体。阴离子黑木耳多糖和阳离子壳聚糖通过静电相互作用形成可包封水溶性药物盐酸阿霉素的纳米药物递送系统，其对盐酸阿霉素的包封率达到 74.1%[43]。该纳米颗粒在缓冲液中有良好的稳定性且无细胞毒性，但是载药后的系统相较于游离的盐酸阿霉素可以大幅提高 MCF-7 细胞的摄取率，从而增强了对肿瘤细胞的韧性作用。

裂褶菌多糖的三螺旋结构在强碱溶液或者二甲基亚砜中被破坏，变成单链形式，当溶液 pH 恢复成中性或者溶液中二甲基亚砜被水取代时，单链重新结合成三螺旋结构[44]。值得注意的是，在复性过程中不仅多糖单链之间可以结合，若在体系中加入多聚核苷酸，两条多糖链和一条聚核苷酸链也可结合成新型的三螺旋链且多糖-核苷酸复合物不容易被核苷酸酶降解。目前已经证明能够形成这种三螺旋复合物的有：聚腺嘌呤核苷酸、聚胞嘧啶核苷酸、聚腺嘌呤脱氧核苷酸、聚胸腺嘧啶脱氧核苷酸等[45]。这一重要发现为裂褶菌多糖在基因治疗领域的应用提供了理论基础。

此外，食药用真菌多糖固定到其他生物材料表面，能够有效改善材料的生物相容性及表面生物性能。表 2-6 列举了部分食药用真菌多糖在生物材料中的应用。

表 2-6　部分食药用真菌多糖在生物材料中的应用

多糖修饰	功效	参考文献
羟甲基香菇多糖修饰聚乳酸	亲水性、血液相容性和对大肠杆菌的抗菌活性均得到改善	[46]
硫酸酯鸡油菌多糖层组装固定到醋酸纤维素膜表面	亲水性得到改善，具有一定的抗凝血功能，具有良好的血液相容性，抗菌性能良好	[47]
茯苓菌核多糖羧甲基衍生物和硫酸酯衍生物固定到聚氨酯的表面	亲水性明显提高，较好的抗凝血功能，较好的抑制绿脓杆菌功能	[48]
羟甲基茯苓菌核多糖固定到聚乳酸膜的表面	水接触角降低，亲水性增强	[48]
黑木耳多糖包裹硒纳米颗粒	可抑制多数癌细胞	[49]
灵芝多糖-壳聚糖复合纳米颗粒	促进小鼠脾细胞增殖，抑制肿瘤细胞生长	[50]
冬虫夏草多糖-银纳米颗粒复合物	较强的抑制革兰氏阴 / 阳性菌活性	[51]
虎奶菇葡聚糖修饰金纳米棒	用于癌症光热治疗	[52]
平菇多糖-银纳米颗粒复合物	抑制白色念珠菌	[53]

5. 畜禽养殖

饲料中抗生素添加的问题一直困扰着畜禽养殖以及下游的食品加工行业。为了食品安全的需要，欧盟农业委员会决定从 2006 年 1 月 1 日开始全面禁止在动物饲料中使用抗生素。近 20 年来，欧盟已有 24 种抗生素被列入禁用名单。中国国家农业农村部已发布 194 号公告，自 2020 年 1 月 1 日起，我国饲料中全面禁止添加抗生素，以减少滥用抗生素造成的危害，维护动物源食品安全和公共卫生安全。根据《兽药管理条例》《饲料和饲料添加剂管理条例》《遏制细菌耐药国家行动计划（2016—2020 年）》《全国遏制动物源细菌耐药行动计划（2017—2020 年）》，我国自 2020 年 7 月 1 日起，饲料生产企业停止生产含有促生长类药物饲料添加剂（中药类除外）的商品饲料（此前已生产的商品饲料可流通使用至 2020 年 12 月 31 日）。在这种大背景下，寻找安全、绿色、高效的替代抗生素的饲料添加剂是畜禽养殖行业亟须解决的关键问题。食药用真菌多糖具有免疫调节、抗感染等生物活性，且对畜禽生长性能有积极作用等，是抗生素饲料添加剂的优良替代选择之一（表 2-7）。其作用主要表现在：①提高饲料转化率和动物进食量；②降低动物腹泻频率；③调节胃肠道微生物区系。

表 2-7　食药用真菌多糖饲料添加剂应用[54]

多糖	性能
肉鸡饲料添加 2% 的红酒香菇多糖	平均日增重提高了 8.49%，料肉比下降了 5.29%
凡那滨对虾饲料添加桦褐孔菌多糖	对虾的质量增加率和特定生长率明显增加，饲料系数明显下降，摄食量和成活率显著增加，粗脂肪和总蛋白含量显著增加
仔猪饲料添加香菇多糖	提高仔猪的日增重量和采食量，降低腹泻频率，而对于料肉比没有显著影响
仔鸡饲料添加香菇多糖	显著调节家禽胃肠道微生物区系，使肠道病原菌减少，增强机体免疫力，从而使动物的生长潜能得到充分发挥，提高家禽的生长性能

目前，食药用真菌多糖的应用已向越来越多的领域发展，但在更大规模生产和更广领域应用的过程中，食药用真菌多糖生产的稳定性、多糖质量的标准化、多糖应用成本的经济性，以及应用过程多糖分子与其他物质的相互作用、变化及其对生物活性的影响等方面还需要深入研究并加以解决。

2.2　三萜类化合物

萜类化合物（terpenoids）是一类广泛存在于自然界中的天然化合物，以异戊二烯为基本结构单元，也被称为类异戊二烯化合物（isoprenoids），该类化合物是分子式为异戊二烯单位倍数 $(C_5H_8)_n$ 的烃类及其含氧衍生物，这些含氧衍生物可以是醇、醛、酮、羧酸、酯等。

2.2.1　食药用真菌中主要三萜类化合物

根据分子中碳原子数，三萜类化合物可以分成三大类：C24、C27、C30。三萜类化合物多为四环三萜和五环三萜（图 2-1），链状、单环、双环和三环三萜较少。四环三萜常见的结构类型有达玛烷型、环阿屯烷型、羊毛甾烷型、甘遂烷型、葫芦烷型；五环三萜主要包括齐墩果烷型、羽扇豆烷型、何伯烷型、乌苏烷型和木栓烷型[55]。有的三萜类化合物以游离形式存在，有的则与糖结合形成糖苷，其水溶液振荡后极易产生肥皂水样泡沫，故被称为三萜皂苷。游离的三萜化合物一般难溶于水，可溶于常见的有机溶剂[56]。

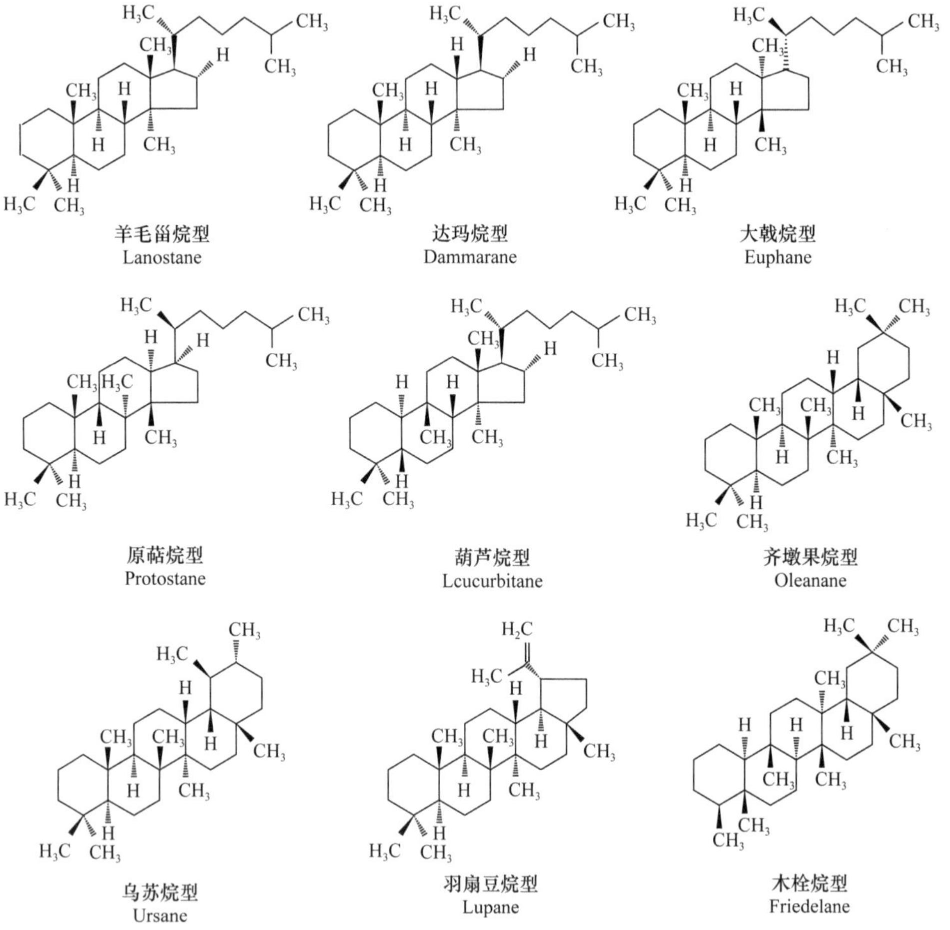

图 2-1　四环三萜和五环三萜的代表性骨架

三萜类化合物在食药用真菌的生物学效应中起着至关重要的作用，灵芝强烈的苦味来源于三萜类化合物，多数灵芝三萜具有苦味，苦味越强则三萜含量越高[55]；牛樟芝的苦味和部分香气的主要来源也是三萜类化合物[57]。自 1982 年 Kubota 等[58]首次从赤芝子实体中分离得到灵芝酸 A，B 等三萜类化合物以来，迄今为止，从灵芝子实体、孢子粉，以及发酵菌丝体中分离得到的三萜类化合物已有 300 多种，大多是以灵芝酸为主的、具有高度氧化性的羊毛甾烷衍生物，多为极性分子，挥发性弱。灵芝三萜类化合物按照结构和官能团可以分为灵芝酸（ganoderic acid）、灵芝酸甲酯（methyl ganoderate）、灵芝孢子酸（ganosporeric acid）、赤芝孢子内酯（ganosporelactone）、灵芝醇（ganoderiol）、灵芝醛（ganoderal）、环氧灵芝醇（epoxyganoderiol）、赤灵酸（ganoderenic acid）、灵赤酸（ganolucidic acid）、灵赤酸甲酯（methyl ganolucidate）、赤芝酸（lucidenic acid）、赤芝酸甲酯（methyl lucidenate)、赤芝酮（lucidone)、灵芝内酯（ganolactone)、赤芝醛（lucialdehyde）等（表 2-8)。牛樟芝含有一系列复杂的四环三萜类化合物，包括麦角甾烷和羊毛甾烷。已从牛樟芝中分离出多种具有抗癌、抗炎和肝保护活性的麦角甾烷类三萜和羊毛甾烷类三萜。麦角甾烷类三萜是牛樟芝的指标成分，如樟芝酸 A、樟芝酸 B、樟芝酸 C、Methyl antcinate G、Methyl antcinate H（表 2-9)。这些三萜具有非常相似的结构，只是在羟基的数量、位置或立体化学结构上有所不同，这使得它们的分离非常困难[59]。茯苓同样富含多种三萜，主要包括去氢茯苓酸、去氢土莫酸、茯苓酸、土莫酸及依布里酸等[60]。

表 2-8　灵芝三萜类化合物[61]

C30 羊毛甾烷型，灵芝酸
灵芝酸 A/B/C1/C2/D1/E/F/G/H/I/J/K/L/M/N/O
C30 羊毛脂烷型（醛，醇，酯，苷，内酯，酮）
灵芝醛 A，灵芝醇 B/F/C/D/G/H/E/I/J，Ganoderic aldehyde TR，灵芝三醇
C27 羊毛脂烷型，赤芝酸
赤芝酸 A/B/C/D1/D2/E1/E2/F/N/P/G/H/I/K/L/M/O
C27 羊毛脂烷型（醇，内酯，酯）
Lucidenic lactone，Ganolactone B，Fornicatin E/F，Methyl lucidenate A/C/F/N/P/Q，Ethyl lucidenate A，Butyl lucidenate A/N
C24，C25 羊毛脂烷型
赤芝酮 A/B/C/D/E/F/G/H

表 2-9　牛樟芝三萜类化合物[62]

麦角甾烷类
樟芝酸 A/ B/ C/ D/ E/ F/ G/ H/ I/ K/ N Zhankuic acid D/ E Methyl antcinate A/ B/ G/ H/ K/ N Antcamphin A/ B/ C/ D/ E/ F/ H/ I/ J/G/ K/ L
羊毛甾烷类
去氢齿孔酸，去氢硫色多孔菌酸，齿孔酸，硫色多孔菌酸，变孔绚孔菌酸 D，齿孔醇， 15a-Acetyl-dehydrosulphurenic acid, 3β,15a-Diydroxy lanosta-7,9(11),24-triene-21-oic acid, 3β,15a-Diydroxy lanosta-8,24(28)-diene-21-oic acid,3,11-dioxo-lanosta-8,23-dien-26-oic-acid, Ethyl lucidenate A/F, 15-*O*-acetylganolucidate A, 3,11,15,23-tetraoxo-27ξ-lanosta-8,16-dien-26-oic acid, Methyl 11α-hydroxy-3,7-dioxolanost-8,24(E)-dien-26- oic acid,3,7,11-trioxo-5α-lanosta-8,24(E)-dien-26-oic acid, Methyl 3,7,11,12,15,23-hexaoxo-5α-lanost-8-en-26-oate, Ethyl 3,7,11,12,15,23-hexaoxo-5α-lanost-8-en-26-oate,3-oxo-dehydrosulphurenic acid

2.2.2 三萜类化合物的结构特征及构效关系

食药用真菌三萜类化合物中，灵芝酸研究得最为广泛，相关结构特征及构效关系的研究主要也集中于灵芝酸。灵芝酸相对分子质量一般为 400 ～ 600，有 7 种母核结构和 14 种侧链类型（图 2-2）[63]。母核上又可以带多个不同的取代基，常见的有甲基、羟基、羧基、酮基、甲氧基和乙酰基等。三萜酸环上的双键大多位于 $\Delta^{8(9)}$ 位，羰基常出现在 C-11 位和 C-23 位上，而 C-3、C-7、C-15 位常被羟基、羰基取代。在三萜醇、三萜醛和三萜过氧化物的环上大多在 $\Delta^{7(8)}$ 和 $\Delta^{9(11)}$ 这两个位置存在有两个不饱和双键，且与三萜酸相比它们的 C-11 位和 C-23 位基本都不含有羰基结构，环上的取代基与三萜酸相比在数量上明显减少 [64]。

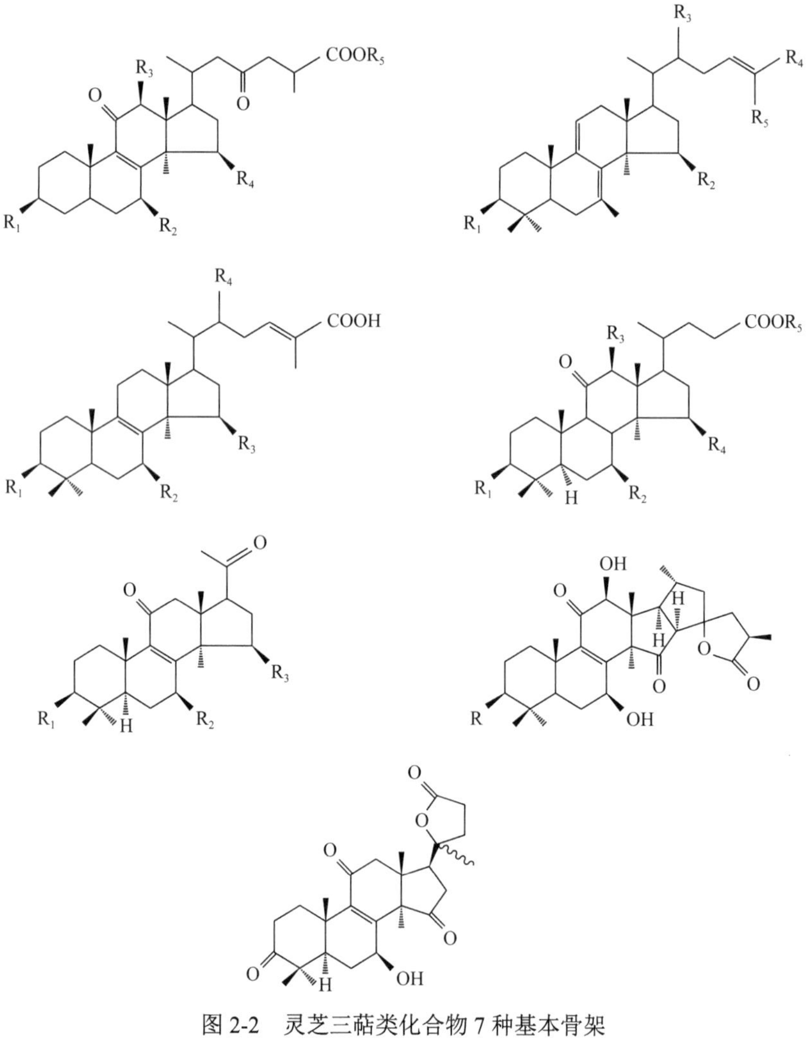

图 2-2　灵芝三萜类化合物 7 种基本骨架

灵芝酸结构和种类的多样性决定了其药理学和生物学活性的多样性。不同的侧链连接点对三萜类化合物的活性有不同的影响，Fatmawati 等研究表明，C-11 位的官能团对其药理作用的影响较大，并且 C-3、C-7 和 C-15 位所连接的羟基取代基对醛糖还原酶的抑制作用很重要 [65]。此外，不同结构的灵芝酸 A、H 和 F 对乳腺癌细胞 MDA-MB-231 生长和转移的抑制作用不同，C-7、C-15 和 C-3 位置的羟基化有助于提高该类结构的三萜对乳腺癌细胞生长和转移的抑制活性 [66]。灵芝三萜是醛糖还原酶和 α-葡糖苷酶的活性抑制剂，可抑制餐后高血糖，对糖尿病治疗具有重要意义。灵芝子实体中分离得到的灵芝醇和灵芝酸，其特定位置的—OH 取代基和双键部分可增加 α-葡萄糖苷酶抑制活性，可用于改进获得新型 α-葡萄糖苷酶抑制剂 [59]。赤芝子实体的甲醇提取物中分离得到能抑制由 HIV-1 诱导的 MT-4 细胞的细胞毒效应的化合物 ganodoriol F 和 ganodermanontriol，其研究者认为 $\Delta^{7(8)}$ 和 $\Delta^{9(11)}$ 双键结构的羊毛甾烷型三萜化合物与抗 HIV-1 活性密切相关 [67]。

此外，应用半经验量子化学计算方法 Austin Model 1（AM1）和 ChemPropStd 研究灵芝酸 A、灵芝酸 B、灵芝醇 F、灵芝二醇、赤芝醛 A 等 24 个三萜化合物的分子特征参数，并以模式识别技术（主成分分析法 PCA 和聚类分析 HCA）分析灵芝三萜的分子参数与肿瘤细胞毒作用之间的关系，发现灵芝三萜的量化参数最高占有分子轨道能量（EHOMO）、Mulliken 电负性（χ）、电子能（Eel）、辛醇分配系数（log P）和 Connolly 分子面积（MA）是影响灵芝酸化合物对肿瘤细胞的细胞毒作用大小的关键因素，这为高活性灵芝酸化合物的进一步分子改造提供了理论基础 [68]。

2.2.3　三萜类化合物的生物活性

三萜类化合物是食药用真菌中一大类主要的生物活性物质，表现出抗肿瘤、抗氧化、保护肝脏、降血压、降血脂、抗菌等生物活性。

1. 抗肿瘤

三萜类化合物主要通过诱导细胞凋亡、介导细胞周期 G_1 阻滞和延迟转移等机制实现其抗肿瘤活性 [69]。Toth 等 [70] 最早报道了灵芝三萜类化合物的抗肿瘤作用。从赤芝菌丝体中分离得到 6 个有细胞毒活性的三萜类化合物，体外实验表明其能明显抑制小鼠肝肉瘤（HTC）细胞的增殖。从灵芝子实体中分离出 10 种羊毛甾烷型三萜类化合物 lucialdehydes B、lucialdehydes C（2,3）、ganodermanonol 和 ganodermanondiol 对 Lewis 型肺癌细胞（LLC）、T-47D 细胞及恶性毒瘤 S-180 细胞具有细胞毒作用，其中 lucialdehyde C（3）对 LLC、T-47D、S180 细胞和 Meth-A 肉瘤细胞的杀伤力最强，半数有效剂量分别为 10.7 μg/mL、4.7 μg/mL、7.1 μg/mL

和 3.8 μg/mL[71]。

灵芝酸 A 和 H 可以抑制 MDA-MB-231 人乳腺癌细胞的生长[72]。在不同类型的癌细胞系中，赤芝酸 A 对人肝母细胞瘤细胞生长抑制作用最强[72]。赤芝酸 B 降低了一些肿瘤细胞的生长能力，并促进了 HL-60 细胞的凋亡[73]。牛樟芝子实体中分离出 5 种麦角甾烷型三萜类化合物：Antcin A，Antcin B，Antcin C，Zhankuic acid B 和 Zhankuic acid C，它们对不同类型的癌细胞具有细胞毒性作用[57]；麦角甾烷型三萜 Methy lantcinate A 能够剂量依赖性的抑制口腔癌细胞 OEC-M1 和 OC-2 的生长，且对正常口腔牙龈成纤维细胞没有细胞毒性[74]；而茯苓羊毛甾烷三萜烯类物质茯苓新酸 G 能显著抑制白血病 HL-60 细胞[60]。

2. 护肝

食药用真菌三萜通过改善肝功能障碍，降低肝脏自由基水平，抑制脂质过氧化反应，保护细胞膜的完整，可实现对免疫性肝损伤的保护。灵芝酸提取物能增强肝功能，加强其解毒作用，降低由四氯化碳中毒引起的血清中转氨酶水平的上升，促进肝炎小鼠肝的再生，增强小鼠对毛地黄皂等毒物的抵抗力，同时也能降低甘油三酯的合成[75]。灵芝酸能显著提高亚急性衰老模型小鼠的肝脏抗氧化活性。灵芝菌素 B、丹芝醇 B 和赤芝酮 A 均具有显著的肝脏保护作用，3 种物质对经 H_2O_2 诱导损伤的体外人肝癌细胞 HepG2 中谷丙转氨酶和谷草转氨酶水平的升高均具有有效的抑制活性。在灵芝的苯乙醇提取物的氯仿萃取成分中分离到 16 种三萜化合物中，其中有 6 种对人肝 HL-7702 细胞的成活率高于护肝药物双环醇[63]，为肝脏的临床研究提供依据。茯苓三萜能够显著减轻小鼠肝损伤程度，证实茯苓三萜对四氯化碳所致的小鼠肝损伤有明显治疗作用[60]。

3. 抗氧化

灵芝萜烯组分具有最高的抗氧化活性，其中灵芝酸 A、B、C 和 D 及赤芝酸 B、灵芝酮三醇的含量较高[76]。松杉灵芝中 9 种灵芝酸混合物通过抑制异丙肾上腺素诱导的 Fas/Fas 配体表达，减轻氧化应激和防止细胞凋亡，起到保护小鼠心脏的功效[59]。茯苓皮三萜能够清除 O_2^-、·OH 和 H_2O_2，体外试验证明茯苓皮三萜能抑制鸡红细胞溶血作用和小鼠肝脂质过氧化[77]。

4. 降血脂

三萜类化合物表现出较好的降血脂作用，具有广泛的开发和应用前景。灵芝三萜可以有效降低大鼠血清中的甘油三酯（TG）、胆固醇、低密度脂蛋白含量，具有明显的调节血脂作用[78]。茯苓皮中总三萜物质可以降低高脂小鼠血清中总胆固醇（TC）、低密度脂蛋白胆固醇（LDL-C）和甘油三酯（TG）含量，升高高密度脂蛋白胆固醇（HDL-C）含量，具有降血脂作用[79]。据报道，粗毛纤孔菌三萜类化合物也具有较好的降血脂功效，其纯化三萜类化合物对胆酸盐有较好的结合能力，降胆固醇效果好，降血脂活性强[80]。

5. 抑菌

抗菌活性是指能够抑制包括细菌、真菌、原生动物在内的微生物生长的生理活性。茯苓皮三萜对大肠杆菌、金黄色葡萄球菌和绿脓杆菌有较好的抑制作用[81]。刘高强等[82]通过液体发酵获得赤芝发酵菌丝体，该菌丝体中三萜样品对大肠杆菌、金黄色葡萄球菌、枯草芽孢杆菌、黑曲霉和青霉均有一定抑制作用。李平作等[83]从灵芝深层发酵菌丝体中分离得到 3 种灵芝酸，其抗菌活性实验显示 3 种四环三萜酸具有抑制大肠杆菌、产气杆菌、肠炎杆菌、金黄色葡萄球菌和枯草芽孢杆菌生长的活性。大肠杆菌和枯草芽孢杆菌对雪峰虫草三萜较敏感，其最低抑菌浓度均为 20 mg/mL，具有较好的抑菌作用[84]。

6. 抗炎

三萜类化合物是食药用真菌抗炎活性的重要物质之一，其主要通过抑制炎症介质的产生达到抗炎的目的。灵芝三萜类化合物灵芝酸 C1 可显著降低外周血单核细胞和小鼠巨噬细胞 RAW 264.7 产生肿瘤坏死因子 TNF-α 的水平，进一步研究表明，灵芝酸 C1 可通过下调 NF-κB 信号途径而降低发炎结肠标本中 TNF-α、IFN-γ 和 IL-17A 的产生，通过间接抑制致炎细胞因子和炎症细胞的产生达到治疗效果[85]。茯苓新酸 C 对 LPS 活化的 RAW264.7 型巨噬细胞产生 NO 具有较强的抑制作用[60]。茯苓酸通过血红素加氧酶-1(HO-1) 促进成牙本质细胞分化[77]。桦剥管菌（*Piptoporus betulinus*）中分离出的 6 种羊毛甾烷型三萜酸均能抑制对苯二甲酸（TPA）诱导的小鼠耳朵水肿[77]。牛樟芝三萜类化合物樟芝酸 A 可结合糖皮质激素反应元件，提高机体的抗炎能力[86]。

除了以上活性外，另有研究报道三萜类化合物还具有抗辐射、降血糖、抗病毒等生物活性[55]。灵芝乙醇提取物中的灵芝酸 DM 可抑制前列腺癌细胞的生长及破骨细胞的形成。灵芝酸 B、C1、H 和 α 等均具有抗 HIV-1 病毒活性[78]。灵芝三萜可以有效防止由辐射引起的膜损伤和 DNA 的断裂[55]；还可以通过抑制糖醛还原酶与 α-葡糖苷酶的活性，进而抑制餐后的血糖上升，可以作为糖尿病症的辅助药剂[55]。基于纳米脂质载体的外用灵芝三萜类胶体，可用于治愈皮肤冻伤[55]。

2.2.4　三萜类化合物的应用

以灵芝酸为代表的食药用真菌三萜类化合物种类繁多，目前尚无纯化酸单一物质的应用报道，往往是富含这些物质的食药用真菌或者是三萜类混合物的总体应用，如用于开发各类抗癌、护肝、抗氧化、提高免疫力和降血糖血脂类药物[59]。目前，三萜类化合物在功能性食品中的应用还不是很广泛，且由于三萜类化合物价格昂贵、产量低，一般不会在食品中添加纯品三萜类化合物。在酸奶中添加灵芝酸和灵芝多糖提高了酸奶的功能性品质，其风味物质种类增加，乳酸菌活菌数增加 3.1 倍。含三萜提取物的灵芝咖啡可促进小鼠免疫功能的提高。此外，三萜类化合物添加到饲料中可提高动物血清中高密度脂蛋白的含量，进而调节血脂代谢，降低肌肉中胆固醇的含量，提高动物免疫机能，从而减少抗生素用量[87]。在功能性动物饲料中添加发酵灵芝三萜的残渣，不仅有利于猪生长发育，而且能增强其免疫力，使肉品品质更好[59]。

食药用真菌三萜类化合物在化妆品中同样具有巨大的应用潜能。灵芝三萜可以保护细胞免受辐射诱导的氧化损伤和其他氧化损伤，还具有明显的防冻效果和抗氧化能力，有潜力作为化学预防剂和治疗剂。茯苓三萜三氯甲烷萃取物及其纯化组分具有明显的酪氨酸酶抑制作用，能有效调控黑色素生成，适宜开发治疗黄褐斑、雀斑等色素沉着性皮肤病的祛斑美白产品[60]。

2.3 单萜与倍半萜

在食药用真菌的萜类代谢物中，除了三萜化合物外，单萜和倍半萜也是其重要的萜类代谢产物。单萜和倍半萜大多具有特殊香气，常温易挥发，是食药用真菌中独特香气的重要物质来源[88]。食药用真菌独特的香气不仅可以增加人们的愉悦感，引起食欲，而且还可以刺激消化液的分泌，促进人体对营养成分的消化吸收[89]。相对于多糖和三萜，食药用真菌中单萜和倍半萜的研究较少，但其香味独特、香气阈值低、生理活性显著等特点，同样值得关注。

2.3.1 单萜

单萜（monoterpenoids）是指由两分子异戊二烯（C_5H_8 单元）聚合而成的萜类化合物及其含氧的、饱和程度不等的衍生物，其中，多数化合物沸点较低，而含氧衍生物的沸点较高。按单萜分子的基本碳骨架可以分为无环单萜、单环单萜、双环单萜及三环单萜 4 大类。单环单萜主要为对薄荷烷型和环香叶烷型单萜苷。双环单萜多以蒎烷型和莰烷型存在，以蒎烷型居多，且多为芍药苷衍生物[90]。除三环单萜外，其他三类均有许多天然成分存在，主要存在于各种挥发油中。单萜类化合物以游离态和结合态两种形式存在，游离态能够直接产生香气，而结合态的糖苷则需要水解成游离态才能发挥呈香的作用[91]。

单萜类化合物大都具有特征型香气，主要包括以下几类。①薄荷香气：薄荷醇、α-萜品醇、异胡薄荷醇等；②玫瑰香：异胡薄荷醇、橙花醇、β-香茅醇等：③樟脑香：小茴香醇、桉树醇、异龙脑等；④花香：月桂烯醇、4-萜烯醇、薰衣草醇等；⑤柠檬香：异松油烯、柠檬烯、香叶醛等；⑥果香：红没药烯、β-环柠檬醛、雷司令缩醛等；⑦木香：龙脑、反式-松香芹醇、芳樟醇等；⑧芳香：樟脑、柠檬油精；⑨甜香：α-萜品醇、β-香茅醇、4-萜烯醇；⑩印度墨水臭：龙脑；⑪ 胡椒香：4-松油烯醇、4-萜烯醇、二氢香芹醇、α-水芹烯；⑫ 清香：β-环柠檬醛、月桂烯醇、侧柏酮；⑬ 留兰香：二氢香芹醇、香芹酮、二氢香芹酮；⑭ 青草香：羟基香茅醛、枯名醛。

目前，食药用真菌中越来越多的单萜类物质逐渐被检测到（图 2-3）。有研究者在 34 种食药用真菌中进行单萜类物质分析，共鉴定出 27 种不同的单萜类化合物，包括柠檬烯、γ-蒎烯、莰烯、β-水芹烯、芳樟醇等[92]。牛肝菌富含丰富的单萜类化合物，通过 SPME-GC-MS 检测到干牛肝菌中存在 12 种单萜类化合物，包括 α-蒎烯、β-蒎烯、莰烯、桧烯、δ-3-蒈烯、β-月桂烯、柠檬烯、1,8-Cienole、β-萜品烯、对伞花烃、芳樟醇、乙酸龙脑酯[93]。相关单萜化合物及其食药用真菌来源详见表 2-10。

表 2-10　食药用真菌中的单萜类化合物

单萜及其衍生物		食药用真菌	特征香气	活性	应用
无环单萜	芳樟醇	牛樟芝，桦剥管菌，灵芝，猴头菇	新鲜百合香味	抗菌、抗病毒	精油；在食品、化妆品及保健品方面有广泛应用
	月桂烯	牛肝菌	花香	祛痰、镇咳	常与人造香料混合使用，产生较好的自然香气感，价格低廉，在食品、化工等行业应用
	柠檬醛	灵芝，猴头菇，香菇	柠檬香	防腐、杀菌	调香剂，配制柠檬香精；也是合成紫罗兰酮和维生素 A 的原料
单环单萜	松油醇	牛樟芝，灵芝，杏鲍菇，猴头菇	丁香味	平喘、杀菌	用于配制香精、高级溶剂及去臭剂
	薄荷醇	卵盖鹅膏菌	特征薄荷香气	局部镇痛、止痒	医药、化妆品、食品
	桉树脑	牛肝菌	有与樟脑相似的气味	解热、消炎、抗菌、镇痛	香精、医药
	柠檬烯	金针菇，松茸，鸡油菌，皱盖囊皮菌	果香橙子味	镇咳、祛痰、抑菌	作为香料调制橙花油和橘子油等；用作油类分散剂、橡胶添加剂、润湿剂等
双环单萜	乙酸龙脑酯	牛肝菌	有清凉的松木香气	—	用于日化香精的配制
	莰烯	粘铆钉菇，鸡油菌	类似樟脑香气	驱虫	用于合成香料、农药、樟脑等
	蒎烯	鸡油菌，黄褐口蘑，松茸，茶树菇	松节油香气	镇咳、祛痰、助消化	用于合成樟脑、驱虫剂、香料

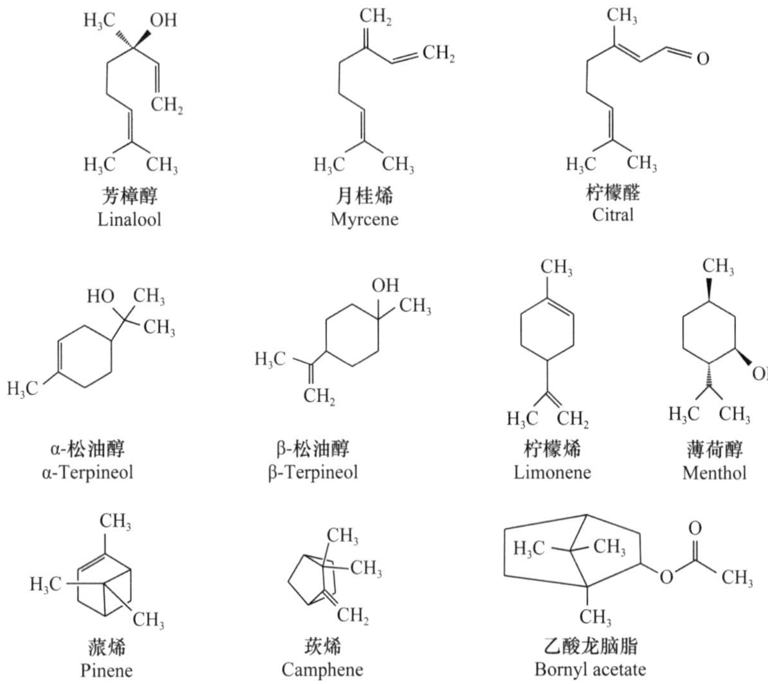

图 2-3　食药用真菌中单萜化合物结构式

许多单萜化合物在抗菌、抗病毒、抗癌、抗炎症等方面表现出良好的生物活性[94-96]。香茅醇具有抑制金黄色葡萄球菌及伤寒杆菌的活性；柠檬烯具有广谱的抗菌性，对于一些常见细菌和真菌生长繁殖有很好的抑制作用。胡椒酮、樟脑具有抗菌、杀虫、防虫作用，是很好的防腐剂；芳樟醇具有抗菌和抗病毒作用，其抑制腺病毒活性最强。在抗肿瘤方面，单萜类物质可以诱导癌细胞的凋亡和抑制细胞生长。芳樟醇能明显抑制多种人淋巴细胞与白血病细胞增殖。法呢醇是重要的细胞凋亡诱导剂，能抑制小鼠肺肿瘤的发生。柠檬烯对啮齿动物的乳腺癌有化学预防作用，且在体内有抑制其癌细胞增长的作用，柠檬烯还能使自然状态产生的淋巴瘤减少[97]。此外，薄荷醇对皮肤和黏膜有清凉及弱的麻醉作用，使人产生凉爽感、刺痛感和麻醉感，具有典型的止痛作用；薄荷酮和松节油也具有很好的镇痛作用；α-蒎烯和 β-蒎烯表现出很强的助消化活性；松油醇具有平喘和杀菌作用[91]。

基于单萜的理化性质，其已经广泛应用于食品、化妆品和清新剂等领域。例如，薄荷醇、芳樟醇等芳香萜类是果实芳香和植物花香等的气味来源，是芳香食品和精油类化妆品中常用的香料[98]；α-松油醇是重要的商业产品，不仅是香水、化妆品和家用清洁产品中常用的香料成分，而且还用于食品和饮料的调味[99]；芳樟醇具有强烈的花香和淡淡的柑橘香，主要应用于日化香精和食品香精工业，是食品香精中使用最多的原料之一[100]；柠檬烯被广泛应用于医药、食品加工、日化等多个领域[101]。此外，单萜对亲水、亲脂的药物等都有很好的增渗效果，是比较好的渗透吸收促进剂，如香叶醇、柠檬烯、芳樟醇等可以作为透皮给药促进剂，增强药物分子的皮肤穿透性[102]。

2.3.2 倍半萜

倍半萜（sesquiterpenoids）由三分子异戊二烯组成，广泛存在于微生物、植物、海洋生物及某些昆虫中。倍半萜常以醇、酮、内酯等形式存在于挥发油中，一般沸点较高，部分为低熔点的固体。倍半萜类化合物较多，无论从数目还是结构骨架的类型来看，都是萜类化合物中最多的一支，分为无环、单环、双环及三环倍半萜[103]。

倍半萜在食药用真菌中主要以挥发性气体的形式存在。担子菌是倍半萜类化合物的主要天然来源。目前研究人员已分离出多种倍半萜型化合物，例如，从杯伞属真菌中分离出的第一个原伊鲁烷型倍半萜伊鲁醇（illudol），从乳菇的子实体中分离得到 velleratretraol，从担子菌 *Lactarius rufus* 的子实体中得到的抗真菌倍半萜 rufuslactone 等[103]。从担子菌薄皮干酪菌发酵液的乙酸乙酯提取物中分离并鉴定了 2 种新型倍半萜化合物，分别为 tyromol A 和 tyromol B[104]。从瑞克纤孔菌子实体中分离到 3 种新的没药烷倍半萜类化合物（inonotic acid A、3-*O*-formyl inonotic acid A、inonotic acid B）和 1 种 drimane 倍半萜化合物 3α，6β-dihydroxycinnamolide[105]。从鸡枞菌发酵液中也分离到 7 种倍半萜类化合物[106]。

Illudane 型倍半萜类化合物是由担子菌合成的最著名的生物活性化合物，具有显著的抗肿瘤、抗病毒和抗菌活性，并已从多种伞形真菌中分离出来。发光脐菇（*Omphalotus olearius*）几十年前就被确定为 Illudane M 和 S 的高生产者。

倍半萜及含氧衍生物多具有较强的生物活性，倍半萜内酯的抗肿瘤活性目前研究报道较多，部分已经用于临床治疗癌症。倍半萜内酯还能够改变氧化还原细胞平衡，以及影响多种信号通路，特别是 NF-κB 通路和 STAT3 通路。这些改变可导致参与细胞周期的因子表达减少、凋亡因子增加，以及抗凋亡、转移和细胞侵袭因子减少[107]。

目前，研究者已在食药用真菌中发现多种具有抗肿瘤活性的倍半萜。研究者从金针菇中分离出 4 种倍半萜 enokipodins F/G/H/I，对人乳腺癌细胞 MCF-7 和胃癌细胞 SGC7901、HepG2、A549 具有抑制作用（图 2-4）；在侧耳属真姬菇分离出 5 种倍半萜化合物，其中 Pleurospiroketal A/B/C 对 HeLa 细胞具有毒性（图 2-4）；从瑞克纤孔菌子实体分离到 3 种新没药烷型倍半萜类物质，其中 3α,6β-dihydroxycinnamolide 对人结肠癌细胞 SW480 具有中等强度的抑制。牛樟芝中的 antrocin 能够使得肺癌细胞凋亡[108]。乳菇属中同样也发现了多种抗肿瘤活性的倍半萜，如亚绒盖乳菇中3个Lactaranes型倍半萜subvellerolactones B、subvellerolactones D、E对HCT-15癌细胞具有细胞毒性；细质乳菇中对称碳骨架的倍半萜mitissimolone能够使HeLa细胞周期阻滞在S期，抑制肿瘤细胞DNA合成和细胞增殖，最终诱导肿瘤细胞凋亡；亮色乳菇中Eudesmane型倍半萜11-桉叶烯-1β,3α,4β-三醇对人口腔表皮样癌细胞（KB癌细胞）具有细胞毒性[109]。

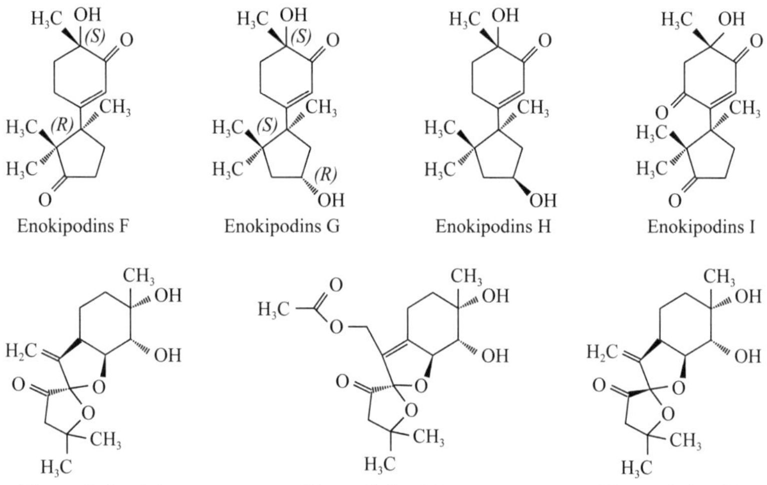

Enokipodins F　Enokipodins G　Enokipodins H　Enokipodins I

Pleurospiroketal A　Pleurospiroketal B　Pleurospiroketal C

图 2-4　食药用真菌中具有抗肿瘤活性的倍半萜

除了抗肿瘤活性外，倍半萜还具有很好的抗菌活性[110]。红褐乳菇和红汁乳菇子实体中的Lactaranes型倍半萜rufuslactone，对白菜黑斑病菌的抑制率达到68.3%（100 mg/mL）。金针菇菌丝体中分离得到2种倍半萜2,3,4,5-tetrahydro-2,7-dihydroxy-5,8,10,10-tetramethyl-2,5-methano-1-benzoxepin和5-methyl-2-（3-oxo-1,2,2-trimethylcyclopentyl）benzoquinone，对草本分枝杆菌和枯草芽孢杆菌均有抗菌活性[111]。此外，倍半萜还具有抗炎症、抗氧化等生物活性。从侧耳属真菌姬菇中分离得到1-（(6*S*,7*S*）-6,7-dihydroxy-3,6-dimethyl-4,5,6,7-letrahydrobenzo-furan-2-yl）-3-methylbutan-1-one倍半萜类化合物（图2-5），利用脂多糖激活的RAW264.7细胞进行NO抑制实验，其具有一定的NO抑制能力[108]。

倍半萜化合物可被广泛应用于医药、农药、香料和调味剂等领域。橙花醇是一种具有玫瑰花香的香精原料，同时也是合成另一些重要香料的中间物质，且是合成这些重要香料的关键原料。合欢醇为无色油状液体，具有令人愉快的、温和而细腻的、带有铃兰特征的花香气味，同时由于其具有很好的定香作用，常用做基香，是高档花香香精中的重要香原料。金合欢醇可有效抑制痤疮的形成，改善肌肤肤质，并可消除体臭和汗臭。γ-壬内酯是我国《食品添加剂使用卫生标准》规定暂时允许使用的食品香料，主要用于配制桃、樱桃、椰子、杏仁、牛奶、乳脂等香型食用香精[112]。

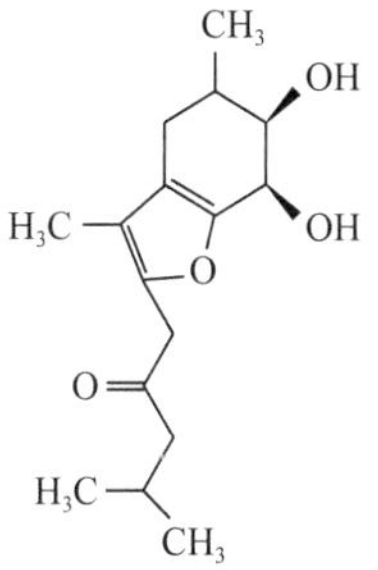

1-((6*S*,7*S*)-6,7-dihydroxy-3,6-dimethyl-4,5,6,7-letrahydrobenzo-furan-2-yl)-3-methylbutan-1-one

图 2-5　食药用真菌中具有抗炎症活性的倍半萜类化合物

2.4　酚类化合物

2.4.1　酚类化合物的结构和组成

酚类化合物是芳香烃环上的氢被羟基（—OH）取代的一类芳香族化合物，酚类化合物是芳烃的含羟基衍生物，主要包括黄酮物质和酚酸物质。这类物质同样是食药用真菌中重要的一类代谢产物，种类较为丰富（表 2-11），但与多糖和萜类物质相比，受到的关注较少。

表 2-11　食药用真菌中的酚类化合物

食药用真菌	酚类化合物	参考文献
灵芝（*Ganoderma lucidum*）	芦丁、槲皮素、没食子酸、阿魏酸、咖啡酸、黄豆苷元、染料木素	[113-117]
双孢蘑菇（*Agaricus bisporus*）	槲皮素、儿茶素、杨梅素、咖啡酸、阿魏酸、没食子酸、柚皮素	[118-120]
桑黄（*Phellinus igniarius*）	儿茶酸、香豆素、异黄酮、槲皮素、柚皮素	[121-125]
金针菇（*Flammulina velutipes*）	杨梅素、芦丁、槲皮素	[120，125]
滑菇（*Pholiota nameko*）	芦丁	[126]
桦褐孔菌（*Inonotus obliquus*）	芦丁	[127]
忍冬木层孔菌（*Phellinus lonicerinus*）	原儿茶酸	[128]

续表

食药用真菌	酚类化合物	参考文献
鸡枞菌（*Termitomyces albuminosus*）	儿茶素、黄酮醇	[120，129]
干巴菌（*Thelephora ganbajun*）	黄酮醇	[129]
长裙竹荪（*Dictyophora indusiata*）	绿原酸	[130]
平菇（*Pleurotus ostreatus*）	咖啡酸、没食子酸、杨梅素	[131]
香菇（*Lentinula edodes*）	咖啡酸、没食子酸、杨梅素	[131]
杏鲍菇（*Pleurotus eryngii*）	黄酮醇	[132]
草菇（*Volvariella volvacea*）	槲皮素	[120]
猴头菇（*Hericium erinaceus*）	阿魏酸	[133]
高大环柄菇（*Macrolepiota procera*）	原儿茶酸	[134]
冬虫夏草（*Cordyceps sinensis*）	芦丁	[135]

1. 黄酮类

黄酮类化合物是由两个苯环（A-与 B-环）通过中央三碳链相互联结形成的一系列 C6-C3-C6 化合物，主要指以 2-苯基色原酮为母核的化合物，其基本结构见图 2-6[132, 136-140]。食药用真菌中的黄酮化合物包含很多亚类，如黄烷醇、黄酮醇、黄酮和黄烷酮[141]，且不同类的食药用真菌中的黄酮类化合物的种类不同（表 2-11）。

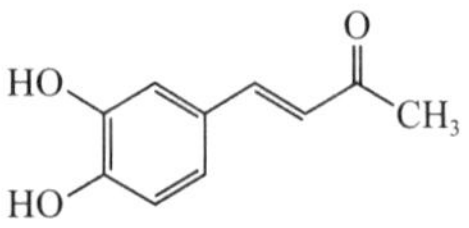

(E)-4-(3,4-二羟基苯基)-3-烯-2-酮
(E)-4-(3,4-Dihydroxyphenyl)-3-Buten-2-One

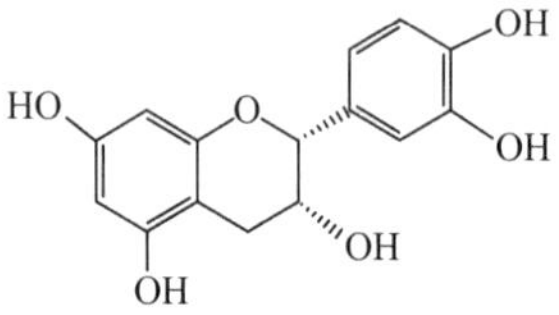

表儿茶素
Epicatechin

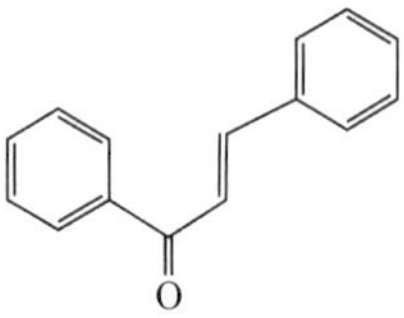

查耳酮
Chalcone

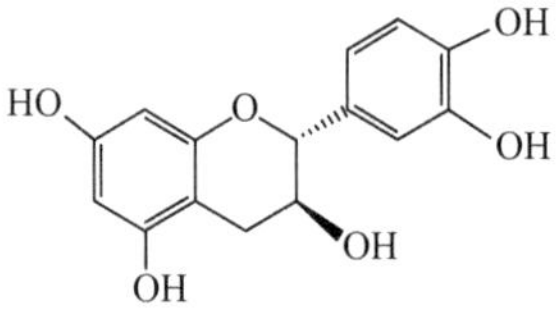

儿茶素
Catechin

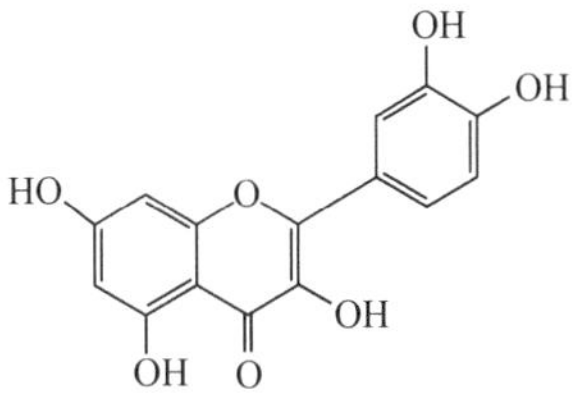

槲皮素
Quercetin

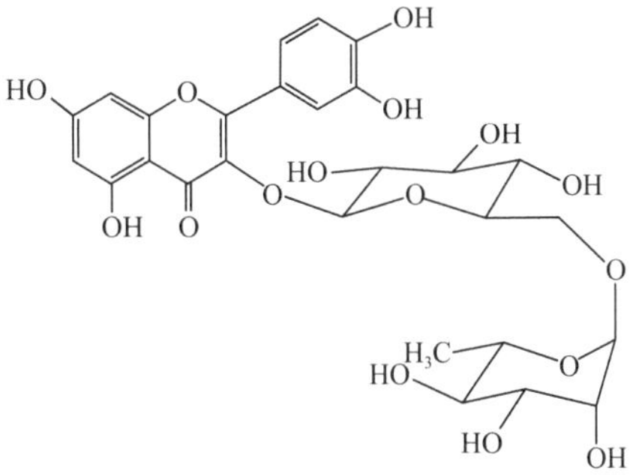

芦丁
Rutinum

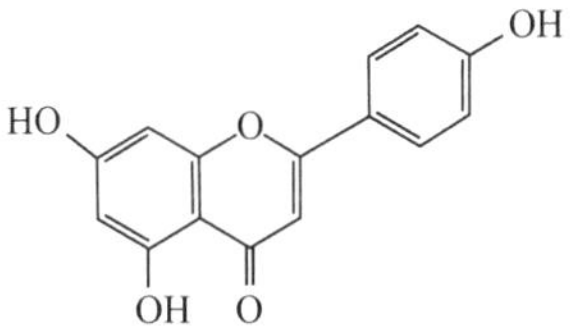

芹菜素
Apigenin

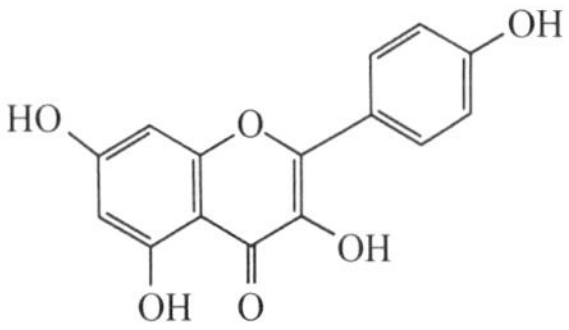

山柰酚
Kaempferol

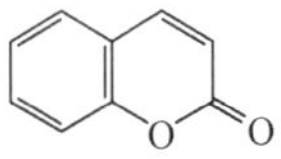

香豆素
Coumarin

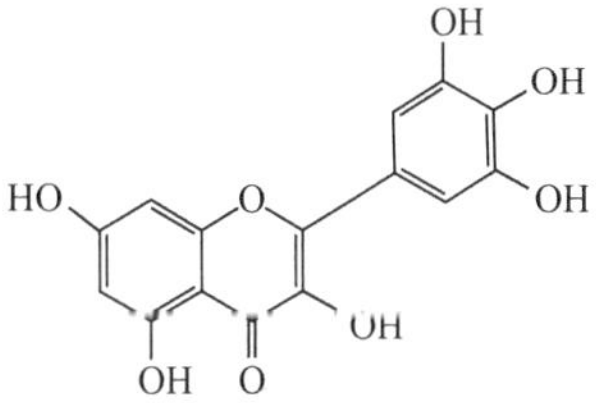

杨梅黄酮
Myricetin

图 2-6　黄酮化合物结构

2. 酚酸类

酚酸是一类广泛存在于自然界中含有酚环的有机酸，由羟基苯甲酸和羟基肉桂酸两个亚类组成，羟基苯甲酸包括对羟基苯甲酸、原儿茶酸、香草酸和丁香酸，它们都具有 C6-C1 结构；羟基肉桂酸是芳香族化合物，包括具有相同 C6-C3 结构的咖啡酸、阿魏酸、对香豆酸和芥子酸，基本结构见图 2-7[138, 142]。食药用真菌中酚酸类主要包括没食子酸、阿魏酸、咖啡酸等（表 2-11）。

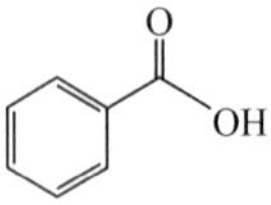

苯甲酸
Benzoic acid

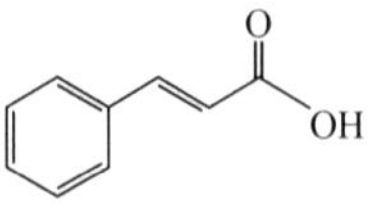

肉桂酸
Cinnamic acid

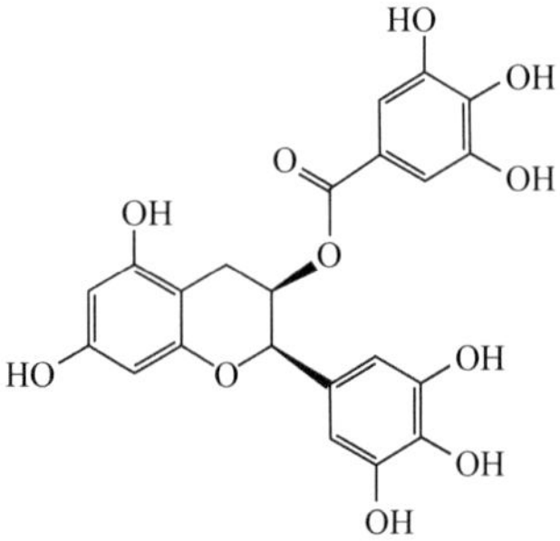

没食子酸
Gallic acid

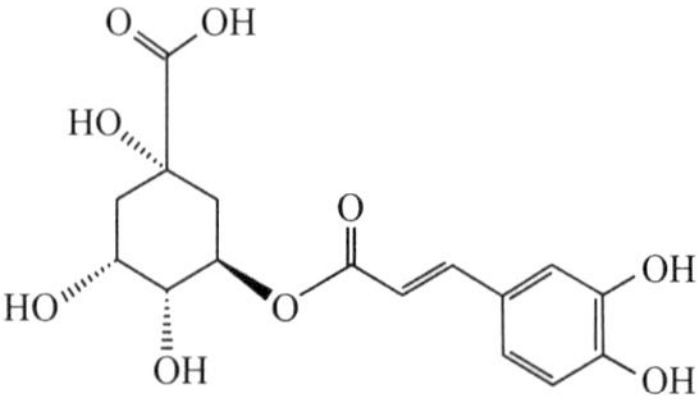

绿原酸
Chlorogenic acid

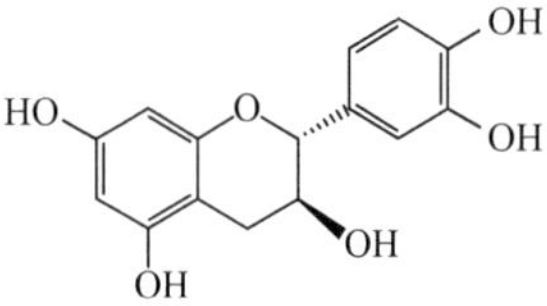

儿茶酸
Catechin

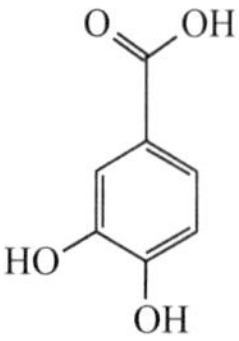

原儿茶酸
Protocatechuic acid

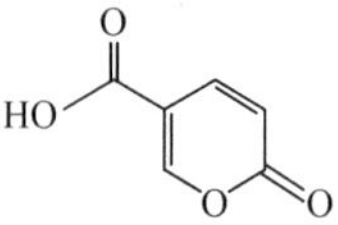

香豆酸
Coumalic acid

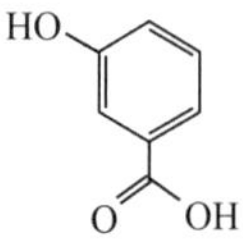

间羟基苯甲酸
3-Hydroxybenzoic acid

图 2-7　酚酸化合物结构

2.4.2　酚类化合物与子实体褐变

食药用真菌子实体在采摘后易被氧化发生褐变，褐变不仅影响外观和风味，而且损失营养物质，这一过程与酚类物质的氧化密切相关。多酚氧化酶（polyphenol oxidase，PPO）催化的酶促反应是食药用真菌贮运及加工过程中引起褐变和品质劣变的主要原因之一。PPO 包括 3 种类型：单酚单氧化酶、双酚氧化酶、漆酶，它可以使单酚羟基转化为邻苯二酚，也可以催化邻苯二酚氧化成为醌类物质，这种醌类物质不稳定，容易形成黑色素，进一步引起褐变和腐烂。

2.4.3 酚类化合物的生物活性

酚类化合物具有很强的抗氧化作用，它能够清除自由基、激活体内抗氧化体系，是天然的抗氧化剂。例如，灵芝子实体、菌丝体、灵芝孢子的酚类提取物，桑黄子实体和发酵液中类黄酮提取物都具有很高的抗氧化活性[143, 144]。酚类化合物因自身的抗氧化性而能够起到很好的抗炎作用。例如，灵芝中酚类提取物通过抑制脂多糖刺激的巨噬细胞中一氧化氮（NO）和前列腺素 E-2（PGE2）的产生，降低 COX-2、TNF-α、iNOS 的表达，从而抑制 MAPK 磷酸化和 NF-κB 活化来预防结肠炎，分析表明该酚类中主要含有咖啡酸、柚皮苷、槲皮素、柚皮苷[145]。平菇、牛肝菌和双孢蘑菇的酚类提取物中肉桂酸含量较高，对脂多糖诱导的小鼠 RAW264.7 细胞表现出较强的抗炎活性 [EC_{50} 为（96±1 ～ 190±6）μg/mL][146]。鲍姆木层孔菌中的酚类化合物通过抑制 RAW264.7 细胞中 NF-κB 依赖的炎症途径，显著降低诱导型一氧化氮合酶和环氧合酶-2 的表达，表现出良好的抗炎效果[147]。

酚类化合物对细菌、真菌、病毒均有一定程度的抑制作用。双孢菇子实体中含有没食子酸、咖啡酸、阿魏酸、对香豆酸和原儿茶酸，双孢菇子实体乙醇提取物中酚类化合物的总含量与微生物抑制作用呈正相关[148]；灵芝菌丝体和子实体水提取物中富含酚的提取组分，对大肠杆菌、伤寒沙门氏菌和金黄色葡萄球菌表现出抗菌活性。Alves 等[149]对世界各地蘑菇中不同的酚类化合物的抑菌活性进行了评价，进行了构效关系分析和分子对接研究，结果发现酚类化合物对耐甲氧西林金黄色葡萄球菌的抑制作用强于对甲氧西林敏感的金黄色葡萄球菌，其原因为羧酸（—COOH）、苯环对位和邻位上的两个羟基（—OH）基团以及中间位置的甲氧基（$—OCH_3$）基团的存在似乎对抗耐甲氧西林金黄色葡萄球菌活性很重要。由此，酚类化合物可用作抗菌剂，对抗某些对商业抗生素产生耐药性的微生物。

2.5 其他活性物质

2.5.1 皂苷

1. 结构

皂苷（saponin）是一类广泛存在于植物界、结构复杂的化合物，因其水溶液形成持久泡沫如肥皂一样而得名。皂苷主要是由糖的半缩醛羟基与非糖结合的化合物，组成皂苷的常见糖类有D-葡萄糖、D-半乳糖、L-鼠李糖、L-阿拉伯糖、D-木糖、D-葡萄糖醛酸、D-半乳糖醛酸等，同时糖链上的自由羟基经常含有乙酸基、硫酸基、氨基等修饰基。非糖部分为苷元，又称为配糖体，根据苷元的化学结构不同，皂苷可分为甾式皂苷（steroid saponin）和三萜式皂苷（triterpenoid saponin）。甾式皂苷元为27碳甾体衍生物，其基本骨架为螺旋甾烷（spirastane，图2-8A）。

三萜皂苷元根据其结构可分为四环三萜、五环三萜和鲨烯三类，以五环三萜类和四环三萜类较为普遍。四环三萜类皂苷元的结构类型主要有羊毛脂甾烷、甘

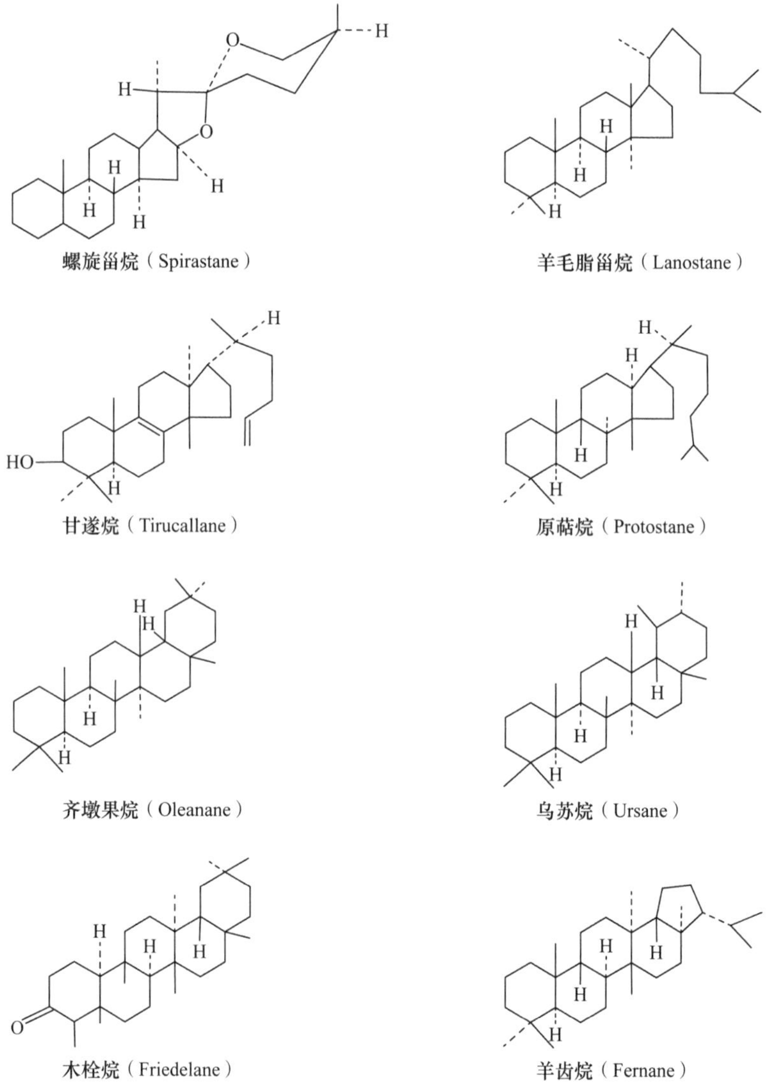

图2-8 不同类型的皂苷结构

遂烷、原萜烷等。五环三萜类皂苷元的结构类型主要有齐墩果烷、乌苏烷、木栓烷、羊齿烷等。

2. 食药用真菌中皂苷的分离提取及其生物活性

皂苷是鸡枞、黑灵芝、赤芝、金耳、杏鲍菇等食药用真菌的重要活性成分 [150-156]，具有降血脂、抗菌、抗病毒、抗氧化、清除自由基、抑制肿瘤细胞生长、调节免疫等多种生物活性。从冬虫夏草中获得的皂苷为 3-吡喃葡萄糖苷麦角甾醇（图 2-9A）；从乌灵参（*Xylaria* sp.）中分离获得含 β-D-甘露糖残基的麦角甾烷型甾体皂苷（图 2-9 B）。

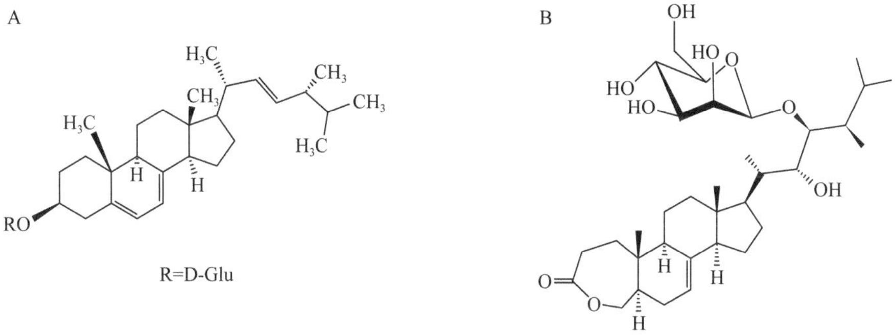

图 2-9　两种皂苷的结构

A. 3-吡喃葡萄糖苷麦角甾醇；B. β-D-甘露糖麦角甾烷皂苷

从食药用真菌提取皂苷的方法很多，如震荡提取、超声辅助提取、热回流提取、超临界流体提取、微波辅助提取等。从不同的原料提取皂苷的最佳方法有所差异，通过比较不同方法对黑灵芝皂苷提取的效果发现，微波辅助提取效果最佳，提取率达 5.11%，三萜皂苷得率达 0.968%[151]。杏鲍菇皂苷的最佳提取方法为超声辅助提取，经响应面优化确定最佳工艺条件为：超声提取时间 31 min、液固比 11.5 mL/g、提取温度 65℃、提取液 pH 8.4，在此条件下杏鲍菇皂苷得率可达 3.19%[154]。大孔树脂是皂苷纯化适宜的分离载体。用 HPD-450 大孔树脂提取分离鸡枞皂苷的工艺条件为：样品液浓度 2.5 ～ 4.0 mg/mL、吸附流速 1 ～ 2 mL/min、pH 5 ～ 7、洗脱剂选择 40% 乙醇 [155]。分离杏鲍菇皂苷的大孔树脂型号为 HZ802，其工艺条件如下：上样液质量浓度为 0.376 mg/mL、上样吸附流速为 2 BV/h、水洗量为 30 mL，HZ802 的饱和吸附量为 17.8 mg/mL；洗脱液为 65% 乙醇溶液、适宜的流速为 1 BV/h、最适洗脱液体积为 75 mL，可获得纯度为 52.5% 的杏鲍菇皂苷 [156]。

从灵芝、杏鲍菇等食药用真菌分离制备的皂苷具有良好的抗氧化活性，杏鲍菇皂苷对 ABTS 自由基的清除率随着其浓度的升高先增大而后趋于饱和，2 mg/mL 杏鲍菇皂苷对 ABTS 的清除率为 98.8%[156]。从灵芝发酵液中分离获得的灵芝皂苷 GCTL1 对超氧阴离子自由基、羟自由基、DPPH 自由基、过氧化氢自由基的清除率的半抑制质量浓度（IC_{50}）分别为：0.247 mg/mL、0.197 mg/mL、0.09 mg/mL、0.279 mg/mL；GCTL1 的还原力为 0.5、铁螯合力为 50% 时的质量浓度分别为 0.425 mg/mL 和 0.180 mg/mL[157]。

2.5.2 活性肽

生物活性肽是一类介于氨基酸和蛋白质之间、对生物机体的生命活动有益或具有特定生理调节作用的肽类化合物，相对分子质量一般小于 6000。生物活性肽小至由 2 ～ 10 个氨基酸组成（寡肽），大至由数百个氨基酸通过肽键连接而成（多肽）。生物活性肽具有提高免疫力、抗氧化、抗病毒、降血压、降低胆固醇、抗肿瘤等多种生理功能。

由于多糖与三萜是食药用真菌的主要活性物质，其来源的生物活性肽并未受到重视。近年来，国内外学者对食药用真菌的生物活性肽的研究取得一定进展，分离纯化出的食药用真菌多肽等表现出显著的生理调节作用，在肽类保健食品产业领域展现出潜在的开发前景。

1. 食药用真菌生物活性肽概况

目前食药用真菌中明确报道的活性肽主要来自灵芝、杏鲍菇、双孢菇、茶树菇、松茸、云芝（变色栓菌）等。活性肽既可从食药用真菌的菌丝体中直接提取，也可以食药用真菌蛋白质为原料，在特定条件下，通过酶的水解作用切出所需肽段。

水提法是提取食药用真菌中活性肽的常用方法。稀盐溶液和缓冲液对蛋白质或肽类稳定性好 ，溶解度大。用水提法提取活性肽时，应注意控制料水比、pH 和温度等因素，从而显著提高得率。研究者多以大白口蘑、蟹味菇、茶树菇、灵芝等食用菌为原料，采用水提法得到活性肽粗提物后进行分离提纯，该法肽提取率较高，生物活性效果理想[158]。不同品种食药用真菌的多肽组成不同，而且同一品种不同区域来源的食药用真菌的多肽组成也不同。有研究对灵芝欧洲组、灵芝东亚组 2 个菌种中的肽类化合物进行了分离和鉴定，从灵芝欧洲组中分离出 3 个小肽（QLVP、QDVL、QLDL），从灵芝东亚组中分离出 6 个小肽（SYP、EQVL、DLQLVP、PLELVP、QRVCE、AFGSNALPV）[159]。

蛋白酶水解是目前制备食药用真菌多肽的另一种最常见的方法。利用 4 种蛋白酶（碱性蛋白酶、胰蛋白酶、木瓜蛋白酶、复合蛋白酶）水解法制备香菇多肽，其中复合蛋白酶效果最佳，多肽产量可达 29.23%，得到的香菇多肽具有显著的抗氧化活性和解酒活性 [160]。酶水解法具有操作方便、产品安全性高等特点，整个反应过程条件温和，因此该方法是工业上制备食药用真菌活性肽应用最广泛的方法。但是酶法造成酶的大量浪费，成本相对较高，另外，水解反应后副产物多，给分离特定活性肽带来一定困难 [161]。

2. 食药用菌活性肽的生物活性

1）免疫调节

食药用真菌源的多肽具有一定的免疫调节活性。LZ-8 是从灵芝中分离纯化得到的第一个真菌免疫调节蛋白（FIP），能显著降低脂多糖刺激的一氧化氮、前列腺素 E2 和白细胞介素 6 的产生；且 LZ-8 减少了 TLR-4 介导的 NF-κB 向细胞核的转位，从而抑制了小胶质细胞中促炎介质的表达和产生 [162]。通过计算机模拟分析表明，LZ-8 通过形成稳定的同型二聚体而有效地诱导白细胞介素 2（IL-2）的表达和分泌，并被认为是新的免疫治疗剂和（或）功能性食品补充剂的良好候选者 [163]。

除了 LZ-8 外，灵芝中还分离出了免疫调节蛋白 LZ-9。两者结构与功能的差异是影响生物功能的基础。利用生物信息学方法从蛋白质基本理化特性、蛋白质三维结构以及蛋白表面电荷性质等方面，对灵芝中两种真菌免疫调节蛋白 LZ-8 和 LZ-9 进行了预测和比较分析，发现 LZ-9 蛋白结构柔性较好，N 端疏水性更强；利用同源建模构建的 LZ-9 三维结构模型具有稳定的空间立体结构 [164]。此外，蛋白表面静电势能分析发现 LZ-9 中 5 个突变（R9G、K41Q、D45G、N58D 和 T89K）改变了蛋白表面静电性质，影响了 LZ-9 与细胞表面受体的结合，从而产生了与 LZ-8 不同的生物功能，如免疫调节功能 [164]。

从杏鲍菇中分离得到分子质量为 63 kDa 的多肽提取物，由 Gly、Arg、Ser 组成，且具有 α 螺旋二级结构；活性研究发现其可以增强吞噬细胞的活性，促进机体的免疫调节，并且对 4 种癌细胞有明显的抑制作用。该蛋白质的作用机理是通过调节淋巴细胞的功能活性、增强巨噬细胞的吞噬作用、促进抗体的生成，以及通过对细胞因子的分泌等方式调节机体的免疫功能 [165]。

2）抗氧化

采用木瓜蛋白酶酶解双孢菇蛋白制备抗氧化肽，所得双孢菇蛋白酶解液（抗氧化肽）对 ·OH 和 O^{2-} 的清除率分别为 89.61% 和 60.63%，抗氧化肽的分子质量主要分布在 600 ～ 2600 Da [166]。对滑菇蛋白进行超声预处理，以羟自由基（·OH）清除率为指标，结果表明在超声的最佳条件下，碱性蛋白酶水解产物的 ·OH 清除率达 82.7%。滑菇多肽具有显著的抗氧化活性[167]。

3）降血压

从食药用真菌中提取出具有体外降血压活性的生物活性肽，可以通过抑制血管中的血管紧张素转换酶（ACE）的活性来达到降低血压的效果。茶树菇多肽具有较好的降血压活性，对 ACE 的抑制率最高可达 46.4%[168]。松茸子实体粗提物中鉴定到氨基酸序列为 WALKGK 的 ACE 抑制肽，其 IC_{50} 为 0.40 μmol/L，是一种 ACE 的非竞争性抑制剂，对其进行短期抗高血压活性试验，该多肽表现出显著的降低收缩压活性[169]。

从灵芝欧洲组（*Ganodemra lucidum*）菌株中分离、纯化获得 3 个具有降血压活性的 ACE 抑制肽（ACEIP），其氨基酸序列分别为 Gln-Leu-Val-Pro（QLVP）、Gln-Asp-Val-Leu（QDVL）和 Gln-Leu-Asp-Leu（QLDL），其中 QLVP 对 ACE 的抑制活性最强，酶促反应动力学（Lineweaver-Burk Plot）研究表明，QLVP 为血管紧张素转化酶（ACE）的混合型抑制剂；分子动力学模拟发现，QLVP 作为一种混合型抑制剂，可通过与酶 ACE 的活性区域 Gln242 和 Lys472 形成氢键及盐键而抑制其活性，进而引发降血压功效[159]。此外，从灵芝东亚组（*G. lingzhi*）菌株中分离出了对 ACE 抑制率超过 50% 的 6 个寡肽（SYP、EQVL、DLQLVP、PLELVP、QRVCE、AFGSNALPV），其中分子质量最小的寡肽 SYP 不仅在灵芝发酵菌丝体中含量最高，而且还含有 Tyr、Pro 等疏水性较强的氨基酸，具有最强的 ACE 抑制活性（IC_{50} 为 62.5 μg/mL）和 ACE 结合自由能（34.40 kcal/mol），活性远高于 EQVL、DLQLVP、PLELVP、QRVCE、AFGSNALPV[159]。因此，将灵芝菌丝体作为一种制备活性寡肽的新资源进行利用具有重要的现实意义。

4）抑菌活性

杏鲍菇多肽对食源性致病菌具有抑制作用，多肽的抑菌率与其浓度成正比，抑制作用表现最明显的是大肠杆菌，抑菌率可达 87.7%，其次是金黄色葡萄球菌和沙门氏菌，推测杏鲍菇多肽抗菌的原因是多肽中含有丰富的氨基酸，可与细菌细胞膜上的特殊物质结合，破坏细胞结构，也能抑制细菌孢子的萌发，从而起到抑菌作用[170]。云芝糖肽会干扰脂多糖与小鼠巨噬细胞表面的多糖受体结合，弱化脂多糖的诱导作用，因此显著减少由脂多糖刺激小鼠巨噬细胞而引发 NO、PGE2 及 IL-1β 炎症性介导因子的生成，同时也可以下调 COX-2 和 iNOS 的表达[171]。

5）抗肿瘤活性

重组灵芝 LZ-8（rLZ-8）具有很好的抗肿瘤效果，其抑制细胞生长与 G_1 期增加有关。用 rLZ-8 激活 p53 和 p21 表达的 A549 细胞，G_1 期阻滞和抗生长作用均与 p53 有关，进一步证明 rLZ-8 对 Lewis 肺癌细胞移植小鼠肿瘤生长有抑制作用，即它通过核糖体应激积极调节 p53，并在体内外抑制肺癌细胞的生长[172]。此外，rLZ-8 还可聚集在内质网，诱导内质网应激介导的人胃癌细胞系 SGC-7901 的自噬细胞死亡[173]。

灵芝肽对肝癌细胞的生长繁殖具有较强的抑制作用，凋亡率显著增加，且存在明显的时效和量效关系，人体肝癌细胞经灵芝肽处理后出现典型凋亡细胞形态学改变，如体积缩小、染色质浓缩、形成凋亡小体等[174]。杏鲍菇多肽对人体胃癌细胞、乳腺癌细胞、宫颈癌细胞的增殖均具有明显的抑制作用，且活性与浓度呈现量效关系[175]。

（丁重阳　刘高强　杨海龙　徐萌萌　王　琼）

参考文献

[1] 高绍璞 , 周礼元 . 食用菌多糖功效的最新研究进展 . 安徽大学学报 (自然科学版), 2019, 43(3): 102-108.

[2] 周鹏 , 谢明勇 , 傅博强 . 多糖的结构研究 . 南昌大学学报 (理科版), 2001, 2: 197-204.

[3] Wang Q, Wang F, Xu Z H, et al. Bioactive mushroom polysaccharides: A review on monosaccharide composition, biosynthesis and regulation. Molecules, 2017, 22(6): 955.

[4] Wang C, Li W W, Chen Z Q, et al. Effects of simulated gastrointestinal digestion in vitro on the chemical properties, antioxidant activity, α-amylase and α-glucosidase inhibitory activity of polysaccharides from *Inonotus obliquus*. Food Research International, 2018, 103: 280-288.

[5] 刘洁 , 李文香 , 王文亮 , 等 . 多糖空间结构与生物活性相关性研究进展 . 农业机械 , 2011, 12: 153-155.

[6] 杜巍 , 李元瑞 , 袁静 . 食药用菌多糖生物活性与结构的关系 . 中国食用菌 , 2002, 2: 28-30.

[7] 梁雪 , 倪秀珍 , 汉丽萍 . 食药用真菌多糖生物活性的研究进展 . 长春师范大学学报 , 2018, 37(10): 82-85.

[8] Meng X, Liang H B, Luo L X. Antitumor polysaccharides from mushrooms: a review on the structural characteristics, antitumor mechanisms and immunomodulating activities. 2016, Carbohydrate Research, 424: 30-41.

[9] 谭西 , 周欣 , 陈华国 . 多糖结构修饰研究进展 . 食品工业科技 , 2019, 40(4): 341-349, 356.

[10] 张占军 , 张燕燕 . 多糖分子修饰研究进展 . 食品工业 , 2017, 38: 253-257.

[11] Sun Y X, Liang H T, Cai G Z, et al. Sulfated modification of the water-soluble polysaccharides from *Polyporus albicans* mycelia and its potential biological activities. International Journal of Biological Macromolecules, 2009, 44(1): 14-17.

[12] Chen Y, Zhang H, Wang Y, et al. Sulfated modification of the polysaccharides from *Ganoderma atrum* and their antioxidant and immunomodulating activities. Food Chemistry, 2015, 186: 231-238.

[13] Wang X H, Zhang L N. Physicochemical properties and antitumor activities for sulfated derivatives of lentinan. Carbohydrate Research, 2009, 344(16): 2209-2216.

[14] Deng C, Fu H T, Xu J J, et al. Physiochemical and biological properties of phosphorylated polysaccharides from *Dictyophora indusiata*. International Journal of Biological Macromolecules, 2015, 72: 894-899.

[15] 冯燕茹 , 刘玮 , 杨继国 . 不同分子量羧甲基茯苓多糖的制备及其抗氧化活性的研究 . 中国食品添加剂 , 2019, 3: 67-74.

[16] Liu Y T, You Y X, Li Y W, et al. Characterization of carboxymethylated polysaccharides from *Catathelasma ventricosum* and their antioxidant and antibacterial activities. Journal of Functional Foods, 2017, 38: 355-362.

[17] 朱新荣，邓辉，童军茂，等 . 香菇多糖 Le-2 的化学修饰对 SP-2 小鼠肿瘤细胞抑制率的影响 . 石河子大学学报（自然科学版），2008, 26(5): 603-607.

[18] Chen Y, Zhang H, Wang Y X, et al. Acetylation and carboxymethylation of the polysaccharide from *Ganoderma atrum* and their antioxidant and immunomodulating activities. Food Chemistry, 2014, 156: 279-288.

[19] Du X J, Zhang J S, Lv Z W, et al. Chemical modification of an acidic polysaccharide(TAPA1)from *Tremella aurantialba* and potential biological activities. Food Chemistry, 2014, 143: 336-340.

[20] Fu L L, Chen H X, Dong P, et al. Effects of ultrasonic treatment on the physicochemical properties and DPPH radical scavenging activity of polysaccharides from mushroom *Inonotus obliquus*. Journal of Food Science, 2010, 75(4): C322-C327.

[21] Zhang H, Wang Z Y, Zhang Z, et al. Purified *Auricularia auricular-judae* polysaccharide(AAP I-a)prevents oxidative stress in an ageing mouse model. Carbohydrate Polymers, 2011, 84: 638-648.

[22] Zhao T, Fan Y, Mao G H, et al. Purification, characterization and antioxidant activities of enzymolysis polysaccharide from *Grifola frondosa*. Iranian Journal of Pharmaceutical Research, 2017, 16(1): 347-356.

[23] Jiao F P, Wang X X, Song X L, et al. Processing optimization and anti-oxidative activity of enzymatic extractable polysaccharides from *Pleurotus djamor*. International Journal of Biological Macromolecules, 2017, 98: 469-478.

[24] Wang X X, Liu M, Zhang C, et al. Antioxidant activity and protective effects of enzyme-extracted *Oudemansiella radiata* polysaccharides on alcohol-induced liver injury. Molecules, 2018, 23(2): 481.

[25] Ma Z, Zhang C, Gao X, et al. Enzymatic and acidic degradation effect on intracellular polysaccharide of *Flammulina velutipes* SF-08. International Journal of Biological Macromolecules, 2015, 73: 236-244.

[26] Yin C, Fan X, Fan Z, et al. Optimization of enzymes-microwave-ultrasound assisted extraction of *Lentinus edodes* polysaccharides and determination of its antioxidant activity. International Journal of Biological Macromolecules, 2018, 111: 446-454.

[27] 卞冬萍，陈耀，郎田田 . 食用菌多糖生物活性研究进展 . 南方农业，2018, 12(20): 125-127.

[28] Pandya U, Dhuldhaj U, Sahay N S. Bioactive mushroom polysaccharides as antitumor: an overview. Natural Product Research, 2018, 33(18): 1-13.

[29] Yu Y, Shen M Y, Song Q Q, et al. Biological activities and pharmaceutical applications of polysaccharide from natural resources: A review. Carbohydrate Polymers, 2018, 183: 91-101.

[30] 钟耀广，林楠，王淑琴，等 . 香菇多糖的抗氧化性能与抑菌作用研究 . 食品科技，2007, 7: 163-166.

[31] 岑绮雯，宋宇婧，陈涛，等，蝉花多糖提取工艺优化及抗菌活性初步研究 . 杭州师范大学学报（自然科学版），2018, 17(03): 269-274.

[32] Monkia O J, Anna J W, Jolanta J Ś, et al. Extracellular polysaccharides from Ascomycota and Basidiomycota: production conditions, biochemical characteristics, and biological properties. World Journal of Microbiology & Biotechnology, 2015, 31(12): 1823-1844.

[33] Cardozo F T, Camelini C M, Leal P C, et al. Antiherpetic mechanism of a sulfated derivative of *Agaricus brasiliensis* fruiting bodies polysaccharide. Intervirology, 2014, 57: 375-383.

[34] 唐鹏，李学英，王大忠 . 食用菌多糖药理作用研究进展 . 临床合理用药杂志，2014, 17: 176-178.

[35] 单峰 . 灵芝多糖对妊娠期糖尿病大鼠血糖及胰岛素水平的影响，南通大学学报，2010, (6): 441-442.

[36] Sang C J, Yong T J, Byung K Y. White button mushroom(*Agaricus bisporus*)lowers blood glucose and cholesterol levels in diabetic and hypercholeterolemic rats. Nutrition Research, 2010, 30: 49-56.

[37] Giavasis I. Bioactive fungal polysaccharides as potential functional ingredients in food and nutraceuticals. Current Opinion Biotechnology, 2014, 26(7): 162-173.

[38] 叶忠春 , 梁智 . 食用菌多糖综述 . 轻工科技 , 2012, 10: 16-18.

[39] Zeng P J, Guo Z H, Zeng X, et al. Chemical, biochemical, preclinical and clinical studies of *Ganoderma lucidum* polysaccharide as an approved drug for treating myopathy and other diseases in China. Journal of Cellular & Molecular Medicine, 2018, 22(7): 1-20.

[40] 侯可宁 , 李毅 . 食用菌多糖的提取、检测及应用研究进展 . 山东化工 , 2017, 46(13): 49-51.

[41] 鲁飞飞 , 方兆华 . 食用菌的皮肤护理功效以及在化妆品中的应用 . 日用化学品科学 , 2013, 36(8): 31-35.

[42] 熊智 , 吕辰鹏 , 何泉泉 , 等 . 灵芝在化妆品中的应用 . 日用化学品科学 , 2016, 39(3): 30-34.

[43] Xiong W, Li L, Wang Y Y, et al. Design and evaluation of a novel potential carrier for a hydrophilic antitumor drug: *Auricularia auricular* polysaccharide-chitosan nanoparticles as a delivery system for doxorubicin hydrochloride. International Journal of Pharmaceutics, 2016, 511(1): 267-275.

[44] Sanada Y, Matsuzaki T, Mochizuki S, et al. β-1,3-D-glucan schizophyllan/poly(dA)triple helical complex in dilute solution. Journal of Physical Chemistry B, 2011, 116: 87-94.

[45] Mizu M, Koumoto K, Kimura T, Sakurai K, et al. Protection of polynucleotides against nuclease-mediated hydrolysis by complexation with schizophyllan. Biomaterials, 2004, 25(15): 3109-3116.

[46] 王艺峰 , 连鑫鑫 , 吴仲岿 , 等 . 羧甲基香菇多糖表面修饰的聚乳酸材料的表面性能研究 . 高分子学报 , 2012, (10): 121-126.

[47] 孟雅红 .鸡油菌多糖的分离纯化 , 硫酸酯化及其对材料表面修饰的研究 . 昆明 : 昆明理工大学硕士学位论文 . 2016.

[48] 徐伟 . 茯苓多糖衍生物对生物医用高分子材料表面修饰的研究 . 武汉 : 武汉理工大学硕士学位论文 . 2008.

[49] Ping Z H, Liu T, Xu H, et al. Construction of highly stable selenium nanoparticles embedded in hollow nanofibers of polysaccharide and their antitumor activities. NanoResearch, 2017, 10(11): 3775-3798.

[50] Li N, Hu Y L, He C X, et al. Preparation, characterisation and anti-tumour activity of *Ganoderma lucidum* polysaccharide nanoparticles. Journal of Pharmacy & Pharmacology, 2010, 62(1): 139-144.

[51] Chen X, Yan J K, Wu J Y. Characterization and antibacterial activity of silver nanoparticles prepared with a fungal exopolysaccharide in water. Food Hydrocolloids, 2016, 53: 69-74.

[52] Li X J, Zhou J J, Liu C R, et al. Highly stable and biocompatible mushroom β-glucan modified gold nanorods for cancer photothermal therapy. Journal of Agricultural & Food Chemistry, 2017, 9529.

[53] Siti F M, Ting S Y, Laina Z M K, et al. *Pleurotus sajor-caju* can be used to synthesize silver nanoparticles with antifungal activity against *Candida albicans*. Journal of the Science of Food & Agriculture, 2017, 98: 1197-1207.

[54] 马丹丹 , 汪雯翰 , 贾薇 , 等 . 食用菌多糖作为添加剂在养殖业中的应用 . 上海农业学报 , 2017, 33(3), 166-170.

[55] 孙培龙 , 陶文扬 , 何晋浙 . 灵芝中三萜类化合物的研究进展 . 食药用菌 , 2016, 2: 76-81.

[56] 庾石山 . 三萜化学 . 北京 : 化学工业出版社 , 2008.

[57] 刘燕隔 .牛樟芝发酵菌丝体三萜类化合物对酒精诱导肝损伤小鼠保护作用的研究 . 长春 : 吉林大学博士学位论文 . 2019.

[58] 马林 , 吴丰 , 陈若芸 . 灵芝三萜成分分析 . 药学学报 , 2003, 1: 50-52.

[59] Qiao X, Song W, Wang Q, et al. Comprehensive chemical analysis of triterpenoids and polysaccharides in the medicinal mushroom *Antrodia cinnamomea*. RSC Advances, 2015, 5(58): 47040-47052.

[60] 崔仙红 , 张鹏 , 朱笛 . 茯苓三萜类化合物药理活性研究进展 . 中国药物经济学 , 2019, 14(12): 123-125.

[61] Baby S, Johnson A J, Govindan B. Secondary metabolites from *Ganoderma*. Phytochemistry, 2015, 114: 66-101.

[62] 徐萌萌 . 樟芝液体发酵过程香味与活性物质的研究 . 无锡 : 江南大学硕士学位论文 . 2017.

[63] 刘维 , 虎虓真 , 朱莉 , 等 . 灵芝三萜的研究与应用进展 . 食品科学 , 2019, 40(5): 317-323.

[64] 牛君芳 , 方正 , 王红庚 , 等 . 灵芝有效化学成分研究进展 , 河北农业大学学报 , 2002, 25(S1): 51-54.

[65] Fatmawati S, Shimizu K, Kondo R. Structure-activity relationships of ganoderma acids from *Ganoderma lucidum* as aldose reductase inhibitors. Bioorganic & Medicinal Chemistry Letters, 2011, 21: 7295-7297.

[66] Jiang J, Grieb B, Thyagarajan A, et al. Ganoderic acids suppress the growth and invasive behavior of breast cancer cells by modulating AP-1 and NF-κB signaling. International Journal of Molecular Medicine, 2008, 21: 577-584.

[67] 罗俊，林志彬．灵芝三萜类化合物药理作用研究进展．药学学报，2002, 37(7): 574-578.

[68] Yang H L, Chen G H, Li Y Q. A quantum chemical and statistical study of ganoderic acids with cytotoxicity against tumor cells. European Journal of Medicinal Chemistry, 2005, 40: 972-976.

[69] Wu G S, Lu J J, Guo J J, et al. Ganoderic acid DM, a natural triterpenoid, induces DNA damage, G_1 cell cycle arrest and apoptosis in human breast cancer cells. Fitoterapia, 2012, 83(2): 408-414.

[70] Toth J O, Luu B, ORission G. Les acides ganoderiques táz: triterpenes cytotoxiques de *Ganoderma lucidum*. Tetrahedron Letters, 1983, 24(10): 1081-1084.

[71] Gao J J, Min B S, Alm E M, et al. New triterpene aldehydes, luciadehydes A-C, from Ganderma lucidum and their cytotoxity against murine and human tumor cells. Chem Pharm Bull, 2002, 50(6): 837-840.

[72] Hsu C L, Yen G C. Ganoderic acid and lucidenic acid(Triterpenoid). The Enzymes, 2014, 36: 33-56.

[73] Hsu C L, Yu Y S, Yen G C. Lucidenic acid B induces apoptosis in human leukemia cells via a mitochondria-mediated pathway. Journal of Agricultural and Food Chemistry, 2008, 56: 3973-3980.

[74] Tsai W C, Rao Y K, Lin S S, et al. Methylantcinate: A induces tumor specific growth inhibition in oral cancer cells via Bax-mediated mitochondrial apoptotic pathway. Bioorganic & Medicinal Chemistry Letters, 2010, 20(20): 6145-6148.

[75] Hirotani M, Asaka I, Ino C. Ganoderic acid derivatives from *Ganoderma lucidum*. Phytochemistry, 1987, 26: 2797-2803.

[76] Zhu M, Chang Q, Wong L K, et al. Triterpene antioxidants from *Ganoderma lucidum*. Phytotherapy Research, 1999, 13: 529-531.

[77] 肖星凝，袁娅，廖霞，等．食用菌抗氧化活性成分及其抗氧化作用机制研究进展．食品与机械，2016, 32(11): 207-211.

[78] 李国华，李晔，梅锡玲，等．灵芝三萜类化合物研究进展．中草药，2015, 46(12): 1858-1862.

[79] 毛跟年，张诗韵，付超，等．茯苓皮总三萜的降血脂活性研究．陕西科技大学学报（自然科学版），2015, 33(3): 130-134.

[80] 杜令娟，康宁，李德海，等．粗毛纤孔菌三萜初级纯化及体外降血脂研究．森林工程，2017, 33(5): 29-34.

[81] 沈思，李孚杰，梅光明，等．茯苓皮三萜类化合物含量的测定及其抑菌活性的研究．食品科学，2009, 01: 97-100.

[82] 刘高强，章春莲，彭广生．赤芝菌体中三萜抑菌作用研究．时珍国医国药，2008, 11: 2578-2579.

[83] 李平作，章可昌．灵芝发酵菌丝体中灵芝酸的分离纯化及生物活性检测．天然产物研究与开发，1999, 11(4): 67-70.

[84] 王英，张向红，张少冰，等．雪峰虫草液体培养产三萜及其抗菌作用的初步研究．中国中医药科技，2020, 27(1): 34-37.

[85] Liu C, Dunkin D, Lai J, et al. Anti-inflammatory effects of *Ganoderma lucidum* triterpenoid in human Crohn's disease associated with downregulation of NF-κB signaling. Inflammatory Bowel Diseases, 2015, 21(8): 1918-1925.

[86] 王琢．牛樟芝水提物降血脂、保肝护肝功效及相关基因表达的研究．武汉：华中农业大学硕士学位论文．2019.

[87] 张光杰，杜磊，袁超，等．三萜类化合物生物活性及应用研究进展．粮食与油脂，2017, 30(10): 1-5.

[88] 师彦平．单萜和倍半萜化学．北京：化学工业出版社，2008.

[89] 陈兴，张天栋，杨乾栩，等．蕈菌挥发性芳香物质研究概述．中国食用菌，2019, 38(1): 12-15.

[90] 王峥涛，梁光义．中药化学．上海：上海科学技术出版社，2009.

[91] 庞雪威，王积武，吴志莲，等．植物性食品原料中单萜类化合物形成机理及生物活性综述．中国酿造，2016, 35(006): 24-29.

[92] Breheret S, Talou T, Rapior S, et al. Monoterpenes in the aromas of fresh wild mushrooms(basidiomycetes). Journal of Agricultural & Food Chemistry, 1997, 45(3): 831-836.

[93] Aprea E, Romano A, Betta E, et al. Volatile compound changes during shelf life of dried *Boletus edulis*: comparison between SPME-GC-MS and PTR-ToF-MS analysis. Journal of Mass Spectrometry, 2015, 50(1): 56-64.

[94] Pennerman K K, Yin G, Bennett J W. Health effects of small volatile compounds from East Asian medicinal mushrooms. Mycobiology, 2015, 43(1): 9-13.

[95] 朱学敏, 蒋秋冬, 任略, 等. 挥发油含氧单萜成分的透皮吸收促进作用与皮肤细胞毒性比较研究. 南京中医药大学学报, 2018, 034(004): 395-399.

[96] 曾欣宜. 基于全基因组分析的灵芝萜类合酶功能多样性研究. 北京: 协和医学院硕士学位论文, 2016.

[97] 申利群, 莫洪波, 尹笃林. 几种单环单萜化合物的生物活性及其应用. 生物质化学工程, 2004, 38(2): 30-35.

[98] 孙丽超, 李淑英, 王凤忠, 等. 萜类化合物的合成生物学研究进展. 生物技术通报, 2017, 33(1): 64-75.

[99] Christina K, Nurhayat T, Gerhard B. α-Terpineol, a natural monoterpene: A review of its biological properties. Open Chemistry, 2018, 16(1): 349-361.

[100] 佚名. 香料解析 (四十六): 芳樟醇在食品香精中的应用. 国内外香化信息, 2015, 8: 18-19.

[101] 刘雅倩, 刘珍秀, 高波, 等. 柠檬烯在农药领域的应用进展. 中国植保导刊, 2019, 39(8): 24-28, 69.

[102] Chen J, Jiang Q D, Chai Y P, et al. Natural terpenes as penetration enhancers for transdermal drug delivery. Molecules, 2016, 21(12): 1709.

[103] 原晓龙, 赵能, 陈剑, 等. 牛樟芝萜烯合成酶基因的克隆与鉴定. 西北植物学报, 2016, 12: 2398-2404.

[104] 郭华, 冯涛, 李正辉, 等. 担子菌薄皮干酪菌中两个新的倍半萜. 药学学报, 2014, 11: 1578-1581.

[105] Chen H P, Dong W B, Feng T, et al. Four new sesquiterpenoids from fruiting bodies of the fungus *Inonotus rickii*. Journal of Asian Natural Products Research, 2014, 16(6): 581-586.

[106] 吴雅滨. 鸡枞菌液体发酵产物的分离与结构鉴定. 福州: 福建师范大学硕士学位论文. 2016.

[107] 朱华野, 朴惠顺. 倍半萜内酯类化合物抗肿瘤作用机制的研究进展. 华西药学杂志, 2015, 30(3): 381-383.

[108] 李兆坤, 王凤寰, 陈彬, 等. 大型真菌萜类化合物活性研究进展. 天然产物研究与开发, 2017, 29(2): 357-369.

[109] 段爱莉, 杨颖. 乳菇属真菌营养功能成分研究进展. 食品工业科技, 2013, 34(6): 372-376.

[110] Barros L, Caihelha R C, Vaz J A, et al. Antimicrobial activity and bioactive compounds of Portuguese wild edible mushrooms methanolic extracts.European Food Research and Technology, 2007, 225: 151-156.

[111] Ishikawa N K, Yamaji K, Tahara S, et al. Highly oxidized cuparene-type sesquiterpenes from a mycelial culture of *Flammulina velutipes*. Phytochemistry, 2000, 54(8): 777-782.

[112] GB 1886.134—2015, 食品安全国家标准 食品添加剂 γ-壬内酯.

[113] 李承范. 野生与种植灵芝中灵芝酸和总黄酮的提取及其含量测定. 延边大学学报 (自然科学版), 2013, 39(4): 269-272.

[114] Cilerdzic J, Kosanic M, Stajic M, et al. Species of genus *Ganoderma* (Agaricomycetes) fermentation broth: A novel antioxidant and antimicrobial agent. International Journal of Medicinal Mushrooms, 2016, 18(5): 397-404.

[115] 张丹, 王化远, 张承志. HPLC 测定高原雪灵芝中阿魏酸的含量. 华西药学杂志, 2001, (4): 271-272.

[116] Costa T M, Kaufmann V, Paganelli C J, et al. Kinetic identification of phenolic compounds and potential production of caffeic acid by *Ganoderma lipsiense* in solid-state fermentation. Bioprocess and Biosystems Engineering, 2019, 42(8): 1325-1332.

[117] 梁艳华, 孙勇, 吴龙龙, 等. 四川灵芝液体发酵样品两种异黄酮的结构鉴定和生源初探. 天然产物研究与开发, 2020, 32(3): 398-402.

[118] Jagadish L K, Krishnan V V, Shenbhagaraman R, et al. Comparitive study on the antioxidant, anticancer and

antimicrobial property of *Agaricus bisporus* (J. E. Lange) imbach before and after boiling. African Journal of Biotechnology, 2009, 8(4): 654-661.

[119] Liu J, Jia L, Kan J, et al. In vitro and in vivo antioxidant activity of ethanolic extract of white button mushroom (*Aguricus bisporus*). Food and Chemical Toxicology, 2013, 51: 310-316.

[120] Butkhup L, Samappito W, Jorjong S. Evaluation of bioactivities and phenolic contents of wild edible mushrooms from Northeastern Thailand. Food Science and Biotechnology, 2018, 27(1): 193-202.

[121] 秦春华，武玲，汪鋆植，等. 9种桑黄子实体中两种酚类活性成分的HPLC含量测定. 湖北中医药大学学报，2015, 17(3): 36-39.

[122] Zheng S J, Deng S H, Huang Y, et al. Anti-diabetic activity of a polyphenol-rich extract from *Phellinus igniarius* in KK-Ay mice with spontaneous type 2 diabetes mellitus. Food & Function, 2018, 9(1): 614-623.

[123] Yang N C, Wu C C, Liu R H, et al. Comparing the functional components, SOD-like activities, antimutagenicity, and nutrient compositions of *Phellinus igniarius* and *Phellinus linteus* mushrooms. Journal of Food and Drug Analysis, 2016, 24(2): 343-349.

[124] Mo S Y, Yang Y C, Shi J G. 2003. Studies on chemical constitutes of *Phellinus igniarius.* China J Chin Mater Med, 28(4): 339-341.

[125] 陈智毅，廖森泰，刘学铭，等. RP-HPLC法测定金针菇中芦丁、槲皮素和丁香酸的含量. 食品科学，2009, 30(18): 230-232.

[126] 孟鹏举，朱振元，张翥妮，等. 滑子菇黄酮醇提工艺及抗氧化活性研究. 农产品加工，2018, (7): 26-30.

[127] 王洪刚，郭兴，高智涛，等. 小兴安岭食药用真菌黄酮含量的测定. 中国林副特产，2015, (6): 16-18.

[128] 周俊，孙文军，张玲，等. 忍冬木层孔菌总酚的HPLC分离及其指示性成分分析. 三峡大学学报(自然科学版), 2014, 36(4): 109-112.

[129] 龙华，刘斌，李政东. 9种常见野生食用菌总黄酮的提取鉴定分析. 中国食用菌，2019, 38(08): 45-47.

[130] 许远，魏和平，操璟璟. 超临界CO_2萃取长裙竹荪总黄酮的工艺优化及抗氧化研究. 食品工业科技，2015, 36(12): 204-210.

[131] Woldegiorgis A Z, Abate D, Haki G D, et al. Antioxidant property of edible mushrooms collected from ethiopia. Food Chemistry, 2014, 157(16): 30-36.

[132] 刘阳. 杏鲍菇菌糠总黄酮的提取分离及部分生物活性研究. 延安：延安大学硕士学位论文. 2017.

[133] Sharif S, Rashid S, Atta A, et al. Phenolics, tocopherols and fatty acid profiling of wild and commercial mushrooms from Pakistan. Journal of Biological Regulators and Homeostatic Agents, 2018, 32(4): 863-867.

[134] Nowacka N, Nowak R, Drozd M, et al. Analysis of phenolic constituents, antiradical and antimicrobial activity of edible mushrooms growing wild in Poland. LWT-Food Science and Technology, 2014, 59(2): 689-694.

[135] Bhardwaj A, Pal M, Srivastava M, et al. HPTLC based chemometrics of medicinal mushrooms. Journal of Liquid Chromatography & Related Technologies, 2015, 38(14): 1392-1406.

[136] 张甘良，汪钊，鄢洪德. 生物类黄酮化合物的结构与生物活性的关系. 生物学杂志，2005, (1): 4-7.

[137] Xie L P, Chen Q X, Huang H, et al. Inhibitory effects of some flavonoids on the activity of mushroom tyrosinase. Biochemistry(Moscow), 2003, 68(4): 487-491.

[138] Sahin H, Can Z, Yildiz O, et al. Inhibition of carbonic anhydrase isozymes I and II with natural products extracted from plants, mushrooms and honey. Journal of Enzyme Inhibition and Medicinal Chemistry, 2012, 27(3): 395-402.

[139] Kishore N, Twilley D, van Staden A B, et al. Isolation of flavonoids and flavonoid glycosides from *Myrsine africana* and their inhibitory activities against mushroom tyrosinase. Journal of Natural Products, 2018, 81(1): 49-56.

[140] Samchai S, Seephonkai P, Kaewtong C. Two indole derivatives and phenolic compound isolated from mushroom

Phellinus linteus. Chinese Journal of Natural Medicines, 2011, 9(3): 173-175.

[141] Bravo L. Polyphenols: Chemistry, dietary sources, metabolism, and nutritional significance. Nutrition Reviews, 1998, 56(11): 317-333.

[142] Gheibi N, Zavareh S H, Behbahani G R R, et al. Comprehensive kinetic and structural studies of different flavonoids inhibiting diphenolase activity of mushroom tyrosinase. Applied Biochemistry and Microbiology, 2016, 52(3): 304-310.

[143] Wang Y, Yu J X, Zhang C L, et al. Influence of flavonoids from *Phellinus igniarius* on sturgeon caviar: Antioxidant effects and sensory characteristics. Food Chemistry, 2012, 131(1): 206-210.

[144] Heleno S A, Barros L, Martins A, et al. Fruiting body, spores and in vitro produced mycelium of *Ganoderma lucidum* from Northeast Portugal: A comparative study of the antioxidant potential of phenolic and polysaccharidic extracts. Food Research International, 2012, 46(1): 135-140.

[145] Hasnat M A, Pervin M, Cha K M, et al. Anti-inflammatory activity on mice of extract of *Ganoderma lucidum* grown on rice via modulation of MAPK and NF-kappa B pathways. Phytochemistry, 2015, 114(6): 125-136.

[146] Taofiq O, Calhelha RC, Heleno S, et al. The contribution of phenolic acids to the anti-inflammatory activity of mushrooms: Screening in phenolic extracts, individual parent molecules and synthesized glucuronated and methylated derivatives. Food Research International, 2015, 76(12): 821-827.

[147] Lee S, Lee D, Jang T S, et al. Anti-inflammatory phenolic metabolites from the edible fungus *Phellinus baumii* in LPS-stimulated RAW264.7 cells. Molecules, 2017, 22(10): 1583.

[148] Muszynska B, Kala K, Rojowski J, et al. Composition and biological properties of *Agaricus bisporus* fruiting bodies-a Review. Polish Journal of Food and Nutrition Sciences, 2017, 67(3): 173-181.

[149] Alves M J, Ferreira I C F R, Froufe H J C, et al. Antimicrobial activity of phenolic compounds identified in wild mushrooms, SAR analysis and docking studies. Journal of Applied Microbiology, 2013, 115(2): 346-357.

[150] Dai C X, Huang X Y, Huang D M, et al. Real-time detection of saponin content during the fermentation process of *Tremella aurantialba* using a homemade artificial olfaction system. Journal of Food Process Engineering, 2019, 42: e13101.

[151] Chen Y, Xie M Y, Gong X F. Microwave-assisted extraction used for the isolation of total triterpenoid saponins from *Ganoderma atrum*. Journal of Food Engineering, 2007, 81: 162-170.

[152] Zhu Z Y, Yao Q, Liu Y, et al. Highly efficient synthesis and antitumor activity of monosaccharide saponins mimicking components of Chinese folk medicine *Cordyceps sinensis*. Journal of Asian Natural Products Research, 2012, 14(5): 429-435.

[153] Tang G H, Lu N, Li W, et al. Mannosylxylarinolide, a new 3, 4-seco-ergostane-type steroidal saponin featuring a β-D-mannose from the endophytic fungus *Xylaria* sp. Journal of Asian Natural Products Research, 2019, 22: 397-403.

[154] 林国荣 , 吴毕莎 , 苏彩凤 . 响应面法优化超声提取杏鲍菇皂苷 . 食品工业科技 , 2018, 39(16): 1-5, 12.

[155] 周继平 , 许泓瑜 . 鸡枞发酵菌粉中皂苷的大孔树脂分离纯化 . 中国野生植物资源 , 2008, 27(6): 50-53.

[156] 林国荣 , 沈桐莹 . 杏鲍菇皂苷分离及其体外抗氧化性 . 食品工业 , 2019, 40(10): 70-74.

[157] 崔月花 , 章克昌 . 灵芝三萜皂苷 (GCTL1) 的体外抗氧化作用 . 食品科学 , 2010, 31(19): 49-53.

[158] 许新月 , 崔文玉 , 柏雨岑 , 等 . 食用菌 ACE 抑制肽制备及其功能活性研究进展 . 山东农业科学 , 2019, 51(11): 157-160, 167.

[159] Wu Q, Li Y, Peng K, et al. Isolation and characterization of three anti-hypertension peptides from the mycelia of *Ganoderma lucidum*(Agaricomycetes). Journal of Agricultural and Food Chemistry, 2019, 67: 8149-8159.

[160] 程湛 , 杨宇迪 , 匡绮蓉 , 等 . 香菇肽提取优化及其体外抗氧化醒酒活性 . 中国食品学报 , 2015, 15(4): 93-102.

[161] 党仪安 , 王文亮 , 弓志青 , 等 . 食用菌生物活性肽制备及功能活性研究进展 . 食品工业 , 2019, 40(8): 228-231.

[162] Chen S J, Lin H H, Huanget W C, et al. Ling-Zhi-8 protein (LZ-8) suppresses the production of pro-inflammatory

mediators in murine microglial BV-2 cells. Food and Agricultural Immunology, 2017, 28: 1393-1407.

[163] 王莹，高英女，吴莹莹，等．计算机模拟分析灵芝免疫调节蛋白 LZ-8 高效免疫调节活性的分子机理．中国菌物学会，2018, 1. 中国菌物学会 2018 年学术年会论文汇编．

[164] 鲍大鹏，白睿，高英，等．灵芝中真菌免疫调节蛋白 LZ-8 和 LZ-9 的比较分析．上海农业学报，2017, (4): 1-5.

[165] Mariga A M, Pei F, Yang W, et al. Immunopotentiation of *Pleurotus eryngii* (DC. ex Fr.) Quel. Journal of ethnopharmacology, 2014, 153(3): 604-614.

[166] 李桂峰，王向东，赵国建，等．酶解双孢菇蛋白制备抗氧化肽的研究．中国食品学报，2011, 11(5): 37-43.

[167] 钱磊，张志军，周永斌，等．酶法水解滑菇蛋白制备抗氧 化肽的工艺优化．食品工业科技，2017, 38(20): 72-76.

[168] 孙红娜．茶树菇降血压活性肽的提取分离研究．南宁：广西大学硕士学位论文．2008.

[169] Geng X, Tian G, Zhang W, et al. A *Tricholoma matsutake* peptide with angiotensin converting enzyme inhibitory and antioxidative activities and antihypertensive effects in spontaneously hypertensive rats. Scientific Reports, 2016, 6: 24130.

[170] 程菲儿，赵宇宏，赵凡，等．杏鲍菇多肽生物活性的研究．食品工业科技，2014, 35(17): 347-350.

[171] 任文智，杨晓彤，马伟超，等．云芝糖肽下调脂多糖诱导的小鼠巨噬细胞炎症性因子．中国新药与临床杂志，2010, 29(4): 306-309.

[172] Wu C H, Lin T Y, Hsu H Y, et al. Ling Zhi-8 mediates p53-dependent growth arrest of lung cancer cells proliferation via the ribosomal protein S7-MDM2-p53 pathway. Carcinogenesis, 2011, 32: 1890-1896.

[173] Liang C, Li H, Zhou H, et al. Recombinant Lz-8 from *Ganoderma lucidum* induces endoplasmic reticulumstress-mediated autophagic cell death in SGC-7901 human gastric cancer cells. Oncology Reports, 2012, 27: 1079-1089.

[174] 张胜．灵芝肽诱导人肝癌 HepG2 细胞凋亡的研究．武汉：华中农业大学硕士学位论文．2009.

[175] 孙亚男，李文香，胡欣蕾．杏鲍菇菌丝体多肽的免疫活性及抗肿瘤作用．现代食品科技，2017, 33(5): 20-26.

第3章　食药用真菌多糖的生物合成

对食药用真菌多糖生物合成的研究与深入理解，不仅可为食药用真菌的高品质育种、培养过程的理性精确调控等提供新的科学理论依据，而且有助于提高对多糖合成相关酶资源的挖掘与高效应用。由于对其中间代谢产物，以及合成途径相关酶的认识不够充分，目前尚无针对某一个食药用真菌十分完整、明确的多糖合成途径。近年来，随着多种食药用真菌基因组的公布，以及基于微生物学、生物化学、分子生物学、生物信息学等多学科技术的综合应用，食药用真菌多糖的生物合成途径开始逐步清晰。本章将主要以灵芝为例，介绍食药用真菌多糖的生物合成。

3.1　食药用真菌多糖生物合成的基本途径

在葡萄糖或者其他单糖进入胞内后，主要涉及如下几个过程（图3-1）：核苷酸糖供体的合成、糖链的连接，以及多糖的胞外输出（涉及胞外多糖）。外源底物（单糖：葡萄糖、甘露糖等）进入细胞后，首先生成多糖合成的前体物质——核苷酸糖（糖供体）；在糖基转移酶的作用下，这些核苷酸糖作为供体被特异性地转移到受体上参与糖链的连接，最终形成胞内多糖，或在特定运输机制下分泌到胞外。在液体培养条件下，胞内多糖还可进一步分泌到胞外，成为胞外多糖。多糖的合成是一项极为复杂的、环环紧扣的生理过程，涉及的每个过程之间都存在着紧密的联系，同时这些进程的改变均会对多糖的合成产生影响。

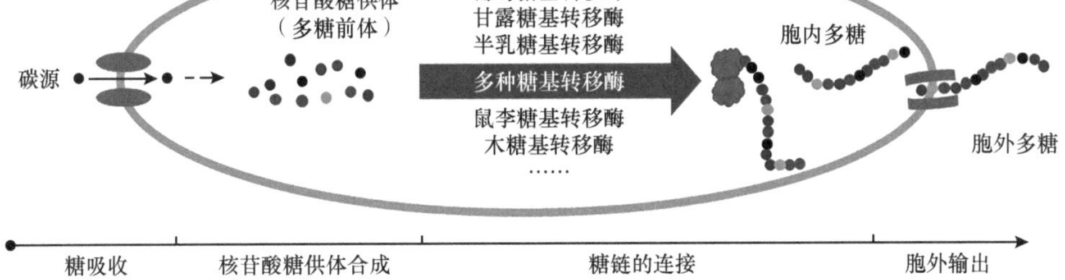

图3-1　食药用真菌多糖合成的基本途径

用于合成寡糖和多糖的单糖分子首先要转变为活化形式，该形式是由核苷二磷酸或核苷一磷酸与单糖以酯键结合的化合物，即核苷酸糖，它是作为寡糖、多糖、复合糖等生物合成的糖供体。在前体合成途径中合成的多种核苷酸糖，为多糖合成提供了丰富多样的糖供体，是赋予多糖种类上的多样性以及功能差异的物质基础。

糖链的连接主要依靠糖基转移酶的催化，糖基转移酶具有区域选择性和立体选择性[1]，可将糖基基团转移到糖链的非还原末端，精准地合成特定结构的多糖。在糖基转移酶的催化下，具有不同单糖组成、连接方式和糖链长度的多糖得以合成。食药用真菌中糖供体丰富，往往有大量的糖基转移酶参与转移。由于大多数糖基转移酶的催化底物仍未实现商业化，且实验室合成较为困难，使得糖基转移酶的挖掘和筛选缺乏有效的探针工具，许多糖基转移酶的功能也难以得到全面解析，参与糖链连接的糖基转移酶研究仍在起步阶段。针对食药用真菌多糖，糖链的连接这一过程仍有许多问题需要探索与明确，例如，具体执行糖链连接功能的糖基转移酶有哪些，如何定位糖基转移酶在细胞内展开催化的位置，重复单元的多聚化是如何形成的，糖基转移酶作用下糖单元又是如何有序实现连接的等。

在食药用真菌液体发酵过程中，大部分多糖合成后会分泌到胞外，目前有关其多糖的胞外输出机制仍不清楚。有研究者根据细菌中胞外多糖输出的相关研究认为[2]，多糖形成后，细胞膜上某些特定的翻转酶或转运蛋白可能将多糖翻转至胞外，产生胞外多糖，但目前在食药用真菌中尚未发现明确的相关转运酶。还有研究者认为，胞外多糖是由细胞壁多糖经水解酶水解脱落而得，而多糖如何在水解酶的作用下形成特征性多糖等问题，仍需要进一步的验证。许多糖基转移酶属于膜蛋白，常表达于细胞膜上，根据这一性质，还有研究者认为糖基转移酶跨膜进行糖链连接时，多糖直接在膜上逐渐向外延伸，并在多糖合成到一定程度后直接释放，而这需要进一步对特定糖基转移酶的存在部位及其催化机制展开深入研究。这些观点均有待考证。

3.2 糖供体途径及其相关酶

3.2.1 核苷酸糖（糖供体）

目前，在多糖合成中常见的糖供体主要有 9 种（图 3-2），根据所含核苷酸的种类可分为三类：尿苷二磷酸连接的核苷酸糖（UDP-sugar）、鸟嘌呤二磷酸连接的核苷酸糖（GDP-sugar），以及胞嘧啶单磷酸连接的核苷酸糖（CMP-sugar）。其中，UDP-sugar 包括 6 种，即 UDP-葡萄糖（UDP-Glc）、UDP-半乳糖（UDP-Gal）、UDP-*N*-乙酰葡糖胺（UDP-GlcNAc）、UDP-*N*-乙酰半乳糖胺（UDP-GalNAc）、

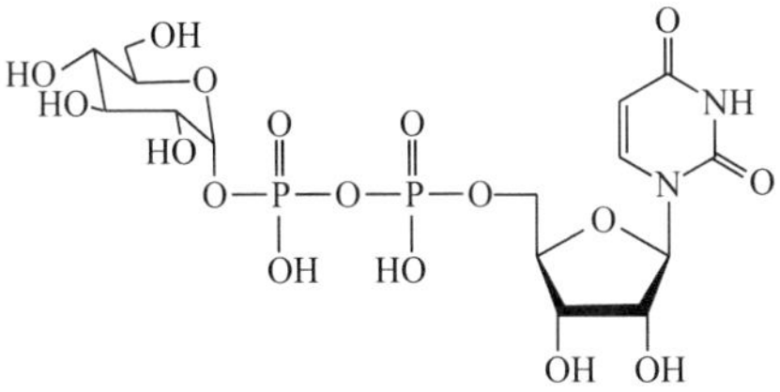

UDP-Glc

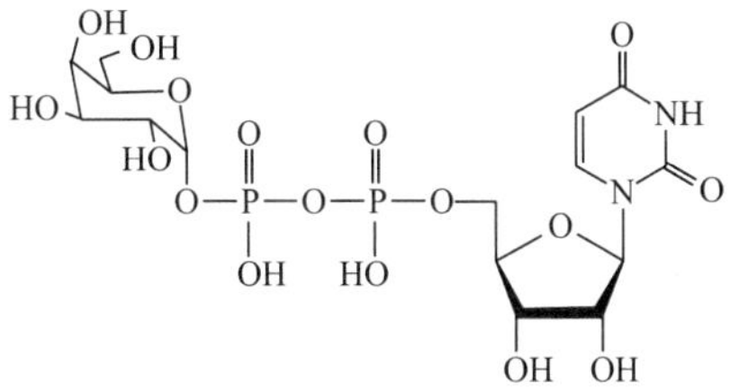

UDP-Gal

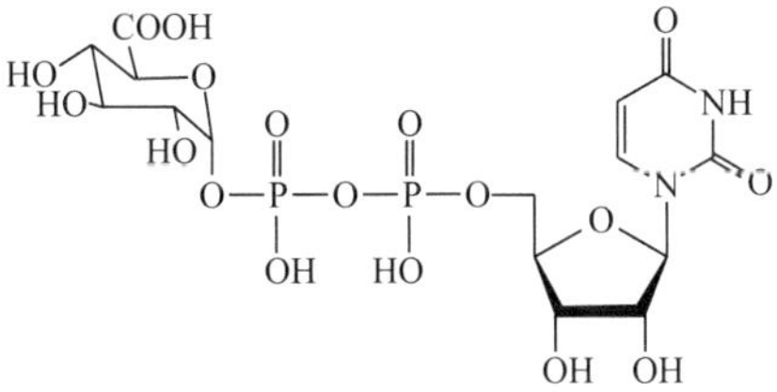

UDP-GlcA

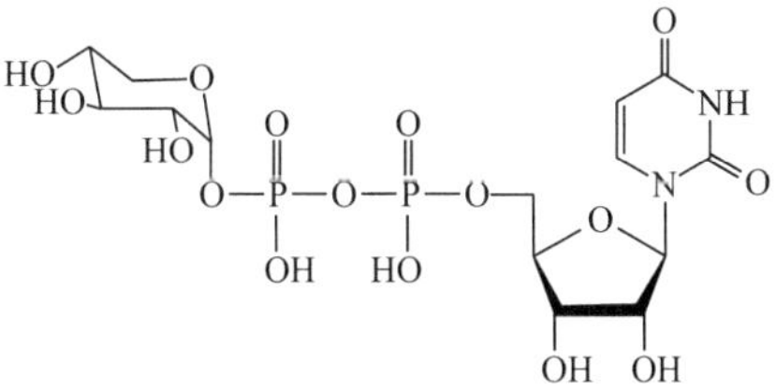

UDP-Xyl

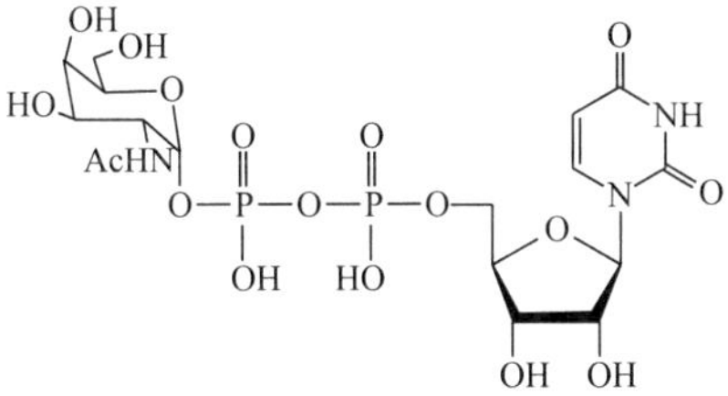

UDP-GalNAc

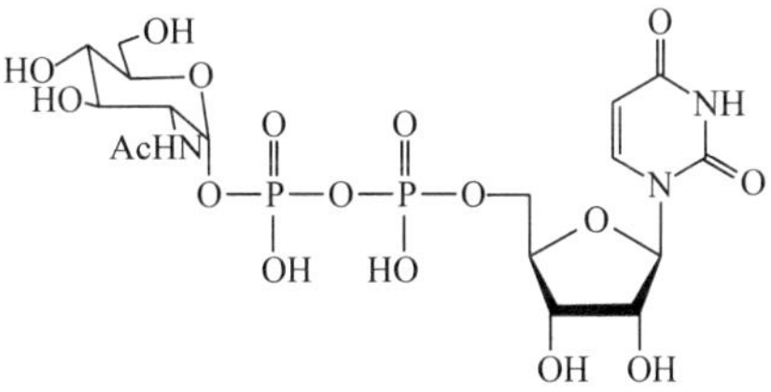

UDP-GlcNAc

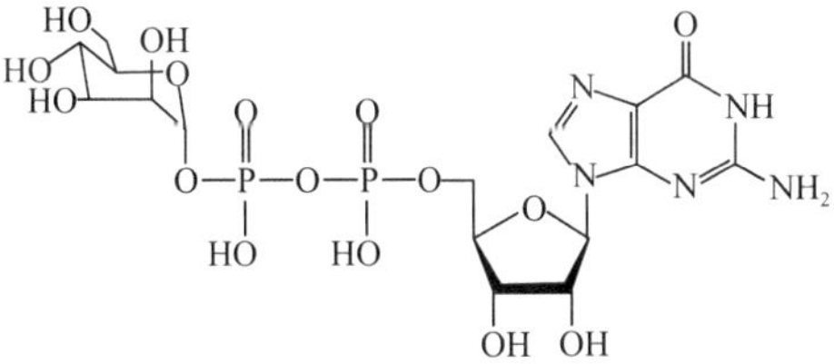

GDP-Man

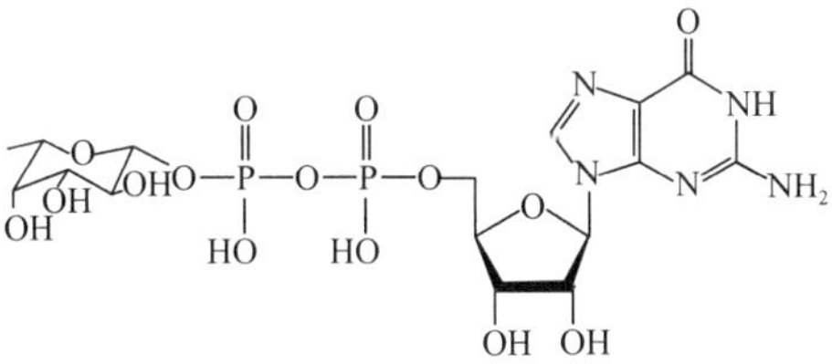

GDP-Fuc

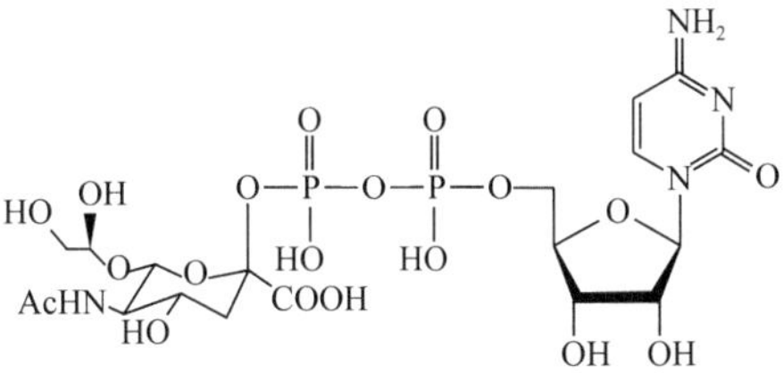

CMP-Sia

图 3-2　常见的核苷酸糖

UDP-葡萄糖醛酸（UDP-GlcA）和 UDP-木糖（UDP-Xyl）；GDP-sugar 有两种，分别为 GDP-甘露糖（GDP-Man）和 GDP-岩藻糖（GDP-Fuc）；CMP-sugar 目前只发现一种，即 CMP-唾液酸（CMP-Sia 或 CMP-Neu5Ac）。

3.2.2 糖供体合成途径

作为多糖合成过程中最基本的一个环节，不同糖供体的合成本身就是一个复杂的过程，图 3-3 展示了基于实验研究和生物信息学代谢网络模型而构建的灵芝多糖的糖供体合成途径。

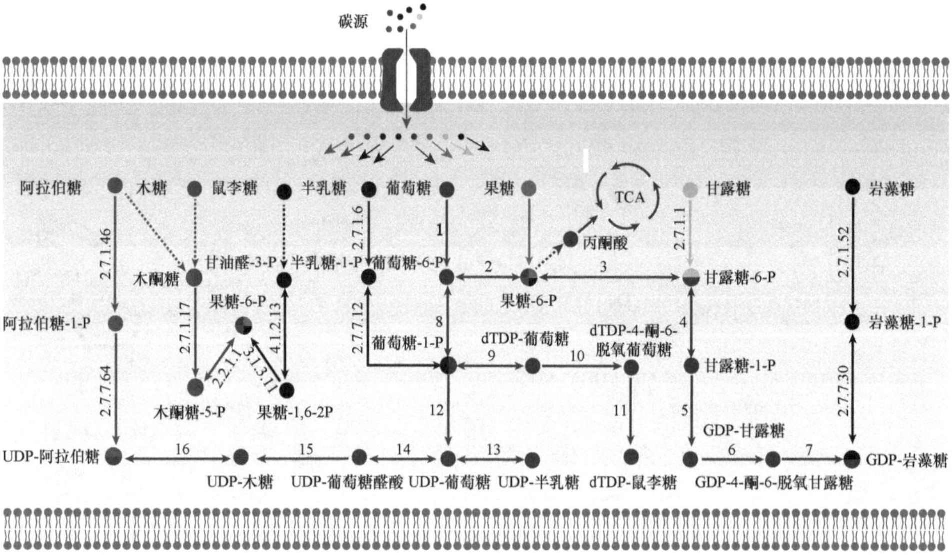

图 3-3　核苷酸糖（糖供体）合成途径

1. 葡萄糖激酶（EC 2.7.1.2）；2. 磷酸葡萄糖异构酶（EC 5.3.1.9）；3. 磷酸甘露糖异构酶（EC 5.3.1.8）；4. 磷酸甘露糖变位酶（EC 5.4.2.8）；5. GDP-甘露糖焦磷酸化酶（EC 2.7.7.13/ 2.7.7.22）；6. GDP-甘露糖-4,6-脱水酶（EC 4.2.1.47）；7. GDP-4-酮-6-脱氧甘露糖差向异构酶 / 还原酶（EC 1.1.1.271）；8. 磷酸葡萄糖变位酶（EC 5.4.2.2）；9. dTDP-葡萄糖焦磷酸化酶（EC 2.7.7.24）；10. dTDP-葡萄糖 4,6-水解酶（EC 4.2.1.46）；11. dTDP-4-脱氢-6-脱氧葡萄糖差向异构酶（EC 5.1.3.13）；12. UDP-葡萄糖焦磷酸化酶（EC 2.7.7.9）；13. UDP-葡萄糖-4-差向异构酶（EC 5.1.3.2）；14. UDP-葡萄糖脱氢酶（EC 1.1.1.22）；15. UDP-葡萄糖醛酸脱羧酶 /UDP-木糖合成酶（EC 4.1.1.35）；16. UDP-木糖-4-差向异构酶（EC 5.1.3.5）

在这一途径中，不同单糖进入胞内后，通过不同的途径形成糖供体，并在酶的催化下实现不同糖供体之间的转化。在常规的培养中，培养基中的碳源往往是以葡萄糖为主或者转化为葡萄糖再被利用，以葡萄糖为主线的糖供体途径尤其值得重点关注。同时，在以复杂培养基进行培养时，复杂培养基所含的其他单糖也可以通过更有效的步骤形成各自的糖供体，从而影响多糖最终的单糖组成。

葡萄糖进入细胞内，在葡萄糖激酶的作用下磷酸化，生成葡萄糖-6-磷酸（Glc-6-P），然后依次在磷酸葡萄糖变位酶、UDP-葡萄糖焦磷酸化酶的作用下生成 UDP-Glc。UDP-Glc 是核心中间代谢产物，不仅自身作为糖供体参与多糖的合成，同时也是多种核苷酸糖的前体，其在脱氢酶、差向异构酶等的催化下转化成其他核苷酸糖，如 UDP-GlcA、UDP-Gal、UDP-Xyl 等。

GDP-Man 是另一种重要的中间代谢产物，同时它也是合成 GDP-Fuc 的重要前体。GDP-Man 的合成主要通过两种途径。一是以 Glc-6-P 为起始物，依次在磷酸葡萄糖异构酶和磷酸甘露糖异构酶的作用下先后生成果糖-6-磷酸（Fru-6-P）和甘露糖-6-磷酸（Man-6-P），随后 Man-6-P 经磷酸甘露糖异构酶催化生成甘露糖-1-磷酸（Man-1-P），最后 Man-1-P 经 GDP-甘露糖焦磷酸化酶（GMP）催化生成 GDP-Man。二是以 Man 为起始物，己糖激酶催化 Man 生成 Man-6-P。后者在磷酸甘露糖变位酶（PMM）作用下生成 Man-1-P，最后同样经过 GMP 作用生成 GDP-Man。

核苷酸糖合成途径中的酶大都具有较强的底物专一性，但也有少数的酶可以催化不同的反应，例如，催化 Man-6-P 和 Man-1-P 相互转化的磷酸甘露糖变位酶，也具有磷酸葡萄糖变位酶的活性[3]，可催化 Glc-6-P 和 Glc-1-P 之间的可逆转化；又如，UDP-葡萄糖-4-差向异构酶不仅可实现 UDP-Glc 向 UDP-Gal 的转换，也具有双向催化 UDP-Xyl 与 UDP-阿拉伯糖（UDP-Ara）相互转化的能力。核苷酸糖合成途径中的酶对多糖产量及其单糖组成具有重要影响，在多糖代谢调控策略上，磷酸葡萄糖异构酶、磷酸葡萄糖变位酶、UDP-葡萄糖焦磷酸化酶都是研究者关注的重要酶[4]，可在一定程度上调控多糖的合成。

3.2.3　核苷酸糖合成相关酶

核苷酸糖合成途径所涉及的酶种类较多，本部分对其中主要的酶展开介绍。鉴于食药用真菌来源的这些酶的研究目前较少，本部分的介绍结合了其他微生物和植物来源的同类酶，以供借鉴和参考。

1. 葡萄糖激酶（glucokinase，GK，EC 2.7.1.2）

GK 催化的反应如下：

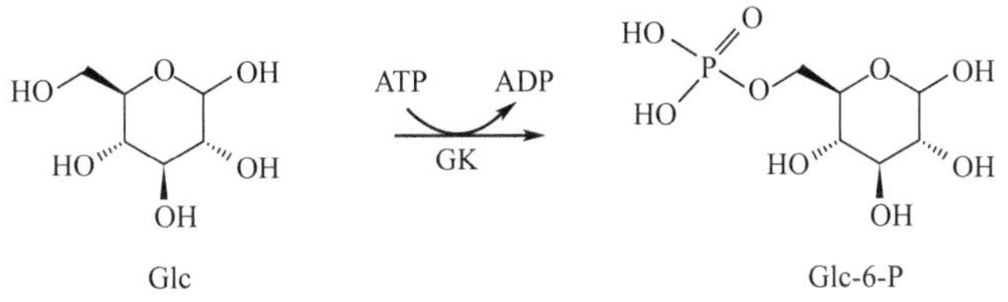

GK 可催化葡萄糖磷酸化成 Glc-6-P，是糖酵解过程中的起始反应，也是这一

过程中重要的限速酶，同时还是核苷酸糖合成中的重要酶，对食药用真菌的生长、多糖产量及结构都具有重要影响[5]。

2. 磷酸葡萄糖变位酶（phosphoglucomutase，PGM，EC 5.4.2.2）

PGM 催化的反应如下：

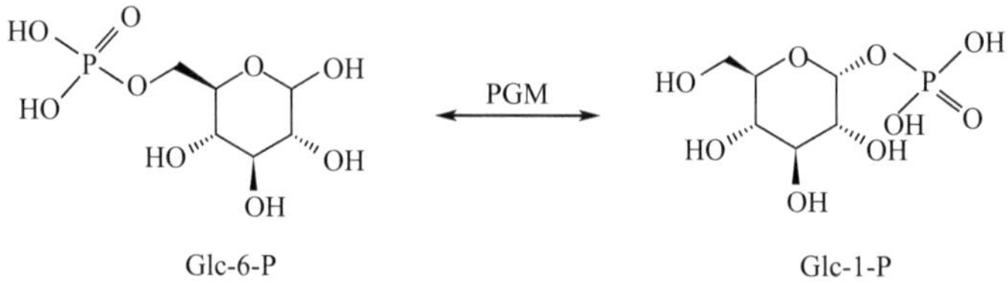

PGM 在微生物、植物、动物中普遍存在，属于磷酸己糖变位酶家族，主要催化磷酸葡萄糖上的磷酸基团从 C-1 位到 C-6 位的可逆变化，是糖代谢中的一种关键酶，其催化获得的 Glc-1-P 是核苷酸糖合成途径中最为重要的前体物质之一。该酶不仅在很大程度上影响了食药用真菌代谢过程碳源的流向，且其基因表达水平的上调还可引起其他多糖合成相关酶的基因表达量增加，如 UDP-葡萄糖焦磷酸化酶、β-1,3-葡聚糖合酶等[6]。目前普遍认为在以葡萄糖为主要碳源培养时，PGM 是对食药用真菌多糖产量具有重大影响的关键酶。

PGM 在其他生物体内也同样非常重要。PGM 催化获得的 Glc-1-P 是合成 UDP-Glc 和 dTDP-鼠李糖的前体物质，而后两者是细菌脂多糖（LPS）的主要成分，PGM 的缺失导致 UDP-Glc 的合成受阻，从而引起细胞形态的变化及菌体生长速度的减缓[7]。在人体内，PGM 在全身组织中表达，参与糖原合成和分解，对维持体内葡萄糖的平衡起重要作用；由于 Glc-1-P 是用于聚糖生物合成的核苷酸糖前体，所以 PGM 也参与蛋白质的 *N*-糖基化。

3. UDP-葡萄糖焦磷酸化酶（UDP-glucose pyrophosphorylase，UGP，EC 2.7.7.9）

UGP 催化的反应如下：

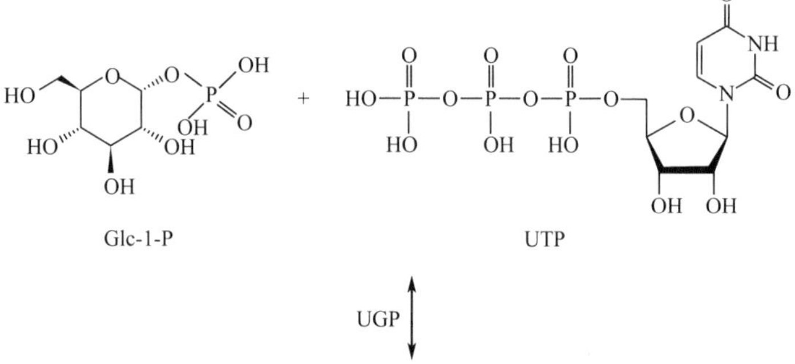

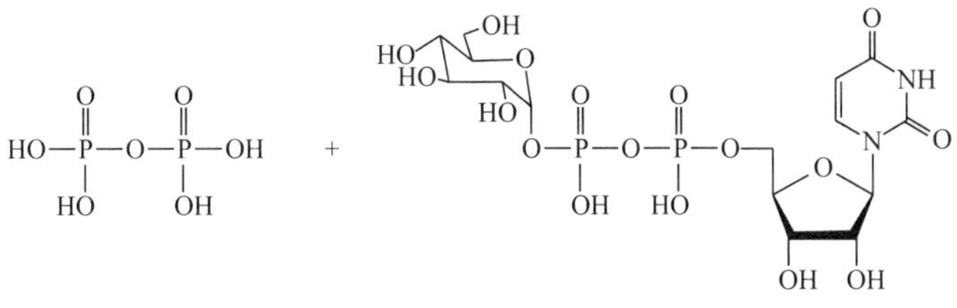

UGP 催化获得的 UDP-Glc 是多糖合成中最为主要且重要的物质基础，有研究者对 UGP 在食药用真菌多糖中的合成作用进行了研究。在灵芝液体发酵过程中，UGP 基因沉默菌株胞外多糖产量显著低于原始菌株，但胞内多糖产量没有明显区别；而 UGP 基因过表达菌株的胞内、胞外多糖产量均明显高于原始菌株。在蛹虫草多糖的研究中，有研究表明较高的 UGP 活性伴随着较高的胞内多糖产量；但也有研究得到相反的结论，即多糖产量和 UGP 活性没有明显关系。这种不同结果的出现可能与不同的实验方法和实验菌株有关，因此 UGP 在食药用真菌多糖合成中的确切调节机制还需要深入研究 [8]。

4. UDP-葡萄糖脱氢酶（UDP-glucose dehydrogenase，UDGH，EC 1.1.1.22）

UDGH 催化的反应如下：

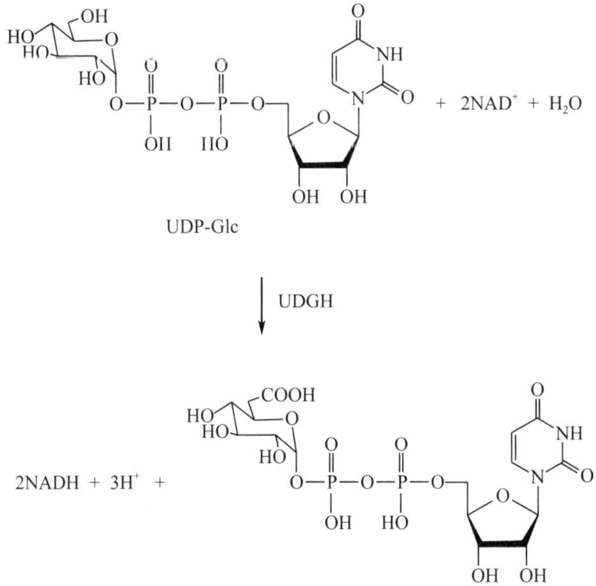

UDGH 催化得到的 UDP-GlcA 不仅是多种生物大分子的重要组成成分，同时还是多种核苷酸糖合成的前体，如 UDP-半乳糖醛酸（UDP-GalA）、UDP-阿拉伯

糖（UDP-Ara）、UDP-木糖（UDP-Xyl）以及 UDP-芹菜糖，这些物质对于植物半纤维素和果胶的合成都是不可或缺的[9]。

在动物中，许多糖蛋白或者蛋白聚糖都是由 UDP-GlcA 的脱羧产物 UDP-Xyl 或者 UDP-GlcA 的其他下游代谢物所组成的。在微生物中，UDP-GlcA 也是黄原胶、吉兰糖胶的重要组成部分，而这些微生物多糖都具有极高的工业化和医用价值。UDGH 基因与许多有毒力的胞外多糖合成密切相关，如致病真菌新型隐球菌的荚膜多糖，其组成的一半以上都是由 UDP-GlcA 及其代谢物提供的[10]。

5. 磷酸葡萄糖异构酶（phosphoglucose isomerase，PGI，EC 5.3.1.9）

PGI 催化的反应如下：

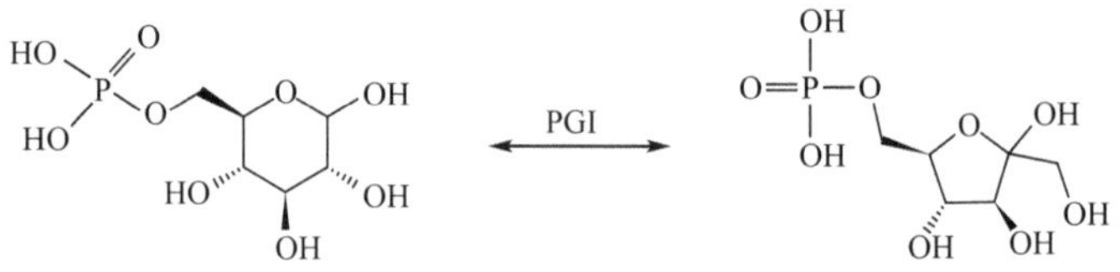

Glc-6-P　　Fru-6-P

众所周知，PGI 在糖酵解和糖异生途径中起重要作用。同时，PGI 催化生成的 Fru-6-P 也是核苷酸糖合成途径中 UDP-Man 的前体物质。PGI 和上述 PGM 在较大程度上影响糖供体的种类与数量，从而间接影响了多糖的结构与产量[5]。

6. 磷酸甘露糖异构酶（phosphomannose isomerase，PMI，EC 5.3.1.8）

PMI 催化的反应如下：

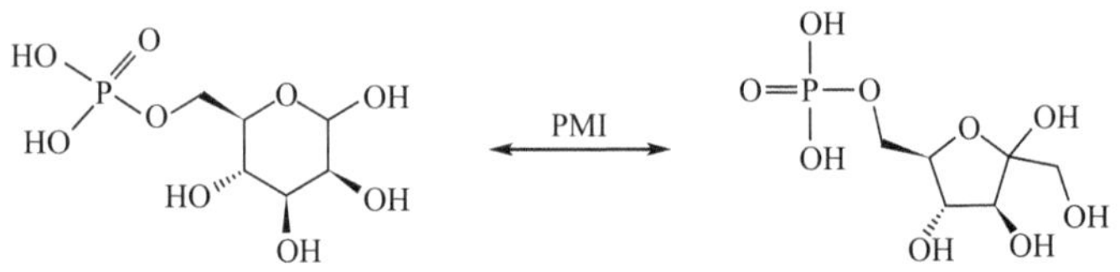

Man-6-P　　Fru-6-P

PMI 广泛存在于多种生物中，可催化 Fru-6-P 与 Man-6-P 之间的可逆转化，在甘露糖代谢和 GDP-甘露糖合成中起到重要作用，连接了糖代谢与多糖合成（包括糖基化修饰）这两个过程。PMI 一般被分为Ⅰ、Ⅱ和Ⅲ三类：Ⅰ型 PMI 是锌依赖性的同源单功能酶，可逆催化 Man-6-P 和 Fru-6-P 之间的相互转化，在高等动物（人）、真菌（酵母、曲霉）和细菌（大肠杆菌、链球菌）中存在；Ⅱ型 PMI 是具有 PMI 和 GDP-甘露糖焦磷酸化酶（GMP）活性的双功能酶，与Ⅰ型 PMI 的核苷酸序列同源性有限，主要存在于细菌体内；Ⅲ型 PMI 与Ⅰ型 PMI 功能相同，但与Ⅰ型和Ⅱ型酶的核苷酸序列几乎不具有同源性，这种类型的酶在苜蓿根瘤菌

（*Rhizobium meliloti*）中有报道[11]。

在高等植物中，PMI 表达量较低或缺失，这导致多数植物无法利用甘露糖正常生长。在含甘露糖的植物培养中，甘露糖可被内源果糖激酶转化为 Man-6-P，但因 Man-6-P 无法被降解并积累，导致植物正常生长受到抑制。转入外源 PMI 基因后，Man-6-P 得以继续代谢，使得植物细胞可以正常生长。根据这一发现，PMI 作为筛选标记被广泛用于植物转化体系的筛选，如水稻、甜菜的遗传转化。除此之外，有研究表明 PMI 对某些细菌中褐藻胶的生物合成起到重要作用，如假单胞菌（*Pseudomonas pyocyanea*）、棕色固氮菌（*Azotobacter vinelandii*）等。在哺乳动物细胞中，PMI 是将 Fru-6-P 导入糖酵解途径的必需酶。同时，在人体中，PMI 的缺失或失活导致碳水化合物缺乏及蛋白综合征型疾病的发生[12, 13]。

7. 磷酸甘露糖变位酶（phosphomannomutase，PMM，EC 5.4.2.8）

PMM 催化的反应如下：

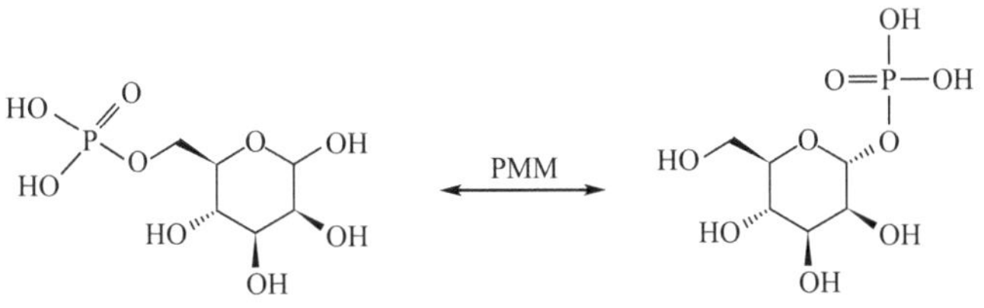

PMM 属于卤烷酸脱卤素酶（HAD）家族，普遍存在于细菌、植物和动物中，其催化获得的 Man-1-P可进一步合成 GDP-Man。PMM 参与细胞壁多糖、抗坏血酸以及糖基化蛋白和脂质的寡糖中心的合成，同时对维持细胞结构的完整性以及细胞对外界环境的应答也起到重要作用[14]。在高等植物中，GDP-Man 是 Smirnoff-Wheeler 途径合成抗坏血酸的重要物质，在烟草和拟南芥植物中过表达 PMM 基因提高了抗坏血酸含量，而转入铁皮石斛来源的 PMM 基因的拟南芥中，抗坏血酸和多糖的合成都得到增强[15]。同时，在酵母和高等植物中，PMM 功能完全丧失对菌株是致死的，而部分 PMM 功能的缺陷则导致菌株对高温的忍受力降低。此外，若 PMM 功能紊乱，在植物细胞中会导致 Man-6-P 的积累，造成糖酵解途径的堵塞，对于水稻、玉米、小麦这些主要的农作物来说，它们对甘露糖浓度很敏感，无法在高 Man-6-P 浓度的环境下存活[16]。

8. GDP-甘露糖焦磷酸化酶（GDP-mannose pyrophosphorylase，GMP，EC 2.7.7.13/2.7.7.22）

GMP 催化的反应如下：

Type Ⅰ（EC 2.7.7.13）：

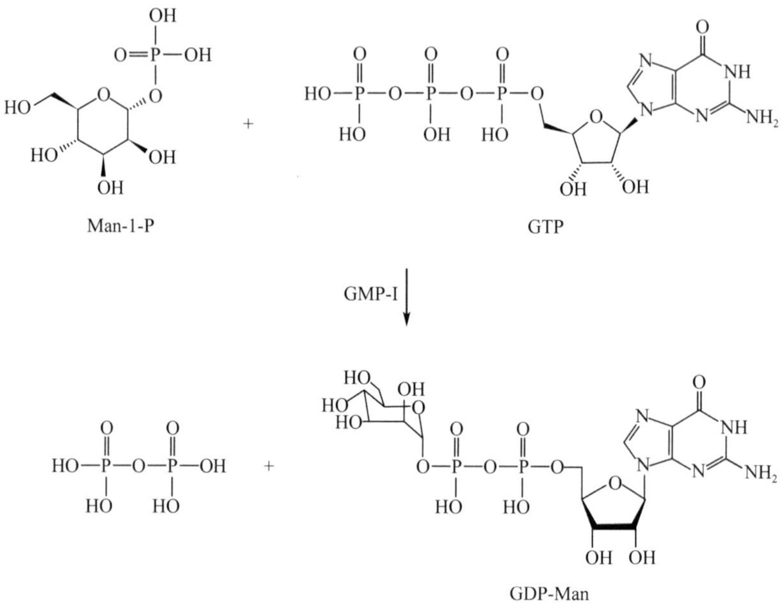

Type Ⅱ（EC 2.7.7.22）：

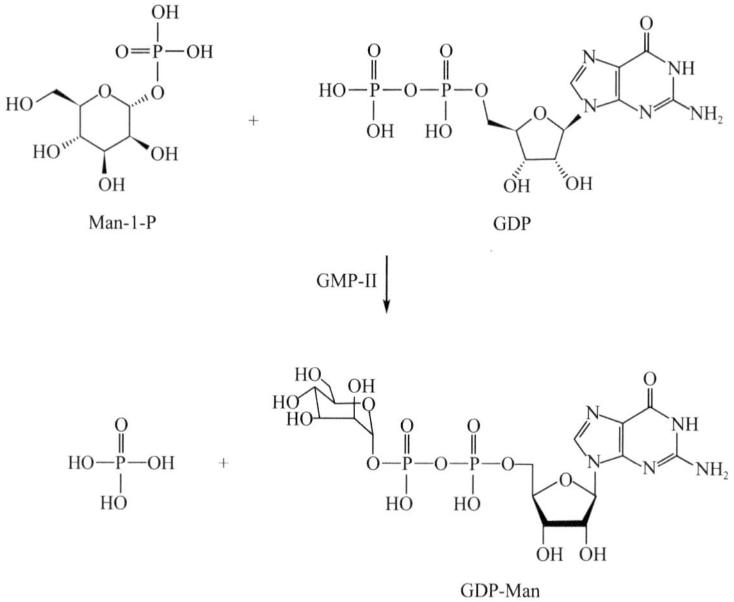

如前所述，食药用真菌中 GDP-Man 的合成可以通过两种途径，GMP 参与催化的反应正是这两种途径共同的最后一步。GMP 根据底物类型可分为两种，类

型Ⅰ（EC 2.7.7.13）可催化 GTP 与 Man-1-P 生成二磷酸盐和 GDP-Man；类型Ⅱ（EC 2.7.7.22）可催化 GDP 与 Man-1-P 反应，得到的产物为一磷酸盐和 GDP-Man。

由于 GDP-Man 具有重要的生理功能，作为合成 GDP-Man 过程中重要的关键酶，GMP 和 PMM 调节所导致的 GDP-Man 合成变化将会引起生物体内的一系列变化。目前研究者已经从大肠杆菌、乙酸杆菌、酵母、烟草、土豆、拟南芥等各类生物中获得了编码 GMP 的基因，并研究了其在各自生物体内的功能与作用 [17, 18]。这对于食药用真菌中 GMP 的研究具有重要参考价值。

9. UDP-葡萄糖-4-差向异构酶（UDP-glucose-4-epimerase，UGE，EC 5.1.3.2）

UGE 催化的反应如下：

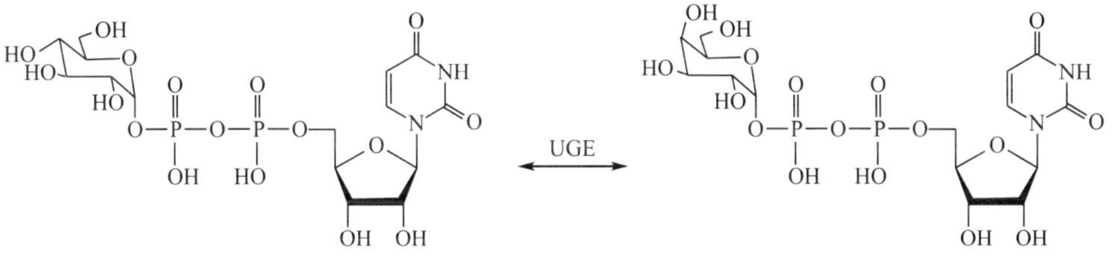

UGE 属于短链脱氢酶 / 还原酶超家族（SDR），这类异构酶可通过结合于同一碳原子的基团的立体构型发生翻转反应实现催化，UGE 通过生成暂时性酮类中间产物和颠倒该中间产物 C4 位立体化学构型实现 UDP-Glc 和 UDP-Gal 相互转化。不同来源 UGE 的氨基酸组成数量和分子质量差异较小，氨基酸数量约为 340 个，分子质量主要集中在 37 ～ 41 kDa 之间 [19, 20]。拟南芥和豌豆等植物中该酶的分子质量约为 41 kDa；牛和人等哺乳动物中该酶的分子质量约为 40 kDa；而细菌来源的 UGE 分子质量普遍小于真核生物来源的分子质量。

除了催化 UDP-Glc 和 UDP-Gal 之间的相互转化，有些 UGE 还具有 UDP-木糖-4-差向异构酶活性，可双向催化 UDP-Xyl 与 UDP-Ara 之间的转化。另外，大麦中的 UGE 也具有一定的 UDP-*N*-乙酰葡糖胺-4-异构酶活性，催化 UDP-GlcNAc 与 UDP-GalNAc 之间的转化 [21]。UGE 的这种底物广泛性在糖类的代谢中发挥重要作用，为多糖的生物合成提供多种前体。

10. 由 GDP-Man 生成 GDP-Fuc 的酶

GDP-甘露糖 4,6-脱水酶（GDP-mannose 4,6-dehydratase，GMDS，EC 4.2.1.47）和 GDP-酮-6-脱氧甘露糖 3,5-表异构酶（GDP-4-keto-6-deoxy-D-mannose epimerase/reductase，GER，EC 1.1.1.271）可催化 GDP-Fuc 的生成。催化的反应如下：

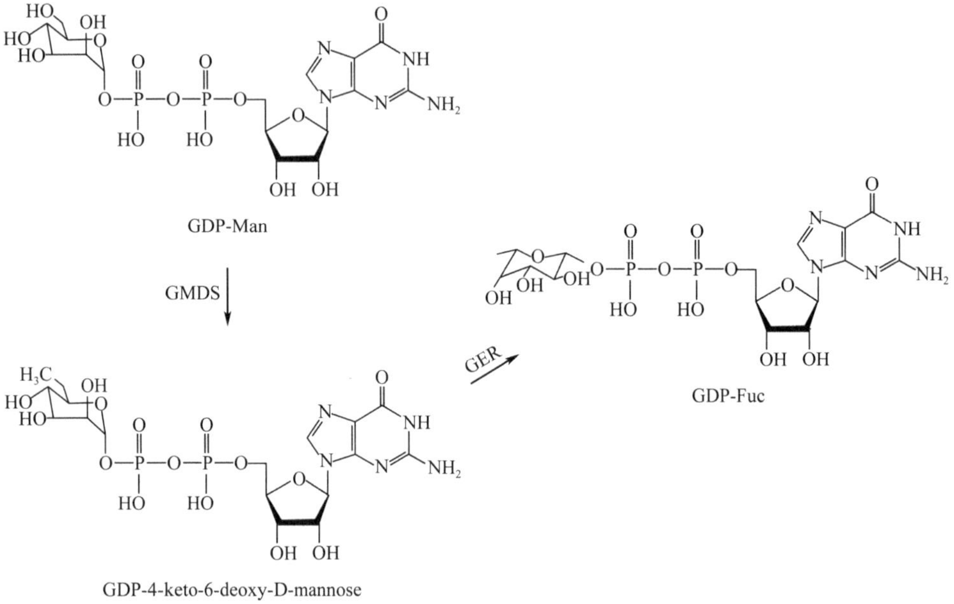

GDP-甘露糖 4,6-脱水酶，在 *Arabidopsis thaliana* 和 *Pseudomonas aeruginosa* 中又被称为 GDP-甘露糖脱氢酶[22]。其催化获得的 GDP-4-酮基-6-脱氧-D-甘露糖可在 GDP-酮-6-脱氧甘露糖 3,5-表异构酶的催化下，进一步生成 GDP-Fuc。

11. 其他

除上述酶以外，在核苷酸糖合成中还有 UDP-葡萄糖醛酸脱羧酶，可催化 UDP-GlcA 转化为 UDP-Xyl；UDP-木糖-4-差向异构酶可催化 UDP-Xyl 转化为 UDP-Ara；dTDP-葡萄糖焦磷酸化酶、dTDP-葡萄糖 4,6-水解酶、dTDP-4-脱氢-6-脱氧葡萄糖差向异构酶依次作用可将 Glc-1-P 转化为 dTDP-Rha。由这些酶催化获得的糖供体在食药用真菌多糖中的单糖比例很小，或者检测不出。因此，目前关于食药用真菌中这些酶的详细研究报道几乎没有，还需研究者后继的研究。

3.3 糖基转移酶

糖基转移酶（GT，EC 2.4）可催化特定的糖和受体之间形成糖苷键，其催化的底物包括糖、蛋白质、脂质及其他小分子等，反应具有区域选择性和立体选择性[4]。糖基转移酶所催化的反应主要有以下几种功能：①蛋白质等大分子物质的糖基化修饰；②多（寡）糖链的延伸；③多（寡）糖侧链分支的形成。目前，在众多的糖基转移酶中，仅仅只有一小部分的功能得到了解析，而其中关于食药用真菌来源的糖基转移酶的信息更少。本节将主要结合目前真核生物中的相关研究，尤其是酵母和其他丝状真菌，对糖基转移酶进行介绍。

3.3.1　糖基转移酶的分类

由于糖基转移酶是一个多成员的基因家族，根据氨基酸序列的相似性、底物特异性、反应机制和三维结构，其目前已被分为 106 个家族（GT1 ～ GT106），其中 GT1 是含有糖基转移酶数量最多的家族。而根据酶的结构域特点，大部分糖基转移酶则被划分为 GT-A 和 GT-B 两类。GT-A 的催化需要金属离子的参与，具有一个单独的 Rossmann 折叠和一个保守的“DXD”金属结合基序（多数情况下与 Mn^{2+} 结合）[23, 24]，金属离子能帮助 UDP-糖供体的焦磷酰基团固定在酶的活性位点上，通常仅识别 UDP-糖类型的糖供体。GT-B 不依赖金属离子实现催化，它含有 2 个相对的 Rossmann 折叠，且以较为灵活的方式连接 [25]。虽然大多数 GT 基本可分为这两类，且目前 GT-A 和 GT-B 两个超家族的分类被普遍接受，但是并不是所有的糖基转移酶都适用于这种分类方法。因此，也陆续出现了 GT-C 和 GT-D 的超家族。GT-C 超家族的酶由大量的疏水蛋白组成，这些蛋白质基本位于 ER 或细胞质膜上。其蛋白结构中也存在一个类似“DXD”的基序，但无法明确这一 GT-C 家族蛋白中的“DXD”基序与 GT-A 中的 DXD 是否是共同进化而来 [26]。GT-D 家族由一类具有共同保守序列片段的果糖基转移酶组成。尽管如此，对于 GT-C 和 GT-D 的分类，研究者尚未明确统一。

根据催化特性，糖基转移酶可分为 Leloir 型和 non-Leloir 型。Leloir 型的糖基转移酶以核苷酸糖为糖基供体，例如，岩藻糖基转移酶可利用 GDP-Fuc 为岩藻糖基供体，将岩藻糖残基转移到乳糖的半乳糖残基上，形成人乳寡糖中主要组分 2′-岩藻糖基乳糖（2-FL）（图 3-4A）；Non-Leloir 型的糖基转移酶则以磷酸酯连接的糖为糖基供体，例如，在 *O*-糖基化中，甘露糖基转移酶可将磷酸多萜醇连接的甘露糖作为糖供体，将 Man 糖基转移到蛋白的 Ser/Thr 上，开启后续的 *O*-糖基化步骤中聚糖的延伸（图 3-4B）。进一步地，Leloir 型糖基转移酶可再分为“反转型”和“保留型”（图 3-5），在“反转型”的糖基转移酶催化的反应中，糖基供体上的异头碳构型会由 α 型变为 β 型，而在“保留型”糖基转移酶催化的反应中，糖供体的构型不会发生改变。“反转型”糖基转移酶的催化反应机制是一个类 S_N-2 机制的直接亲核取代反应，即一个含有活性位点的侧链作为催化剂对供体（亲核试剂）进行去质子化，以促进活化磷酸基团离去的类 S_N-2 直接取代反应；“保留型”GT 的催化机制目前仍不明确，以往研究推测其机制是一种双取代反应机制，中间体为一个以共价键连接的糖基酶复合体，但是目前在“保留型”GT 的活性位点并未找到一个能够支持这种理论的亲核试剂存在。目前认为“保留型”GT 最可能的催化机制是中间体为短暂存在的含氧碳正离子的双取代反应机制 [27]。

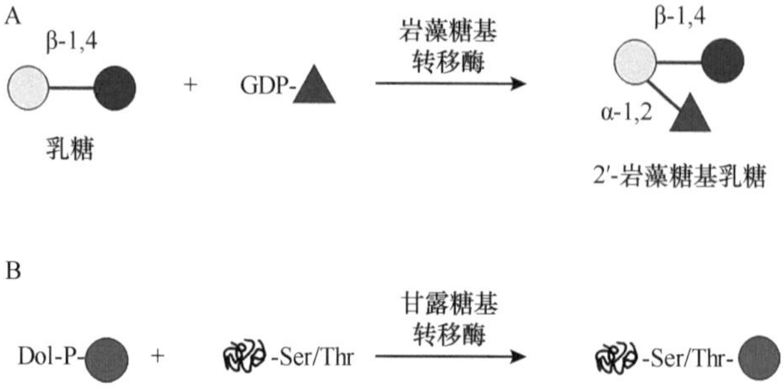

图 3-4 糖基转移酶参与的反应示例

A. Leloir 型糖基转移酶参与 2′-FL 的合成；B. Non-Leloir 型糖基转移酶参与 *O*-糖基化的第一步

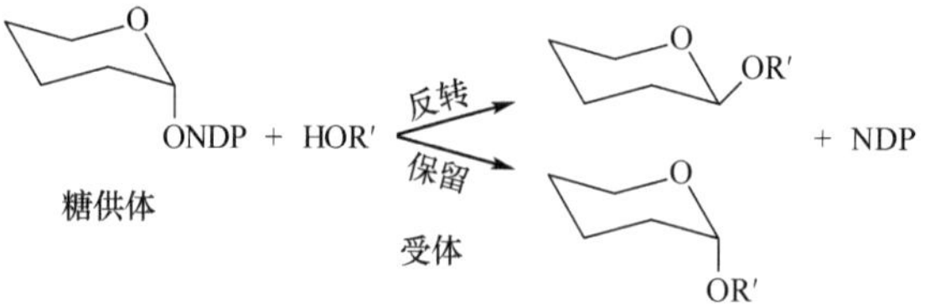

图 3-5 糖基转移酶反应机制

R′. 糖类、蛋白、脂类、植物激素等

3.3.2 几种主要的糖基转移酶

目前，公认的参与酶催化合成的糖基转移酶主要有 8 类：半乳糖基转移酶（GalTs）、葡萄糖基转移酶（GlcT）、葡萄糖醛酸基转移酶（GlcAT）、*N*-乙酰葡萄糖胺转移酶（*N*-acetylglucosaminyl transferase，GlcNAcT）*N*-乙酰半乳糖胺转移酶（*N*-acetylgalactosaminyl transferase，GalNAcT）、岩藻糖糖基转移酶（FucT）、甘露糖基转移酶（ManT）、唾液酸转移酶（SiaT）。本部分就涉及食药用真菌中多糖的常见单糖组分所对应的几种糖基转移酶加以介绍，虽然这些糖基转移酶的研究目前仅有少部分来源于食药用真菌的相关报告，但来源于其他微生物或植物的研究对于帮助我们理解食药用真菌多糖合成途径中的糖基转移酶仍然具有重要的借鉴和参考价值。

1. 葡萄糖基转移酶

目前关于食药用真菌中葡萄糖基转移酶的研究，主要集中于 β-葡萄糖基转移酶参与 β-葡聚糖合成。β-(1→3) 葡聚糖是食药用真菌中常见且主要的组分，主要以 β-(1→3) 连接的线性葡聚糖，以及 β-(1→3) 连接的主链结构上以 β-(1→6) 或 β-(1→4) 糖苷键形成不同程度的分支结构存在。其中，β-(1→3) 骨架伴随大量的 β-(1→6) 分支是最为常见的类型，广泛存在于香菇多糖、硬葡聚糖及凝胶多

糖中 [28]。β-(1→3) 葡聚糖的合成分为链的延伸以及分支，β-(1→3)- 葡聚糖合酶（1,3-beta-glucan synthase，GLS，EC 2.4.1.34）主要催化了真菌中 β-(1→3)-葡聚糖主链的延伸，可以利用 UDP-Glc 为供体，通过图 3-6 所述反应生成葡聚糖。GLS 属于糖基转移酶 GT48 家族，其开放阅读框架大小一般为 5 ～ 6 kb，大约由 1600 个氨基酸组成。目前关于 GLS 基因的调控和表达的研究并不多，酶学性质研究结果表明金属离子 Mg^{2+}、Ca^{2+}、Fe^{2+} 等均对 GLS 活力有促进作用，过量的金属离子会降低酶活。GLS 的最适反应温度一般为 20 ～ 37℃，最适反应 pH 通常在 5.8 ～ 7.8 之间 [29]。

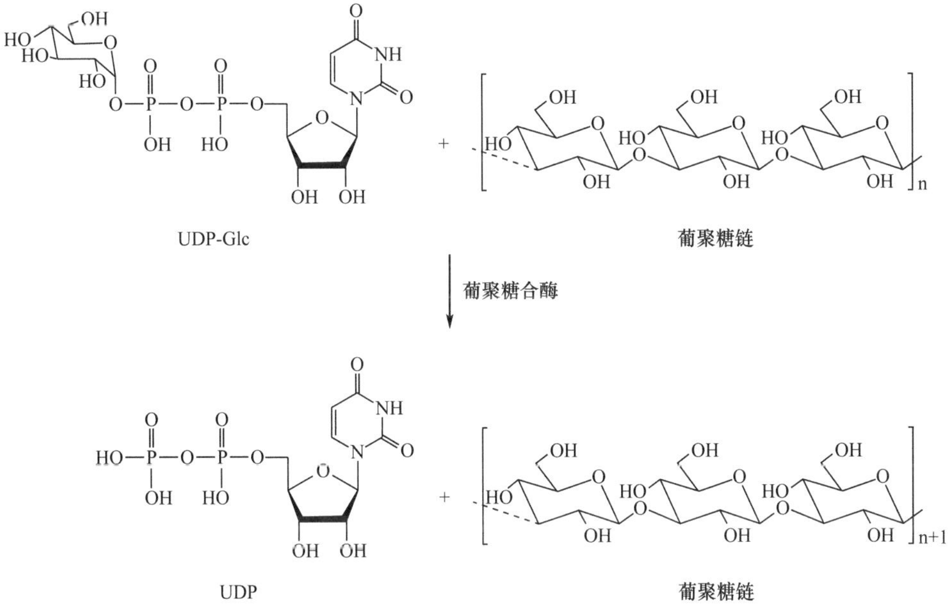

图 3-6　酶催化的 β-(1→3)-葡聚糖链的延长反应

GLS 由一个催化亚基（FKS1 和 FKS2）以及一个调节亚基（RHO）组成。FKS 和 RHO 的编码基因在大多数真菌的基因组上都比较相似，且一般在基因组上有 1 ～ 2 个复制子。FKS 与催化相关且可被 RHO 激活，RHO 则受到 GDP/GTP 交换因子 ROM2 的调节。真菌细胞壁的变化及环境胁迫均可导致 ROM 的激活，进而影响催化域 FKS 的功能 [30]。同时，在营养生长中，FKS1 表达水平更高，FKS2 则与环境的胁迫密切相关，如高温、葡萄糖缺陷培养基培养或孢子形成阶段等 [31]。由于 FKS 中的胞液型结构域部分是与催化相关的，因此可以推测 β-葡聚糖的合成发生在细胞质中。随后，合成的生物分子被运输到周质空间，成为细胞壁的一部分或者被分泌到胞外。

绣球菌可产生大量的水溶性 β-葡聚糖，其中的关键酶 GLS 近年来得到了解析，基因序列长达 5502 bp。与其他同种的真菌相比，绣球菌来源的 GLS 缺少一段长 70 个氨基酸的序列，并含有一个与催化效果密切相关的 α 螺旋结构 [32]。在相关的结构研究中，研究者发现蛹虫草来源的 GLS 亚基 CFks1p 中含有一个亲水的结构域，该蛋白中心处面向细胞质的部分与催化密切相关 [33]。针对 GLS 的催化功能，过表达 GLS 或者替换 GLS 启动子后过表达均可有效实现 β-(1,3)-葡聚糖的大量合成 [34]。

2. 甘露糖基转移酶

甘露糖基转移酶的研究目前主要集中于 *N*-聚糖或 *O*-聚糖的糖链合成中。*N*-聚糖和 *O*-聚糖分别通过天冬氨酸残基和丝氨酸 / 苏氨酸残基与蛋白质相连，形成糖缀合物，参与细胞间的信号转导等重要生物过程。

甘露糖基转移酶参与的 *N*-聚糖合成的早期核心过程在真核生物中普遍是保守的，这一过程在酵母中的相关研究较为清晰，如图 3-7 所示。首先在 *N*-乙酰葡糖胺转移酶的作用下，两个 *N*-乙酰葡糖胺糖基连接到焦磷酸多萜醇上，之后在甘露糖基转移酶 Alg1、Alg2、Alg11、Alg3、Alg9 和 Alg12 的依次催化下，9 个甘露糖基被连接到糖链上，形成高甘露糖型的 *N*-聚糖 DPGn2M9G3（Dolichol-pyrophosphate-GlcNAc2Mannose9Glucose3）结构。其中，甘露糖基转移酶 Alg3 是这一过程中最早被发现的糖基转移酶，可将甘露糖基转移到 *N*-聚糖 Man5GlcNAc2-PP-Dol 的 α-1,6 臂上，生成 Man6GlcNAc2-PP-Dol。然后在寡糖基转移酶（OST）的作用下，糖链从焦磷酸多萜醇上被切下，随后转移至新生肽糖基化位点的天冬酰胺残基上。在裂褶菌中，将构建的单核 ALG3 敲除菌株与野生型杂交，得到双核突变菌株，其生长并未受到影响，但所产 *N*-聚糖结构发生变化，由 Man9GlcNAc2 变为 Man3GlcNAc2[35]。

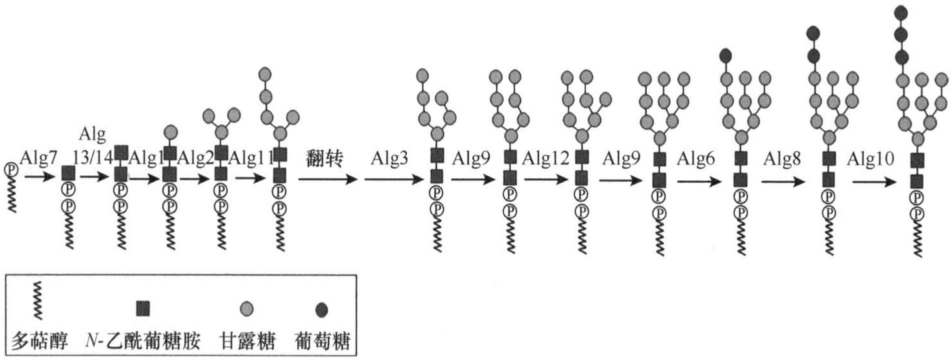

图 3-7　酵母中 *N*-聚糖合成途径

在大多数酵母和丝状真菌中，由 α-1,2 键连接的甘露三糖 Man3-Ser/Thr 是高

尔基体中 *O*-聚糖共有的且保守的核心结构，在不同物种中展现出不同的后续延伸情况。而在哺乳动物中，*O*-聚糖核心结构往往只含有一个甘露糖。与 *N*-聚糖合成不同，在 *O*-聚糖的合成过程中，GDP-Man 经 Dol-P-Man 合成酶（DPM）催化，连接到磷酸化的长萜醇上，形成激活的甘露糖供体 Dol-P-Man；在 *O*-甘露糖转移酶家族（PMT）催化下，将 Dol-P-Man 上的甘露糖连接到蛋白上的 Ser/Thr，这一步在真菌和动物中均保守；随后在甘露糖转移酶家族 KTR 和 Mnn1p 成员的催化下，以 GDP-Man 为糖供体，继续完成糖链的延伸[36]。在酿酒酵母 KTR 家族中的 α-1,2-甘露糖转移酶 Kre2p、Ktr1p 和 Ktr3p 分别催化 α-1,2 连接的第二个和第三个甘露糖的添加；Mnn1p 家族的 3 个成员 Mnt1p、Mnt2p 和 Mnt3p 则催化糖链以 α-1,3 糖苷键的形式进一步延伸[37]。

3. 半乳糖基转移酶

目前半乳糖基转移酶的研究大多围绕 β-1,3 半乳糖基转移酶和 β-1,4 半乳糖基转移酶展开。β-1,3 半乳糖基转移酶家族（GT31）是具有代表性的糖基转移酶超家族之一，广泛存在于哺乳动物中。β-1,3 半乳糖基转移酶属于 II 型跨膜蛋白，在这一跨膜结构域的两侧分别含有一个短的氨基末端及长的羧基末端，短的氨基末端具有类似信号-锚定的功能，而长的羧基端对应着酶的催化结构域。β-1,4 半乳糖基转移酶转移酶（β4GTase）通常分布在高尔基体膜和细胞质膜上，以 UDP-Gal 为糖供体，主要催化半乳糖转移到糖链上的 *N*-乙酰氨基葡萄糖（GlcNAc）残基上。

在植物中，有关半乳糖基转移酶的研究主要围绕拟南芥展开，其 β-1,4 半乳糖基转移酶 GALS1（半乳聚糖合酶 1）属于 GT92 家族，这一家族中的成员均含有“DUF23”的模体（motif）[38]。GALS1 可利用 UDP-Gal 为糖供体，以 β-1,4 半乳六糖或者 β-1,4 半乳七糖为受体，催化初级细胞壁中主要成分——半乳聚糖的合成。在拟南芥中还存在另外两种与 GALS1 相似的糖基转移酶，分别为 GALS2 和 GALS3，它们可将半乳糖添加到果胶中鼠李半乳糖醛酸聚糖 I（RG I）骨架的半乳糖残基上，且随着受体碳链的增长（半乳六糖、七糖），其催化活力也得到增强[39]。

半乳葡甘露聚糖（galactoglucomannan，GGM）是裸子植物的次级细胞壁中主要的非纤维素多糖，半乳糖基化的分支对 GGM 骨架的合成、纤维素结构、种子黏液密度以及果胶的黏附都是必要的。在拟南芥种子黏液多糖合成中，CSLA2（cellulose synthase-like A2）可催化合成 GGM 的 [4)-β-Glc-(1,4)-β-Man-(1,] 二糖重复单元的 GGM 骨架。半乳糖基转移酶 MAGT1 可高度特异地将 α-Gal 连接到由 CSLA2 合成的 GGM 骨架上，形成半乳糖侧链，当受体中至少含有三个（Glc-Man）二糖重复单元时，表现出最大的半乳糖基化活力，而对于其他类型的受体没有活性[40]。此外，有研究表明半乳葡甘露聚糖的合成也需要 MUCI10（一种半乳糖基转移酶）来催化连接半乳糖分支[41]。

木葡聚糖主要存在于植物的初生细胞壁中，它是以 β-1,4-D-葡聚糖为骨架，侧链为 α-D-木糖在 O6 位置规律性连接并伴随半乳糖基或岩藻糖基取代。研究者从拟南芥中筛选得到半乳糖基转移酶 MUR[42]，这一糖基转移酶属于 GT47 家族，它可特异性地将半乳糖转移到 XXXG 型木葡聚糖的第三个木糖基上。突变 MUR 后，其细胞壁上岩藻糖减少，原因是木葡聚糖侧链上的半乳糖缺失，使得后续的岩藻糖化缺少受体识别位点，从而造成细胞壁成分中岩藻糖的减少。同时突变菌株存在严重的畸形，细胞的成像结果分析显示细胞骨架肌动蛋白定位异常、内膜聚集、壁多糖在胞内积累等现象 [43]。半乳糖基转移酶 XLT 也参与木葡聚糖合成中的半乳糖取代过程，与上述 MUR 的氨基酸序列相似，同属 GT47 家族，可以 β-1,2 键的形式连接到木葡聚糖第二个木糖残基上。对 MUR 和 XLT 基因进行双敲除，木葡聚糖中几乎无半乳糖残基的突变菌株也存在矮小等表型缺陷 [44]。

4. 岩藻糖基转移酶

岩藻化的寡糖在生物体中扮演重要的角色，它参与细胞识别、机体免疫、细胞的受精、细胞死亡等多种生理过程。近年来针对岩藻糖基化寡糖在抗炎症和癌症方面的研究日益增多，并主要围绕哺乳动物展开相关实验，通过改变岩藻糖基转移酶的表达水平来调控岩藻糖基化，可用于某些疾病的诊断及疗程的监控。同时，在植物中，岩藻糖转移酶参与了细胞壁上木葡聚糖的岩藻糖基化，对植物细胞壁的组成及细胞间的信息交流产生影响。在食药用真菌中，尚未有关于岩藻糖基转移酶的深入研究。

人类中共有 11 种岩藻糖基转移酶得到明确解析，分别具有 α-1,2、α-1,3、α-1,4、α-1,6-岩藻糖基转移酶活性以及蛋白 *O*-岩藻糖基转移酶活性 [45]。其中 α-1,2-岩藻糖基转移酶可由 *Fut1* 基因和 *Fut2* 基因编码，催化岩藻糖基通过 α-1,2 键连接到 *N*-乙酰乳糖胺的末端半乳糖残基上。α-1,3/4-岩藻糖基转移酶与基因 *Fut3* ～ *Fut7* 及 *Fut9* 相关，参与路易斯抗原合成的最后一步。*Fut8* 编码的岩藻糖基转移酶可专一性地将 L-岩藻糖通过 α-1,6 键连接到 *N*-聚糖核心结构的 *N*-乙酰葡糖胺上。这些岩藻糖基转移酶在肿瘤、动脉粥样硬化、炎症、胚胎着床、肠炎、免疫、风湿及耐药性治疗等方面都具有重要作用。

在植物中，参与木葡聚糖合成的岩藻糖基转移酶研究得相对清晰。木葡聚糖岩藻糖基转移酶 FUT1 是第一个被发现可将岩藻糖转移到木葡聚糖上的酶，属于 GT37 家族，但研究表明，FUT1 对植物的生长影响不大，例如，敲除拟南芥中的 FUT1 基因，其生长表型仍正常，但细胞壁木葡聚糖中的岩藻糖基含量减少 [46]。而在拟南芥中过表达 FUT1 的基因并不会提高木葡聚糖的岩藻糖基化程度。进一步基于计算机系统发育分析拟南芥 AtFUT1，对水稻来源的 FUT1 重新设计后导入拟南芥中表达，并未检测到木葡聚糖岩藻糖基化的增强，对拟南芥不同部位的 FUT1

转录水平进行检测，结果显示转录水平与木葡聚糖岩藻糖基转移酶活性并不相关[47]。同时对 GT37 家族中其他分支的 FUT1 进行相同试验也取得了同样的结果，这证明在木糖多聚体中岩藻糖基修饰已经饱和。

3.3.3　糖基转移酶的测定

酶活力的准确测定是深入开展酶学特性研究的基石，然而，在食药用真菌多糖合成相关的糖基转移酶研究中，由于糖基转移酶家族成员数量庞大，可催化的底物种类多样且通常难以合成，对于检测方法也比较敏感，因此这一类酶的酶活测定较为困难。对糖基转移酶的酶活实现灵敏、快速、简便的测定，是这一类糖基转移酶得以深入研究的瓶颈。

1. 色谱法

色谱法是用于检测糖基转移酶催化产物的常用手段（图 3-8A），高效液相色谱（HPLC）、毛细血管电泳（CE）、离子交换色谱（IEC）等多种色谱法均可用于分离检测糖基转移酶催化过程中的底物和产物。核苷酸糖是糖基转移酶催化的重要底物，通过 HPLC 与紫外检测器串联，可检测是否有核苷酸糖的减少，或是核

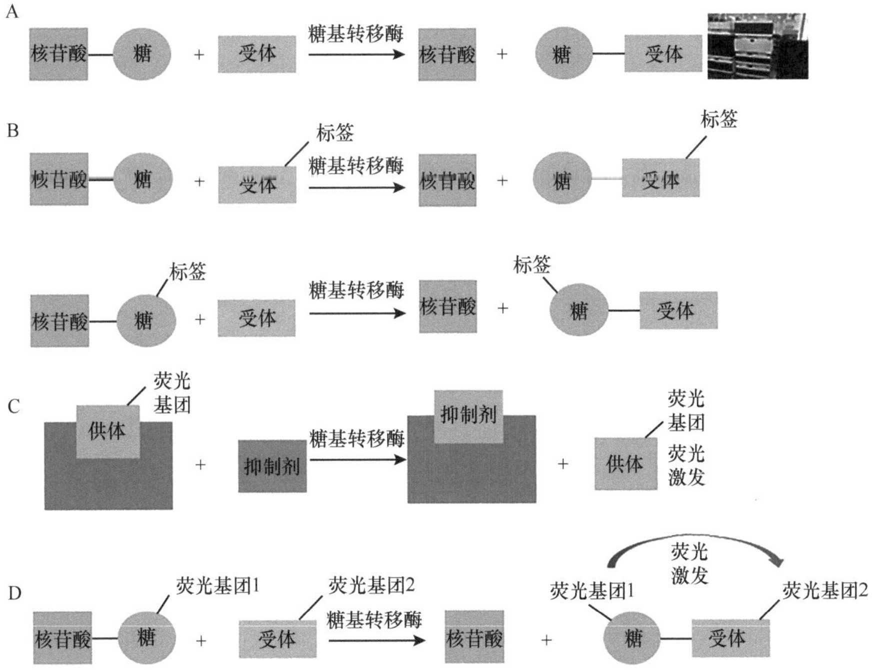

图 3-8　糖基转移酶常见的测定方法

A. 色谱法；B. 放射性法；C. 荧光法；D. FRET 法

苷二磷酸（NDP）副产物的生成，从而判断糖基转移酶的催化活力。但由于这种方法并不是直接对糖产物进行检测，糖供体的减少也可能是因为被酶解或者水解而造成的，因此，常常需要合理设计对照组来避免这方面的误差。

2. 放射性标记法

放射性的方法也是糖基转移酶活性检测中常用的手段，它具有较高的灵敏度，适用于酶不易制得或胞内酶表达不高的情况（图 3-8B）。这一方法对糖受体或者糖供体进行放射性标记，然后通过闪烁计数对生成的产物进行定量，但是这一方法需要通过色谱法或者固相萃取移除体系中未反应的放射性标记供体。

放射性标记的供体或受体往往都难以获取，使得这一方法仍存在一定的难度。因此，无标签法逐渐得到研究者的关注。利用天然的未标记底物进行酶活检测成为一种可行的策略。有研究者将 pH 改变与糖基化反应结合在一起，开发了一种全新的酶活测定方法。其原理是，由于核苷酸糖供体被催化连接到糖受体后，生成核苷二磷酸的同时还会释放一个质子，在合适的条件下，可利用 pH 指示剂如酚红来指示酶促反应中 pH 的变化。他们利用这一 pH 敏感的方法最终确定了三种不同半乳糖基转移酶的底物特异性[48]。该测定方法无需昂贵的仪器或者标签化的底物，即可对糖基转移酶进行广泛的活性测定。

3. 荧光法

近年来，荧光法逐渐成为生物监测及高通量筛选（HTS）糖基转移酶的研究热点，荧光性以及相关的光物理现象，如荧光偏振，已经被成功地用于重组糖基转移酶活力的测定，利用荧光作为糖基化反应中酶活力的输出读数，可计算得到酶活。将核苷酸糖供体的转化产物核苷二磷酸（NDP）与荧光的变化联系在一起，展开酶活的测定，是这类方法的共同特点。Hamachi 等人开发了一种荧光化学传感器，这种双核锌络合基荧光探针在 415 nm 下呈蓝色荧光，特异性结合 UDP 后荧光强度明显增强，可与反应中的糖供体及其他核苷酸糖区分开[49]。这一方法已被用于两种半乳糖基转移酶的底物特异性研究以及半乳糖基转移酶抑制剂的确定。同时，这种方法可连续地监控糖基转移酶的酶活力，具有较高的应用潜力。

“Transcreener”是由 BellBrook 实验室开发的商业化的检测平台，其利用核苷酸免疫检测技术来检测糖供体或 NDP 在糖基转移反应中的转化。反应产物 NDP 可取代位于特定抗体上荧光标记的核苷酸，通过检测被取代的、含荧光的核苷酸来反映酶催化情况[50]。该方法中高特异性抗体的制备和成本是主要的限制性因素。

无论是利用化学传感器还是免疫检测来表征酶活，都是对次要产物（如 NDP）而不是主要产物（如糖基化产物）的测定。

荧光法还常被用于鉴定糖基转移酶抑制剂，利用配体取代法来进行抑制剂的筛选。这一方法无需额外合成糖受体，从而极大地节约了测定成本。其原理是，糖基转移酶上的核苷酸糖结合位点可与一些小分子抑制剂及一些糖相关的酶结合，由于天然的核苷酸糖光激发性不强，可利用多种策略来合成带有荧光标记的供体类似物，进行配基取代检测，通过反应体系中荧光或荧光共振的变化，表征荧光供体类似物与酶的结合情况（图 3-8C）。

基于荧光偏振检测配基取代的情况，可实现糖基转移酶抑制剂的高通量筛选，但是为了能使得荧光标记物特异性结合糖基转移酶，需要从空间要求上严格控制荧光基团的结构，因此使得这一方法的广泛应用受到限制。为了克服这一缺点，有研究者通过利用小分子的荧光取代基团取代核苷酸糖上鸟嘌呤或尿嘧啶碱基来合成自发荧光衍生物，与酶活性位点结合后激发强烈的荧光，从而无需连接额外的荧光基团。这大大降低了荧光性核苷酸糖的分子质量，更适用于底物范围稍宽的不同种糖基转移酶。有研究显示这种荧光探针的方法已用于半乳糖基转移酶研究。

荧光共振能量转移法（FRET）是荧光标记方法中另一种有效的测定手段，它是通过利用荧光能量从荧光供体到荧光受体的传递来实现检测的。如图 3-8D 所示，荧光基团 2（FLUO2）是否能够在荧光基团 1（FLUO1）的激发波长下被激发，取决于这两个荧光基团的距离，因此 FRET 可实时检测糖基转移的反应，例如，将 FLUO1 连接到供体上、FLUO2 连接到受体上，根据 FLUO2 的荧光激活情况，能检测到糖基转移酶催化的糖基转移的实际水平。

3.4　食药用真菌多糖的发酵制备

食药用真菌可采用固体培养，也可采用液体培养方式。采用固体培养，菌丝体与培养基质缠绕在一起，对其多糖的分离提取较为困难；而加以培养生成子实体则需要更长的培养周期。液体培养的发酵时间短，分离提取相对简单，更易获得高纯度的多糖[4]。在具体的研究与生产实践中，选择哪种方式进行培养，还要根据具体的应用场景与应用目的进行综合的分析考虑。本部分内容汇总了培养基和发酵工艺对食药用真菌多糖产量的影响，依据主要参考文献[51-72]汇编成表 3-1，并分析了基于多糖合成途径改造获得的高产多糖菌株，为食药用真菌多糖的高效发酵制备提供参考。

表 3-1　培养基及培养条件对食药用真菌多糖产量的影响

菌种		生长培养基组分 /（g/L）	培养条件				胞外多糖产量 /(g/L）
			转速 /（r/min）	温度 /℃	初始 pH	时间 /d	
灵芝	*Ganoderma lucidum* UF20706	葡萄糖（17.5），蛋白胨（2.5），小麦谷物提取（–），KH_2PO_4（1.5），$MgSO_4\cdot 7H_2O$（1）	150，摇瓶培养	25	4.0	14	0.53
	Ganoderma lucidum CCGMC 5.616	乳糖（35），酵母提取物（5），蛋白胨（5），KH_2PO_4（1），$MgSO_4\cdot 7H_2O$（0.5）	— 分批补料发酵发酵罐，3.5L 发酵体积	30	—	14	1.25
	Ganoderma lucidum CCGMC 5.616	蔗糖（35），蛋白胨（5），酵母提取物（2.5），$KH_2PO_4\cdot H_2O$（1），$Mg\ SO_4\cdot 7H_2O$（0.5），维生素 B_1（0.05）	120，摇瓶培养	30	5.5	7	0.628
	Ganoderma applanatum KFRI 646	葡萄糖 / 麦芽糖（60），酵母提取物（2），谷氨酸（1），KH_2PO_4（2），$MgSO_4$（0.5）	— 3L 气升式发酵罐	25	4.5	12	1.35
	Ganoderma lucidum HAI447	葡萄糖（20），酵母提取物（3），$(NH_4)_2SO_4$（2），KH_2PO_4（0.8），Na_2HPO_4（0.4），$MgSO_4\cdot 7H_2O$（0.5）	150，摇瓶培养	25	6.0	5	1.6
	Ganoderma lucidum CGMCC5.26	葡萄糖（20），胰蛋白胨（5），无氨基酵母氮源（5），$MgSO_4\cdot 7H_2O$（2），KH_2PO_4（4.5），苯丙氨酸（0.4）	150，摇瓶培养	30	—	7	0.91
桑黄	*Phellinus igniarius* HAI795	麦芽糖（20），酵母提取物（3），$(NH_4)_2SO_4$（2），KH_2PO_4（0.8），Na_2HPO_4（0.4），$MgSO_4\cdot 7H_2O$（0.5）	150，摇瓶培养	25	6.0	5	1.80
	Phellinus sp. P0988	葡萄糖（50），谷氨酸（4），$(NH_4)_2SO_4$（4），KH_2PO_4（1），$MgSO_4$（1）	150，分批发酵；7L 发酵罐	28	6.5	6	10.90
	Phellinus. baumii	玉米粉（10），麸皮（10），葡萄糖（20），蛋白胨（5），酵母膏（5），KH_2PO_4（1），$MgSO_4$（0.5），维生素 B_1（0.01）	150，摇瓶培养	28	自然	7	2.99
	Phellinus	葡萄糖（40），谷氨酸（4），$(NH_4)_2SO_4$（4），$MgSO_4$（1），KH_2PO_4（1）	160，摇瓶培养	28	—	12	6.2
	Phellinus gilvus	葡萄糖（30），玉米粉（5），KH_2PO_4（0.68），K_2HPO_4（0.87），$MgSO_4\cdot 7H_2O$（1.23）	150，分批发酵；5L 发酵罐	30	4.0	11	5.30

续表

	菌种	生长培养基组分 /（g/L）	培养条件				胞外多糖产量 /（g/L）
			转速 /（r/min）	温度 /℃	初始 pH	时间 /d	
牛樟芝	*Antrodia camphorata* CCRC 35396	葡萄糖（25），蛋白胨（5），麦芽提取物（3），酵母提取物（3），$KH_2PO_4 \cdot H_2O$（1），$MgSO_4 \cdot 7H_2O$（1），维生素 B_1（1）	300，分批发酵；5L 发酵罐	28	5.0	14	0.12
	Antrodia cinnamomea BCRC 35396	葡萄糖（50），麦芽提取物（3），酵母提取物（3），硝酸钙（5），$KH_2PO_4 \cdot H_2O$（1），$MgSO_4 \cdot 7H_2O$（1）	150，摇瓶培养	28	5.5	14	0.58
	Antrodia cinnamomea BCRC 35396	葡萄糖（50），酵母提取物（3），麦芽提取物（3），蛋白胨（5），$KH_2PO_4 \cdot H_2O$（1），$MgSO_4 \cdot 7H_2O$（1），维生素 B_1（1）	150，摇瓶培养	28	5.5	14	0.49
灰树花	*Grifola frondosa*	葡萄糖（40），酵母提取物（8），玉米粉（12），$(NH_4)_2SO_4$（1），$MgSO_4 \cdot 7H_2O$（0.2），$CaCl_2$（0.1）	250，分批发酵；5L 发酵罐	25	5.0	13	3.88
	Grifola frondosa	葡萄糖（1），玉米粉（0.5），纤维素（1），麸皮（1），KH_2PO_4（0.2）	100，分批发酵；30L 发酵罐	25	—	4	2.9
香菇	*Lentinus edodes*	麦芽汁	100，分批发酵；10L 发酵罐	25	—	4	4.00
	Lentinula edodes 808	葡萄糖（2.5），蛋白胨（2.5），KH_2PO_4（0.1），$MgSO_4$（0.1），维生素 B_1（0.01）	—	25	自然	8	16.40
变色栓菌	*Trametes versicolor*	果糖（20），酵母提取物（2），蛋白胨（1），$(NH_4)_2SO_4$（5），KH_2PO_4（1），$MgSO_4 \cdot 7H_2O$（0.2）	—，摇瓶培养	27	6.0	7	8.00
	Trametes versicolor IBB897	麦芽糖（20），酵母提取物（3），$(NH_4)_2SO_4$（2），KH_2PO_4（0.8），Na_2HPO_4（0.4），$MgSO_4 \cdot 7H_2O$（0.5）	150，摇瓶培养	25	6.0	5	1.40
冬虫夏草	*Cordyceps sinensis* CsHK1	蔗糖（40），酵母提取物（10），蛋白胨（5），KH_2PO_4（1），$MgSO_4 \cdot 7H_2O$（0.5）	150，摇瓶培养	20	6.8	7	1.02
粗柄羊肚菌	*Morchella crassipes*	麦芽糖（44.8），胰蛋白胨（4.21）	150，摇瓶培养	28	6.0	7	9.67

续表

菌种		生长培养基组分 /（g/L）	培养条件				胞外多糖产量 /（g/L）
			转速 /（r/min）	温度 /℃	初始 pH	时间 /d	
姬松茸	*Agaricus nevoi* HAI 610	甘露醇（20），玉米浆（20mM），酵母提取物（3），KH_2PO_4（0.8），Na_2HPO_4（0.4），$MgSO_4 \cdot 7H_2O$（0.5）	150，摇瓶培养	25	6.0	5	3.00
黑木耳	*Auricularia auricular* AA-2	葡萄糖（40），大豆粉末（7），KH_2PO_4（4），$MgSO_4 \cdot 7H_2O$（2）	200，分批发酵；5L 发酵罐	28	5.4	4	7.50
齿毛菌	*Cerrena maxima* IBB 681	麦芽糖（20），酵母提取物（3），$(NH_4)_2SO_4$（2），KH_2PO_4（0.8），Na_2HPO_4（0.4），$MgSO_4 \cdot 7H_2O$（0.5）	150，摇瓶培养	25	6.0	5	1.20
柳生金针菇	*Flammulina rossica* T23093	马铃薯（200），葡萄糖（20），蛋白胨（2），酵母浸粉（2），KH_2PO_4（1.5），$MgSO_4$（0.75），维生素 B_1（0.1）	150，摇瓶培养	23	自然	5-7	0.5383
木蹄层孔菌	*Fomes fomentarius* 1658	葡萄糖（50），蚕蛹（15），酵母提取物（3），KH_2PO_4（1），$MgSO_4 \cdot 7H_2O$（0.8），$CaCl_2$（0.5）	150，摇瓶培养	25	6.0	8	3.64
栎生侧耳	*Pleurotus dryinus* IBB903	葡萄糖（20），酵母提取物（3），$(NH_4)_2SO_4$（2），KH_2PO_4（0.8），Na_2HPO_4（0.4），$MgSO_4 \cdot 7H_2O$（0.5）	150，摇瓶培养	25	6.0	5	1.10
肺形侧耳	*Pleurotus pulmonarius*	半乳糖（30），酵母提取物（4），KH_2PO_4（1），$MgSO_4 \cdot 7H_2O$（0.6）	120，摇瓶培养	22	—	18	0.42
凤尾菇	*Pleurotus sajor-caju* CCB 019	葡萄糖（20），$(NH_4)_2SO_4$（2.5），蛋白胨（1），KH_2PO_4（1），$MgSO_4 \cdot 7H_2O$（0.2），$CaCO_3$（1）	300，分批发酵；发酵罐，4L 发酵体积	30	4.0	20	0.94
茶树菇	*Agrocybe aegerita*	葡萄糖（20），硝酸钠（2），$MgSO_4 \cdot 7H_2O$（0.5），KH_2PO_4（1），$FeCl_3$（0.2），$ZnCl_2$（0.1），$MnSO_4$（0.1），维生素 B_1（0.1）	180，摇瓶培养	26	6.5	8	1.08
硬皮马勃	*Scleroderma areolatum* Ehrenb	果糖（20），大豆粉（5），KH_2PO_4（2.5mmoL），$MgSO_4$（2.5mmoL）	160，摇瓶培养	26	自然	4	2.627
双孢蘑菇	*Agaricus bisporus* MJ-0811	葡萄糖（20），蛋白胨（2），KH_2PO_4（2），$MgSO_4 \cdot 7H_2O$（1）	160，摇瓶培养	25	5.0	5	3.75

注：—表示文中未提到。

3.4.1　培养基及其组成

1. 碳源

培养基中的碳源为食药用真菌生长代谢提供了能量、细胞骨架以及代谢产物的前体物质。不同种类的食药用真菌对碳源的要求不同，但对于大多数而言，葡萄糖是常规且易利用的碳源。在食药用真菌的培养过程中，往往会添加不止一种碳源，如在液体发酵中除了常规的单糖、双糖以外，玉米粉、可溶性淀粉也是常选择的碳源；而在固态培养方式中，还要添加木屑、秸秆等纤维质原料。

与其他微生物的培养不同，碳源不仅影响食药用真菌的生长和目的产物的产量，也是影响多糖中单糖组成的重要决定因素，而单糖组成在很大程度上决定多糖的结构特性，并最终影响其生物活性。研究发现，蝙蝠蛾拟青霉 HN1 胞外多糖中高比例的甘露糖是通过以葡萄糖为碳源发酵获得的，高比例的葡萄糖是通过以甘露糖为碳源发酵获得的。对冬虫夏草 CS-HK1 菌株发酵研究发现，不同发酵时间获得的胞外多糖的单糖组成随着碳源不同而变化；其中，葡萄糖、半乳糖和甘露糖在所有胞外多糖样品中均存在，葡萄糖是主要成分（50% ～ 75%）；发酵培养基添加半乳糖或者甘露糖没有引起胞外多糖单糖组分含量显著变化。需要注意的是，同一种菌的不同菌株利用碳源形成单糖组成的情况也可能存在差异，还需要根据实验研究确定。

2. 氮源

氮源主要用于构成菌体细胞物质和含氮代谢物，也是食药用真菌液体培养的主要营养成分。氮源可以铵离子或硝酸盐离子的形式提供给培养基，也可以有机形式（如氨基酸或蛋白质）提供给培养基。有机氮源通常能产生更高的生物量和胞外多糖产量，主要包括酵母提取物、蛋白胨、麸皮、豆粕等，可单独添加或混合添加。

3. 其他元素

除了碳源和氮源外，食药用真菌的培养中通常还需要添加无机盐，如 $MgSO_4$ 和 KH_2PO_4。Mg^{2+} 是多糖生物合成途径中多个酶反应体系的辅因子，Mg^{2+} 的添加可促进相关酶的活性提高，进而影响多糖的产量。如在 3.2 节中所述，磷酸葡萄糖变位酶在很大程度上影响了碳源向多糖合成途径的流向，在添加 1 mmol/L Mg^{2+} 的条件下，其酶活可以提高约 15%。在一些食药用真菌的培养中还会加入维生素 B_1 或复合维生素 B，其作为生长因子，促进菌丝体生长及代谢产物合成，如牛樟芝培养中添加 0.1%（*m*/*V*）维生素 B_1，其胞外多糖产量提高了约 60%。此外，在选择酵母提取物作为氮源时，由于酵母提取物中含有丰富微量元素，在进一步添加其他元素时需要加以考虑 [73]。

4. 促进物质

除了上述的培养基组成外，目前已发现一些物质可以促进特定食药用真菌多糖产量的提高。例如，苯丙氨酸的添加促进了灵芝胞外多糖的生产，其主要是通过改变灵芝细胞壁厚度，促进多糖的输出，使灵芝胞外多糖产量提高 20% 以上 [74]。在牛樟芝培养中添加琥珀酸、在灰树花的培养基中添加天麻，均可提高胞外多糖产量 [75]。

需要特别指出的是，在液体发酵培养基中存在不可溶固形物，如玉米粉、麸皮时，食药用真菌菌丝体可以附着在固形物上并以此为基点形成菌球，而菌球表面为生长旺盛的菌丝体，这些菌丝体在培养过程中剪切力的作用下，产生菌丝断片，再次附着在固形物上生长繁殖，同时逐步消耗掉玉米粉和麸皮。在这种情况下，往往有利于食药用真菌生物量和多糖产量的提高，在工业化生产中常被使用。但如果是对食药用真菌代谢途径和代谢机理进行研究，这些物质的存在会给实验结果带来干扰，因此需要使用完全可溶的清液培养基。

3.4.2 发酵工艺

食药用真菌液体发酵工艺条件主要包括 pH、温度、转速、溶氧量等方面。发酵条件对菌体生长和代谢物积累至关重要，在发酵过程中，往往要根据目标产物的不同而制定不同的发酵工艺。

pH 影响菌丝生长及其次生代谢产物。发酵所需的最适 pH 并不完全一致，如灵芝适合菌体生长及多糖合成的最适宜 pH 不同，一般在初始时 pH 6.5 有利于菌体的生长，而 pH 3.5 ～ 6.5 有利于多糖合成 [76]。食药用真菌菌丝体生长过程、代谢产物的合成都与培养温度密切相关。菌种不同，其适宜的温度也不同，跨度范围较大。灵芝液体发酵过程中，适宜菌丝生长的温度为 25 ～ 28℃，而有利于多糖合成的温度范围为 27 ～ 30℃ [77]。

在液体深层发酵中，食药用真菌对转速有着较高的要求。转速不仅影响着基质中营养物质的传递，而且与发酵液中的溶氧水平密切相关，调控菌丝生长、营养物质利用率、营养成分转化等，转速过高和过低都不利于多糖生产。过高的搅拌速度不但耗能高，且破坏菌体，影响多糖产量；而过低的转速不能满足菌丝体对氧气的需求。有研究报道，转速为 100 r/min 时，灵芝菌球较大，发酵液中多糖产量较低；而转速为 150 r/min 和 200 r/min 条件下中小型菌球比例较高，多糖产量也相对较高，但转速为 200 r/min 条件下，剪切力作用较大，小菌球比例最高，其多糖产量较转速为 150 r/min 时有所降低，说明过高的剪切力不利于灵芝多糖的合成。

3.4.3　基于合成途径解析的高产多糖菌株改造

随着对食药用真菌多糖合成途径的深入理解，以及分子遗传操作和基因编辑技术的快速发展，研究者通过构建多糖合成途径关键基因过表达菌株或者基因沉默菌株，改变了多糖产量。虽然，基于政策和生物安全评价的原因，这其中的高产多糖菌株暂时还不能进行工业化生产应用，但为后继菌种改造的研究奠定了良好的理论基础，提供了育种的新方向。

在特定基因的改造过程中，磷酸葡萄糖变位酶（PGM）最早被研究，过表达该酶基因可以使灵芝胞内、外多糖得到显著增加，胞外多糖和胞内多糖产量分别比野生型菌株提高 39.2% 和 9.1%。而 PGM 基因沉默时，胞外多糖产量相对于野生型菌株下降 20% ～ 40%；胞内多糖约增加 1.7 倍 [78]。UDP-葡萄糖焦磷酸化酶（UGPG）是 UDP-Glc 合成途径中催化最后一步的酶，在灵芝中对该基因进行沉默时，胞外多糖产量比野生型菌株低 30% ～ 56%，但胞内多糖没有显著变化 [79]。在灵芝中过表达磷酸甘露糖异构酶（PMI）基因，PJW-PMI 菌株中胞外多糖和胞内多糖产量分别比野生型菌株提高 21.6% 和 17.5%。在灰盖鬼伞中，单独过表达 PGM 和 UGPG 的基因菌株，胞内多糖产量提高均不明显，胞外多糖产量分别提高了 30%、16%；而同时过表达这两个酶的基因时，胞内、外多糖的产量分别提高了 149% 和 75%。但在灰树花中沉默葡聚糖合酶基因，生物量和胞外多糖显著下降 [80]。

此外，在灵芝细胞中异源表达透明颤菌血红蛋白基因同样可以使胞外多糖产量提高 88.6 %，其原因在于透明颤菌血红蛋白基因的表达菌株中，灵芝多糖生物合成途径的 PGM、UGPG 和 β-1,3 葡聚糖合酶基因的相对表达量分别是对照的 1.52、1.55 和 3.85 倍 [81]。

（丁重阳　赵丽婷　徐萌萌）

参 考 文 献

[1] Liu Q W, Garrett E, Christopher G, et al. Toward automated enzymatic synthesis of oligosaccharides. Chemical Reviews, 2018, 118: 8151-8187.

[2] Schmid J, Sieber V, Rehm B. Bacterial exopolysaccharides: biosynthesis pathways and engineering strategies. Frotiers in Microbiology, 2015, 6: 496.

[3] Yoon S S, Park S H, Kim Y C, et al. Cloning and characterization of phosphoglucomutase and phosphomannomutase derived from *Sphingomonas chungbukensis* DJ77. Journal of Biochemistry, 2008, 144: 507-512.

[4] Wang Q, Wang F, Xu Z H, et al. Bioactive mushroom polysaccharides: A review on monosaccharide composition, biosynthesis and regulation. Molecules, 2017, 22(6): 955.

[5] Zhu Z Y, Liu X C, Dong F Y, et al. Influence of fermentation conditions on polysaccharide production and the activities of enzymes involved in the polysaccharide synthesis of *Cordyceps militaris*. Applied Microbiology & Biotechnology, 2016, 100(9): 3909-3921.

[6] Xu J W, Ji S L, Li H J, et al. Increased polysaccharide production and biosynthetic gene expressions in a submerged culture of *Ganoderma lucidum* by the overexpression of the homologous α-phosphoglucomutase gene. Bioprocess and Biosystem Engineering, 2015, 38: 399-405.

[7] Lazarevic V, Soldo B, Medico N, et al. *Bacillus subtilis* alpha-phosphoglucomutase is required for normal cell morphology and biofilm formation. Applied and Environmental Microbiology, 2005, 71(1): 39-45.

[8] Li M J, Chen T X, Gao T, et al. UDP-glucose pyrophosphorylase influences polysaccharide synthesis, cell wall components, and hyphal branching in *Ganoderma lucidum* via regulation of the balance between glucose-1-phosphate and UDP-glucose. Fungal Genetics Biology, 2015, 82: 251-263.

[9] Zhou H B, Bi P Y, Wu X T, et al. Improved polysaccharide production in submerged culture of *Ganoderma lucidum* by the addition of coixenolide. Applied Biochemistry and Biotechnology, 2014, 172: 1497-1505.

[10] Zablackis E, Huang J, Muller B, et al. Characterization of the cell-wall polysaccharides of *Arabidopsis thaliana* leaves. Plant Physiology, 1995, 107(4): 1129-1138.

[11] Proudfoot A E I, Payton M A, Wells T N C. Purification and characterization of fungal and mammalian phosphomannose isomerases. Protein Chemistry, 1994, 13(7): 619.

[12] Lucca P, Ye X D, Potrykus I. Effective selection and regeneration of transgenic rice plants with mannose as selective agent. Molecular Breeding, 2001, 7(1): 43-49.

[13] Joersbo M, Donaldson I, Kreiberg J, et al. Analysis of mannose selection used for transformation of sugar beet. Molecular Breeding, 1998, 4(2): 111-117.

[14] Michel G, Tonon T, Scornet D, et al. The cell wall polysaccharide metabolism of the brown alga *Ectocarpus siliculosus*. Insights into the evolution of extracellular matrix polysaccharides in Eukaryotes. New Phytologist, 2010, 188(1): 82-97.

[15] He C M, Zeng S J, Jaime A, et al. Molecular cloning and functional analysis of the phosphomannomutase(PMM) gene from *Dendrobium officinale* and evidence for the involvement of an abiotic stress response during germination. Protoplasma, 2016, 254(4): 1693-1704.

[16] Datta K, Baisakh N, Oliva N, et al. Bioengineered ‘golden’ indica rice cultivars with beta-carotene metabolism in the endosperm with hygromycin and mannose selection systems. Plant Biotechnology Journal, 2003, 1(2): 81-90.

[17] Tabata K, Takaoka T, Esaka M. Gene expression of ascorbic acid-related enzyme tobacco. Phytochemistry, 2002, 61: 631-635.

[18] Keller R, Renz F S A, Kossmann J. Antisense inhibition of the GDP-mannose pyrophosphorylase reduces the ascorbate content in transgenic plants leading to developmental changes during senescence. Plant Journal, 1999, 19: 131-141.

[19] Roesti J, Barton CJ, Albrecht S, et al. UDP-glucose 4-epimerase isoforms UGE2 and UGE4 cooperate in providing UDP-galactose for cell wall biosynthesis and growth of *Arabidopsis thaliana*. The Plant Cell, 2007, 19(5): 1565-1579.

[20] Kotake T, Takata R, Verma R, et al. Bifunctional cytosolic UDP-glucose 4-epimerases catalyse the interconversion between UDP-D- · xylose and UDP-L-arabinose in plants. The Biochemical Journal, 2009, 424(2): 169-177.

[21] Zhang Q, Hrmova M, Shirley N J, et al. Gene expression patterns and catalytic properties of UDP-D-glucose

4-epimerases from barley(*Hordeum vulgare* L.). Biochemical Journal, 2006, 394(1): 115-124.

[22] Sturla L, Bisso A, Zanardi D. Expression, purification and characterization of GDP-mannose 4, 6 dehydratase from *Escherichia coli* [J], FEBS Letters, 1997, 412(1): 126-130.

[23] Charnock S J, Davies G J. Structure of the nucleotide diphospho-sugar transferase, spsa from *Bacillus subtilis*, in native and nucleotide complexed forms. Biochemistry, 1999, 38: 6380-6385.

[24] Busch C, Hofmann F, Selzer J, et al. A common motif of eukaryotic glycosyltransferases is essential for the enzyme activity of large clostridial cytotoxins.Journal of Biological Chemistry, 1998, 273: 19566-19572.

[25] Vrielink A, Ruger W, Driessen H P, et al. Crystal structure of the DNA modifying enzyme beta-glucosyltransferase in the presenceand absence of the substrate uridine diphosphoglucose. EMBO Journal, 1994, 13: 3413-3422.

[26] Liu J, Mushegian A. Three monophyletic superfamilies account for the majority of the known glycosyltransferases. Protein Science, 2003, 12(7): 1418-1431.

[27] Lairson L L, Henrissat B, Davies G J, et al. Glycosyltransferases: Structures, functions, and mechanisms. Annual Review of Biochemistry, 2008, 77(1): 521-555.

[28] Synytsya A, Novák M. Structural diversity of fungal glucans. Carbohydrate Polymers, 2013, 92: 792-809.

[29] Ruiz-Herrera J. Biosynthesis of β-glucans in fungi. Antonie Van Leeuwenhoek, 1991, 60: 72-81.

[30] Reverberi M, Di Mario F, Tomati U. β-Glucan synthase induction in mushrooms grown on olive mill wastewaters. Applied Microbiology Biotechnology, 2004, 66: 217-225.

[31] Abe M, Nishida I, Minemura M, et al. Yeast 1, 3-beta-glucan synthase activity is inhibited by phytosphingosine localized to the endoplasmic reticulum. Journal of Biological Chemistry, 2001, 276(29): 26923.

[32] Yang Y H, Kang H W, Ro H S. Cloning and molecular characterization of β-1, 3-glucan synthase from *Sparassis crispa*. Mycobiology, 2014, 42(2): 167-173.

[33] Ujita M, Katsuno Y, Szuki K, et al. Molecular cloning and sequence analysis of the β-1, 3-glucan synthase catalytic subunit gene from a medicinal fungus, *Cordyceps militaris*. Mycoscience, 2006, 47: 98-105.

[34] Chai R, Qiu C, Liu D, et al. β-Glucan synthase gene overexpression and β-glucans overproduction in *Pleurotus ostreatus* using promoter swapping. PLoS One, 2013, 8: 1-7.

[35] Elsa B, Ludwig L, Maurice H, et al. Identification of alg3 in the mushroom-forming fungus *Schizophyllum commune* and analysis of the Δalg3 knockout mutant. Glycobiology, 2013, 2: 147-154.

[36] Diaz-Jimenez D F, Mora-Montes H M, Hernandez-Cervantes A, et al. Biochemical characterization of recombinant *Candida albicans* mannosyltransferases Mnt1, Mnt2 and Mnt5 reveals new functions in *O*- and *N*-mannan biosynthesis. Biochemical and Biophysical Research Communications, 2012, 419: 77-82.

[37] Nett J H, Cook W J, Chen M T, et al. Characterization of the Pichia pastoris protein-*O*-mannosyltransferase gene family. PLoS One, 2013, 8(7): e68325.

[38] Liwanag A J, Ebert B, Verhertbruggen Y, et al. Pectin biosynthesis: GALS1 in *Arabidopsis thaliana* is a beta-1, 4-galactan beta-1, 4-galactosyltransferase. Plant Cell, 2012, 24: 5024-5036.

[39] Ebert B, Birdseye D, Liwanag A J M, et al. The Three Members of the *Arabidopsis thaliana* Glycosyltransferase Family 92 are Functional β-1, 4-Galactan Synthases. Plant and Cell Physiology, 2018, 59(12): 2624-2636.

[40] Li Y, Lyczakowski J J, Pereira C S, et al. The patterned structure of galactoglucomannan suggests it may bind to cellulose in seed mucilage. Plant Physiology, 2018, 178(3): 1011-1026.

[41] Voiniciuc C, Schmidt M H, Berger A, et al. Mucilage-Related10 produces galactoglucomannan that maintains pectin and cellulose architecture in *Arabidopsis* seed mucilage. Plant Physiology, 2015, 169(1): 403-420.

[42] Reiter W, Chapple C, Somerville C. Mutants of *Arabidopsis thaliana* with altered cell wall polysaccharide composition.

Plant Journal, 1997, 12: 335-345.

[43] Kong Y, Pena M J, Renna L, et al. Galactose-depleted xyloglucan is dysfunctional and leads to dwarfism in *Arabidopsis*. Plant Physiology, 2015, 167: 1296-306.

[44] Jensen J K, Schultink A, Keegstra K, et al. RNA-Seq analysis of developing nasturtium seeds(*Tropaeolum majus*): idELentification and characterization of an additional galactosyltransferase involved in xyloglucan biosynthesis. Molecular Plant, 2012, 5(5): 984-992.

[45] 孙玥，王晓非．岩藻糖基转移酶的研究进展．医学综述，2019, 25(1): 34-39.

[46] Perrin R, De Rocher A, Bar-Peled M, et al. Xyloglucanfucosyltransferase, an enzyme involved in plant cell wall biosynthesis. Science, 1999, 284: 1976-1979.

[47] Perrin R, Jia Z, Wagner T, et al. Analysis of xyloglucan fucosylation in *Arabidopsis*. Plant Physiology, 2003, 132: 768-778.

[48] Deng C, Chen R R. A pH-sensitive assay for galactosyltransferase. Analytical Biochemistry, 2004, 330(2): 219-226.

[49] Wongkongkatep J, Miyahara Y, Ojida A, et al. Label-free, real-time glycosyltransferase assay based on a fluorescent artificial chemosensor. Angewandte Chemie, 2006, 118(4): 681-684.

[50] Owicki J C. Fluorescence polarization and anisotropy in high throughput screening: Perspectives and primer. Journal of Biomolecular Screening, 2000, 5(5): 297.

[51] Monika O J, Anna J W, Jolanta J S. Extracellular polysaccharides from Ascomycota and Basidiomycota: production conditions, biochemical characteristics, and biological property. World Journal of Microbiology & Biotechnology, 2015, 31(12): 1823-1844.

[52] Fraga I, Coutinho J, Bezerra R M. Influence of culture medium growth variables on *Ganoderma lucidum* exopolysaccharides structural features. Carbohydrate Polymers. 2014, 111: 936-946.

[53] Tang Y J, Zhong J J. Exopolysaccharide biosynthesis and related enzyme activities of the medicinal fungus, *Ganoderma lucidum*, grown on lactose in a bioreactor. Biotechnology Letters, 2002, 24(12): 1023-1026.

[54] Lee W Y, Park Y K, Ahn J K. Factors influencing the production of endopolysaccharide and exopolysaccharide from *Ganoderma applanatum*. Enzyme and Microbial Technology, 2007, 40(2): 6.

[55] Elisashvili V I, Kachlishvili E T, Wasser S P. Carbon and nitrogen source effects on basidiomycetes exopolysaccharide production. Applied Biochemistry and Microbiology, 2009, 45(5): 531-535.

[56] Ma X K, Zhang H, Peterson E C, et al. Enhancing exopolysaccharide antioxidant formation and yield from *Phellinus* species through medium optimization studies. Carbohydrate Polymers, 2014, 107: 214-220.

[57] Hwang H J, Kim S W, Xu C P, et al. Production and molecular characteristics of four groups of exopolysaccharides from submerged culture of *Phellinus gilvus*. Journal of Applied Microbiology, 2003, 94(4): 708-719.

[58] Shu C H, Ming Y, et al. Effect of pH on the production and molecular weight distribution of exopolysaccharide by *Antrodia camphorata* in batch cultures. Process Biochemistry, 2004, 39(8): 931-937.

[59] Lin E S, Sung S C. Cultivating conditions influence exopolysaccharide production by the edible Basidiomycete *Antrodia cinnamomea* in submerged culture. International Journal of Food Microbiology, 2006, 108(2): 182-187.

[60] Shih I L, Chou B W, Chen C C, et al. Study of mycelia growth and bioactive polysaccharide production in batch and fed-batch culture of *Grifola frondosa*. Bioresource Technology, 2008, 99(4): 785-793.

[61] Lobanok A G, Babitskaya V G, Plenina L V, et al. Composition and biological activity of submerged mycelium of the xylotrophic basidiomycete *Lentinus edodes*. Applied Biochemistry and Microbiology, 2003, 39(1): 60-64.

[62] 王杰，张阳，秦澎，等．pH 对香菇多糖含量及合成关键酶基因转录水平的影响．生物技术通报，2019, 2: 45-51.

[63] Bolla K, Gopinath B V, Shaheen S Z, et al. Optimization of carbon and nitrogen sources of submerged culture process for the production of mycelia biomass and exopolysaccharides by *Trametes versicolor*. International Journal for

Biotechnology and Molecular Biology Research, 2010, 1(2): 15-21.

[64] Huang Q L, Siu K C, Wang W Q, et al. Fractionation, characterization and antioxidant activity of exopolysaccharides from fermentation broth of a *Cordyceps sinensis* fungus. Process Biochemistry, 2013, 48(2): 380-386.

[65] Leung P H, Zhao S, Ho K P, et al. Chemical properties and antioxidant activity of exopolysaccharides from mycelial culture of *Cordyceps sinensis* fungus Cs-HK1. Food Chemistry, 2009, 114(4): 1251-1256.

[66] He P, Geng L, Mao D, et al. Production, characterization and antioxidant activity of exopolysaccharides from submerged culture of *Morchella crassipes*. Bioprocess and Biosystems Engineering, 2012, 35(8): 1325-1332.

[67] Wu J, Ding Z Y, Zhang K C. Improvement of exopolysaccharide production by macro-fungus *Auricularia auricula* in submerged culture. Enzyme & Microbial Technology, 2006, 39(4): 743-749.

[68] Chen W, Zhao Z, Chen S F, et al. Optimization for the production of exopolysaccharide from *Fomes* fomentarius in submerged culture and its antitumor effect in vitro. Bioresource Technology, 2008, 99(8): 3187-3194.

[69] Smiderle F R, Olsen L M, Ruthes A C, et al. Exopolysaccharides, proteins and lipids in *Pleurotus pulmonarius* submerged culture using different carbon sources. Carbohydrate Polymers, 2012, 87(1): 368-376.

[70] 郑晓雅, 殷伟伟, 张松, 等. 不同发酵条件对柱状田头菇菌丝产胞外多糖的影响. 广东农业科学. 2019, 45(5): 25-32.

[71] 何培新, 吴双双, 贺新生, 等. 马勃状硬皮马勃产胞外多糖发酵条件优化. 河南农业科学. 2015, 44(11): 151-155.

[72] 毛勇, 毛健, 孟祥勇. 溶氧控制条件对双孢菇发酵产胞外多糖的影响. 食品科学, 2013, 34(1): 155-159.

[73] Lin E S, Chen Y H. Factors affecting mycelial biomass and exopolysaccharide production in submerged cultivation of *Antrodia cinnamomea* using complex media. Bioresource Technology, 2007, 98(13): 2511-2517.

[74] Ma Z B, Xu M M, Wang Q, et al. Development of an efficient strategy to improve extracellular polysaccharide production of *Ganoderma lucidum* using L-phenylalanine as an enhancer. Frontiers in Microbiology, 2019, 10: 2306.

[75] Shu C H, Lung M Y, Xu C J. Effects of supplementation of succinic acid on the production and molecular weight distribution of exopolysaccharides by *Antrodia camphorata* in batch cultures. Journal of Chemical Technology and Biotechnology, 2005, 80(2): 216-222.

[76] Fang Q H, Zhong J J. Effects of initial pH on production of ganoderic acid and polysaccharide by submerged fermentation of *Ganoderma lucidum*. Process Biochemistry, 2002, 37(7): 769-774.

[77] 宋淑敏, 王大鹏. 深层发酵灵芝生物工程技术与产品研究. 食品科学, 1999, 20(12): 40-43.

[78] Hu Y R, Li M J, Wang S L, et al. *Ganoderma lucidum* phosphoglucomutase is required for hyphal growth, polysaccharide production, and cell wall integrity. Applied Microbiology & Biotechnology, 2018, 102(4): 1911-1922.

[79] Li M, Chen T, Gao T, et al. UDP-glucose pyrophosphorylase influences polysaccharide synthesis, cell wall components, and hyphal branching in *Ganoderma lucidum* via regulation of the balance between glucose-1-phosphate and UDP-glucose. Fungal Genetics and Biology, 2015, 82: 251-263.

[80] Zhou J, Bai Y, Dai R, et al. Improved polysaccharide production by homologous co-overexpression of phosphoglucomutase and UDP glucose pyrophosphorylase genes in the mushroom *Coprinopsis cinerea*. Journal of Agricultural and Food Chemistry, 2018, 66(18): 4702-4709.

[81] 刘柯, 李焕军, 张德怀, 等. 灵芝细胞中异源表达透明颤菌血红蛋白基因提高胞外多糖的产量. 食用菌学报, 2017, 24(3): 35-41.

第 4 章　食药用真菌三萜类化合物的生物合成

4.1　三萜类化合物生物合成的基本途径

食药用真菌三萜类化合物的种类较多。迄今为止，已在子实体、人工菌丝体和培养液中发现 250 多种三萜类化合物。食药用真菌三萜类化合物的种类复杂性表明了三萜类化合物生物合成后期修饰途径的多样性。已有研究证明，食药用真菌三萜大多为高度氧化的羊毛甾烷衍生物，例如，灵芝三萜类化合物包括灵芝酸、灵芝醇、赤芝酸和赤芝酮等[1]。

多年来，食药用真菌萜类化合物的生物合成一直被认为是从乙酰辅酶 A 经甲羟戊酸途径（MVP）开始的，通过将 ^{13}C 同位素标记的甲羟戊酸（MVA）加入灵芝的液体培养基中，随后在代谢产物中检测到了具有 ^{13}C 标记的 3α 和 3β 三萜类化合物，MVA 被认为是灵芝三萜合成的主要前体[2]。

1887 年 Wallach 提出“经验的异戊二烯法则”，即萜类的碳架是由异戊二烯单体以头尾或非头尾顺序相连而成，然而，Ruzicka 否定了该法则，并进一步提出了“活体的异戊二烯法则”，后由 Lynen 和 Folkers 得到证实，即萜类化合物是由甲戊二羟酸途径衍生的一类化合物，又称之为“生源的异戊二烯法则”[3]。二甲基烯丙基焦磷酸（DMAPP）和法呢基焦磷酸（FPP）被认为是萜类成分在生物体内合成的真正前体，是生物体内的“活性异戊二烯”物质。

从图 4-1 中可以看出，灵芝三萜的生物合成途径可分为三个阶段。①活性异戊二烯单位法呢基焦磷酸（FPP）和二甲基烯丙基焦磷酸（DMAPP）的合成；②三萜环碳环系统的生物合成。以上两阶段是灵芝三萜合成的上游过程。③环上复杂的官能化反应过程，最终形成完整的灵芝三萜分子。这一过程是灵芝三萜合成的下游过程。

目前的研究进展表明，灵芝三萜合成的上游过程已基本清楚，但三萜环碳环系统合成后，碳环骨架还必须经过复杂的修饰作用，目前对这一过程缺乏详细的了解。因此，从羊毛甾醇之后，各种灵芝三萜或灵芝酸是经过哪一系列氧化还原和酰化等反应最终合成的仍不清楚。此外，从 FPP 到牻牛儿基焦磷酸（GGPP）的途径是灵芝三萜生物合成途径中的一条重要分支，牻牛儿基焦磷酸合成酶（GGPPS）对灵芝三萜合成的影响还有待进一步研究。

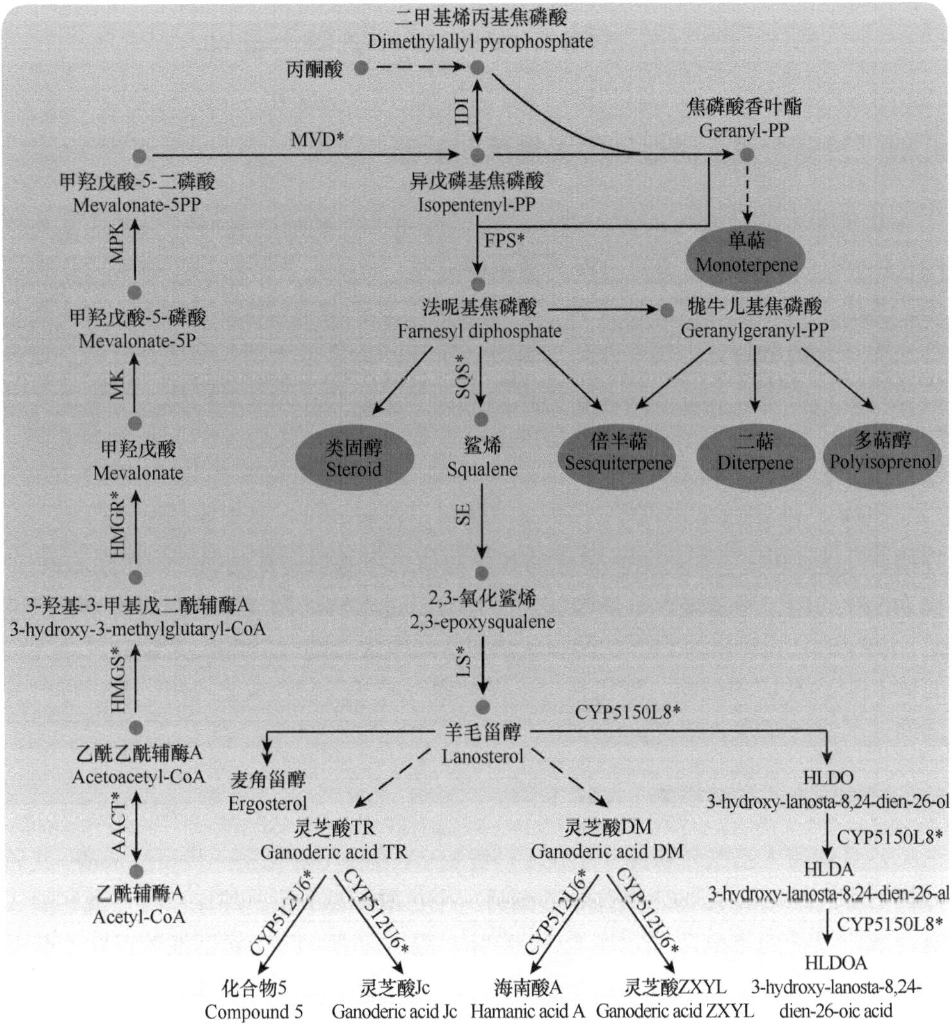

图 4-1　灵芝三萜（灵芝酸）合成代谢的基本途径 [4,5]

图中单箭头表示经过一步化学反应，双箭头表示经过多步化学反应；实线箭头表示已知的合成途径，虚线箭头表示猜测的合成途径。AACT，乙酰辅酶 A 乙酰转移酶（acetyl-CoA C-acetyltransferase）；HMGS，3-羟基-3-甲基戊二酰辅酶 A 合酶（hydroxymethylglutaryl-CoA synthase）；HMGR，3-羟基-3-甲基戊二酰辅酶 A 还原酶（3-hydroxy-3-methyglutaryl coenzyme A reductase）；MK/MVK，甲羟戊酸激酶（mevalonate kinase）；MPK，磷酸甲羟戊酸激酶（phosphomevalonate kinase）；MVD，甲羟戊酸焦磷酸脱羧酶（pyrophosphomevalonate decarboxylase）；IDI：异戊烯基焦磷酸异构酶（isopentenyl-diphosphate isomerase）；FPS，法呢基焦磷酸合酶（farnesyl diphosphate synthases）；GGPPS，牻牛儿基焦磷酸合成酶（geranylgeranyl-PP synthase）；SQS，鲨烯合酶（squalene synthase）；SE，鲨烯环氧酶（squalene monooxygenase）；LS，羊毛甾醇合酶（lanosterol synthase）；* 表示已经被克隆表达的基因

4.2 三萜类化合物合成途径中的酶

4.2.1 三萜合成上游过程的关键酶和基因

从灵芝三萜的基本合成代谢途径可以看出，乙酰辅酶A转化为法呢基焦磷酸（FPP）后，其代谢途径出现两条主要分支：一条是从法呢基焦磷酸转化为鲨烯，再经前体羊毛甾醇合成各种三萜，这是灵芝三萜合成的必经途径；另一条是将法呢基焦磷酸转化为牻牛儿基焦磷酸（GGPP），再进入到多萜醇、二萜、倍半萜等化合物的合成途径。因此，催化法呢基焦磷酸转化为鲨烯的酶——鲨烯合成酶（SQS），以及催化形成羊毛甾醇的酶——羊毛甾醇合成酶（LS）是影响灵芝三萜合成的关键酶。

此外，FPP由两条途径合成：①异戊烯基焦磷酸（IPP）经焦磷酸香叶酯（GPP）直接转化为FPP；②先将IPP转化为其异构体二甲基烯丙基焦磷酸，再经GPP转化为FPP，而二甲基烯丙基焦磷酸同时也可以进入转化为类异戊二烯的途径。因此，IPP和GPP转化为FPP的酶——法呢基焦磷酸合酶（FPPS）是影响灵芝三萜前体FPP含量的关键酶。近年来，一些学者对灵芝三萜合成途径中上游过程的关键酶基因进行了深入研究。

1. 乙酰辅酶A乙酰转移酶（AACT）

乙酰辅酶A乙酰转移酶（AACT）是MVA途径中催化第一步反应的酶，其通过将一个乙酰辅酶A的乙酰基转移到另一个乙酰辅酶A上，催化乙酰乙酰辅酶A的合成。灵芝的AACT基因全长1484 bp，编码含有417个氨基酸的多肽，与双色蜡蘑和灰盖鬼伞的AACT氨基酸序列具有显著的同源性；AACT的编码基因在灵芝原基中的表达量为菌丝体中的18倍，与灵芝三萜的含量变化呈正相关；利用农杆菌介导转化获得了*AACT*过表达的灵芝菌株，发现*AACT*的过表达可促进灵芝三萜产量增加，表明AACT可能在三萜生物合成中发挥重要作用[6]。

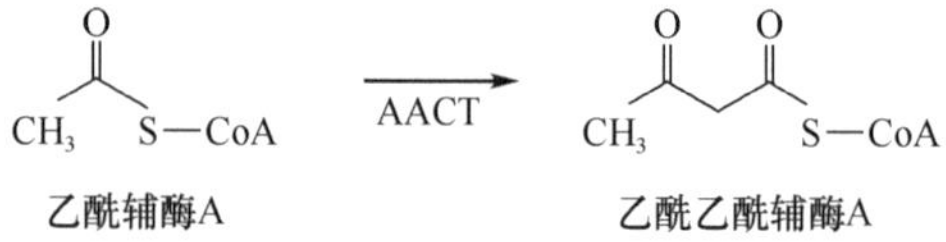

2. 3-羟基-3-甲基戊二酰辅酶A合酶（HMGS）

3-羟基-3-甲基戊二酰辅酶A合酶（HMGS）催化乙酰乙酰辅酶A和乙酰辅酶A缩合生成3-羟基-3-甲基戊二酰辅酶A（HMG-CoA）。灵芝的HMGS的编码基因全长 1870 bp; *HMGS* 编码包含 471 个氨基酸的肽链，与毛头鬼伞和禾柄锈菌等真菌的 HMGS 氨基酸序列具有高度同源性; *HMGS* 的过表达使灵芝三萜的产量增加; 外施水杨酸（SA）、脱落酸（ABA）和茉莉酸甲酯（MeJA）均可引起 *HMGS* 的表达上调，表明 HMGS 可能参与 SA、ABA 和 MeJA 对灵芝的调控[7]。在牛樟芝中该基因也已被克隆，将其命名为 *AcHMGS*，全长为 1440 bp，编码 574 个氨基酸[8]。

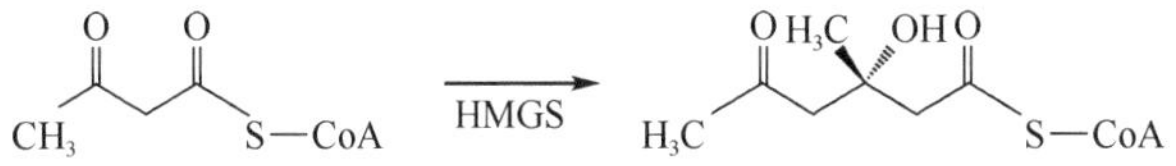

乙酰乙酰辅酶A　　　3-羟基-3-甲基戊二酰辅酶A

3. 3-羟基-3-甲基戊二酰辅酶A还原酶（HMGR）

3-羟基-3-甲基戊二酰辅酶A还原酶（HMGR）催化 HMG-CoA 生成 MVA，由于 MVA 的生成是一个不可逆的过程，因此该反应被认为是 MVA 途径的限速步骤，HMGR 也被称为 MVA 途径的限速酶。灵芝 HMGR 的编码基因全长 4262 bp; *HMGR* 包含 7 个外显子和 6 个内含子，编码含有 1226 个氨基酸的多肽，与玉米黑粉菌、新生隐球菌的 HMGR 氨基酸序列具有显著的同源性[9]; 在灵芝的不同发育阶段，*HMGR* 在原基中的表达量最高，在菌丝体中表达量较低，这与三萜含量的变化趋势一致[10]。在灵芝中过表达 HMGR 的基因，灵芝酸产量提高 2 倍，同时法呢基焦磷酸合酶（FPS）、鲨烯合酶（SQS）和羊毛甾醇合酶（LS）的基因表达上调[11]。

3-羟基-3-甲基戊二酰辅酶A　　　甲羟戊酸

4. 甲羟戊酸激酶（MK/MVK）

甲羟戊酸激酶（mevalonate kinase，MVK）催化甲羟戊酸形成甲羟戊酸-5-磷酸，作为 MVA 途径中的限速酶，在三萜合成过程中起着重要的催化作用。暴马桑黄（*Sanghuangporus baumii*）中 MVK 的编码基因命名为 *SbMVK*，cDNA 序列长 1041 bp，编码 346 个氨基酸，和紫芝 MVK 蛋白同源性最高; 暴马桑黄的编码 *SbMVK* 的转录水平和三萜含量均呈先升后降的动态变化，并且二者变化趋势基本一致，推测 *SbMVK* 基因在暴马桑黄甲羟戊酸途径中参与三萜调控工作[12]。

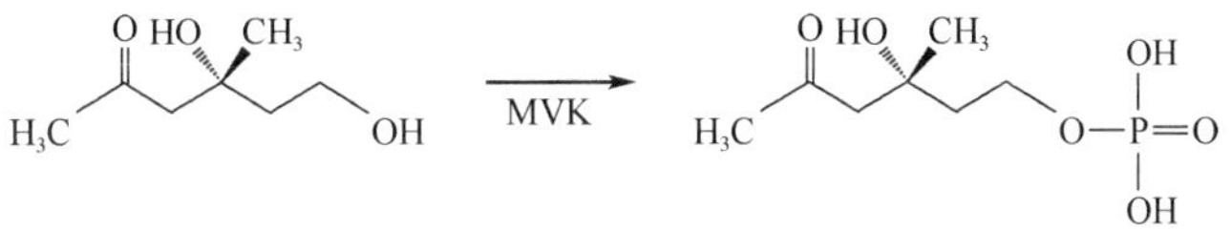

甲羟戊酸　　　甲羟戊酸-5-磷酸

5. 甲羟戊酸焦磷酸脱羧酶（MVD）

甲羟戊酸焦磷酸脱羧酶（MVD）是 MVA 途径的关键酶，其催化甲羟戊酸-5-二磷酸（MVA-PP）脱羧生成异戊烯基焦磷酸（IPP），IPP 是类异戊二烯生物合成所必需的基本结构。灵芝 MVD 的编码基因全长 1312 bp；*MVD* 编码含有 400 个氨基酸的多肽，与新型隐球菌和马尔尼菲青霉等真菌的 *MVD* 具有很高的同源性[13]；*MVD* 在灵芝菌丝体中的表达量较低，在原基中的表达量为菌丝体的 53.9 倍，与灵芝三萜在菌丝体和原基中的含量变化呈正相关[10]；*MVD* 的过表达使灵芝三萜产量提高 17.0% ～ 101.4%，并导致 *HMGS* 和 *HMGR* 等三萜合成关键基因的表达上调，表明 MVD 可能在灵芝三萜的生物合成调控中发挥重要作用。在暴马桑黄（*Sanghuangporus baumii*）中，*MVD* 的 cDNA 序列全长 1209 bp，编码 402 个氨基酸，命名为 *SbMVD*，和紫芝、灰树花 MVD 蛋白同源性最高；暴马桑黄 *SbMVD* 的转录水平和三萜含量在不同发育阶段呈先升后降的变化趋势，并且两者变化趋势基本一致，推测该基因在三萜合成途径中发挥一定作用[14]。

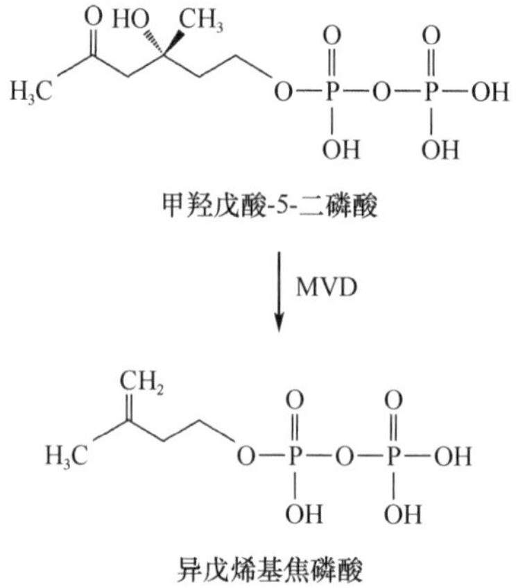

6. 法呢基焦磷酸合酶（FPS）

法呢基焦磷酸合酶（FPS）催化两分子异戊烯基焦磷酸（IPP）与二甲基烯丙基焦磷酸（DMAPP）进行头尾缩合，生成 10 碳化合物法呢基焦磷酸（FPP），FPP 位于类异戊二烯生物合成途径中的第一个分支点，FPS 活性的改变可能影响途径中类异戊二烯化合物的产量。灵芝 FPS 的编码基因全长 1388 bp；*FPS* 编码包含 360 个氨基酸的多肽，与其他真菌的 *FPS* 具有高度同源性[15]；*FPS* 在灵芝菌丝体中有组成性表达，在原基阶段迅速上调表达[8]；在培养基中添加外源茉莉酸甲酯，灵芝菌丝体的 *FPS* 上调表达，启动子分析表明 *FPS* 上游 50 bp 的区域内含有多个潜在的、与生理和环境相关的调控元件[16]。

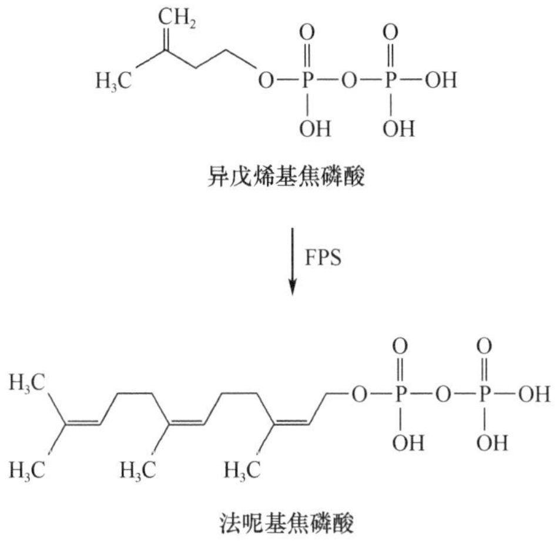

7. 鲨烯合酶（SQS）

鲨烯合酶（SQS）是一种膜结合酶，它将两分子 FPP 缩合生成鲨烯，FPP 在此分支点上可以被继续催化生成灵芝三萜的前体物质羊毛甾醇，也可以被转化生成倍半萜和类固醇等物质。灵芝 SQS 的编码基因全长 1984 bp；*SQS* 在灵芝基因组中只有一个拷贝，其编码含有 468 个氨基酸的蛋白质，与其他真菌的 *SQS* 具有高度同源性[17]；在灵芝菌丝体的生长过程中，培养 12 d 的菌丝体中 *SQS* 的表达量较低，培养 14 ～ 20 d 的菌丝体中 *SQS* 表达量增加，并且在原基中达到最高的表达量[10]。*SQS* 的过表达使羊毛甾醇合酶上调表达 1.93 倍，鲨烯和羊毛甾醇的产量为野生型菌株的 1.6 倍和 1.7 倍，*SQS* 的过表达还可促进灵芝酸 Mk、灵芝酸 T 和灵芝酸 Me 等多种灵芝酸的积累，灵芝酸干重达到野生型菌株的 1.3 ～ 2.9 倍，表明 SQS 可有效促进灵芝三萜的生物合成[18]。

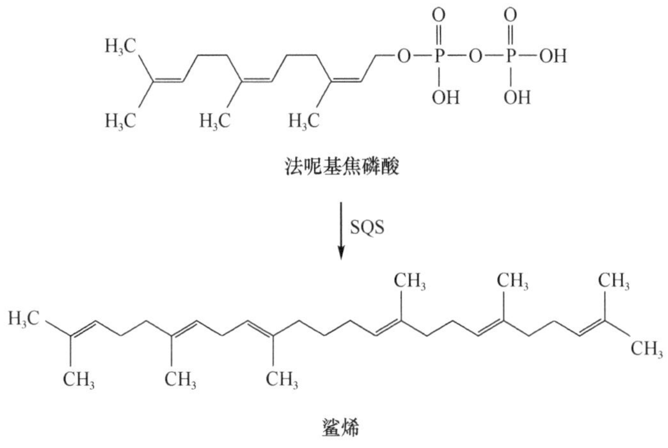

8. 鲨烯环氧酶（SE）

鲨烯环氧酶（SE）又称鲨烯单氧酶，将鲨烯转化为2,3-氧化鲨烯，催化三萜酸生物合成中的第一个氧合步骤。灵芝中 SE 的编码基因全长 1722 bp，编码含有 467 个氨基酸的蛋白质；在灵芝中过表达 *SE*，灵芝酸产量是野生菌株的 2 倍，同时羊毛甾醇合酶（LS）基因表达上调，表明 *SE* 刺激了灵芝酸的合成 [19]。在担子菌砖红韧黑伞（*Hypholoma sublateritium*）中，*SE* 的过表达使三萜 Clavaric acid 的产量增加 33% ～ 97%[20]。

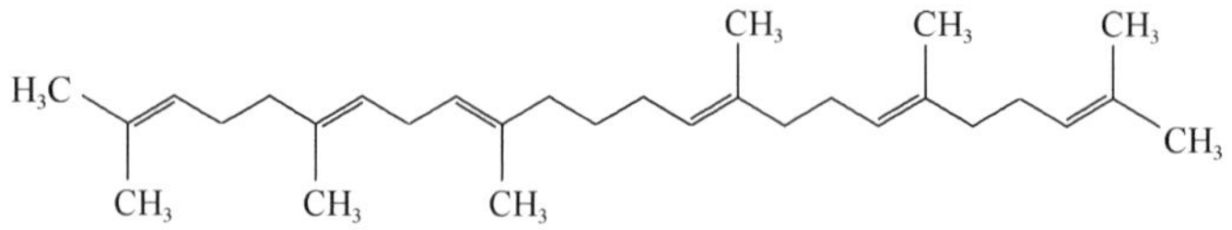

鲨烯

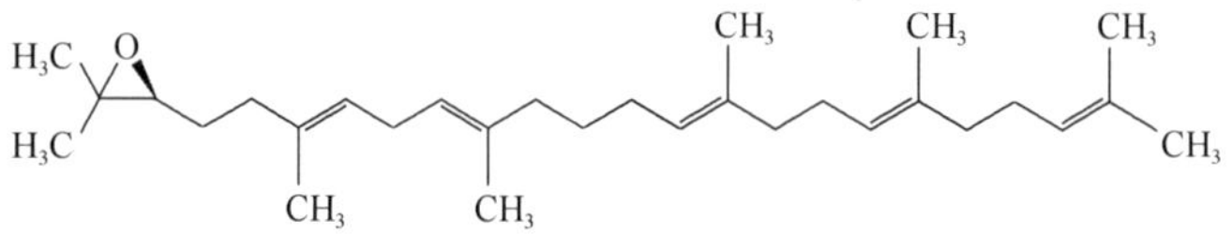

2,3-氧化鲨烯

9. 羊毛甾醇合酶（LS）

羊毛甾醇合酶（LS）催化 2,3-氧化鲨烯环化生成羊毛甾醇，这是三萜生物合成的关键步骤，随后羊毛甾醇经过一系列的反应产生具有羊毛甾醇骨架的三萜。灵芝中 LS 的编码基因全长 2924 bp，编码含有 726 个氨基酸的多肽 [21]；在灵芝菌丝体阶段 *LS* 的表达水平较低，在原基阶段 *LS* 的表达水平较高，*LS* 的表达与灵芝三萜的含量呈正相关 [10]；添加外源 Me-JA 可诱导灵芝菌丝体 *LS* 的上调表达 [16]。*LS* 的过表达可促进灵芝酸 O、灵芝酸 Mk 和灵芝酸 T 等多种灵芝酸的产生，使其含量增加 2.2 ～ 6.1 倍，也使羊毛甾醇和麦角甾醇的含量分别提高 2.3 倍和 1.4 倍，表明 *LS* 的上调表达可有效促进羊毛甾醇的积累，从而促进灵芝三萜的生物合成 [22]。

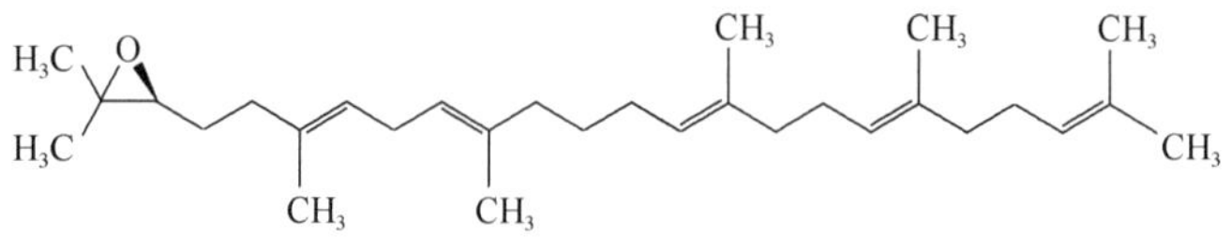

2,3-氧化鲨烯

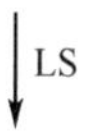

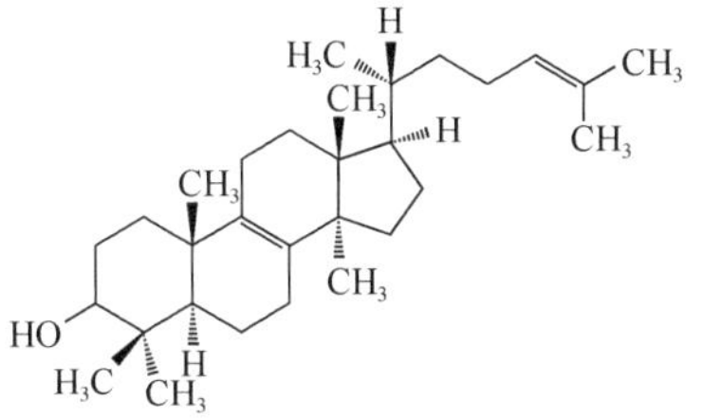

羊毛甾醇

4.2.2　三萜合成下游过程的关键酶和基因

羊毛甾醇合成后，碳环骨架还必须经过复杂的修饰作用，这一过程是灵芝三萜合成的下游过程。植物三萜合成的研究表明，细胞色素 P450 参与了这一过程。细胞色素是一种以铁卟啉为辅基的 b 族细胞色素，大多数都催化氧化反应。

采用全基因组鸟枪测序法对单倍体 *Ganoderma lucidum* strain 260125-1 菌株进行了全基因组测序。研究显示，灵芝基因组大小约 43.3 Mb，由 13 条染色体组成，编码 16 113 个预测基因，其中包括多种细胞色素 P450、转运蛋白和调控因子等与次生代谢产物合成和调控相关的基因。序列分析发现基因组中共含有 219 个 CYP450 基因，包括 197 个功能基因和 22 个假基因，这些基因被分为 42 个基因家族 [10]。对灵芝菌株 10597 SS1 进行基因组分析发现，基因组中共含有 209 个 CYP450 基因，包括 184 个完整基因和 25 个假基因，这些基因可被分为 41 个基因家族，CYP5359 是其中最大的基因家族，含有 46 个 CYP450 基因 [23]。对 6 种模式担子真菌的 CYP450 基因家族进行研究发现，CYP5359 基因家族只存在于灵芝基因组中，在黄孢原毛平革菌、双孢蘑菇、绵腐卧孔菌和干朽菌等真菌的基因组中都不存在，CYP5359 基因家族在灵芝基因组中的特异性和数量优势表明其可能与灵芝的生物活性物质合成有关，在灵芝三萜生物合成的研究中可重点关注该基因家族 [24]。

在灵芝的生长发育过程中，有 78 个 CYP 基因与羊毛甾醇合成酶（LSS）共表达，表明这些 CYP 可能与灵芝三萜的合成有关 [10]。睾酮是一种动物的类固醇激素，其与灵芝三萜类化合物的结构具有相似性，在黄孢原毛平革菌和绵腐卧孔菌中发现 CYP512 和 CYP5144 家族中的一些 CYP450 可以催化睾酮羟化，灵芝基因组的 78 个与 LS 共表达的 CYP450 基因中有 15 个 CYP512 家族基因和 1 个 CYP5144 家族基因，在灵芝三萜生物合成研究中可重点关注这 16 个 CYP450 基因 [10]。对丝状真菌的进化研究发现有利于参与特定次生代谢产物合成的基因成簇聚集，在灵芝基因组中发现了 24 个 CYP450 基因簇，其可能参与包含灵芝三萜在内的多种生物活性物质的生物合成 [10, 25]。对灵芝基因组中的 219 个 CYP450 基因进行筛选，筛选原则：①与 LS 物理位置相近；②与 LS 共表达；③在高产灵芝酸菌株中上调表达。该研究以酿酒酵母菌株 YL-T3 为宿主，将筛选出来的 82 个 CYP450 候选基因进行过表达载体的构建，共得到了 72 个 CYP450 候选基因的酵母过表达菌株，分别将 CYP450 候选基因的过表达菌株进行发酵和高效液相色谱法（high performance liquid chromatography，HPLC）分析，发现 *CYP5150L8* 的过表达菌株中有新的色谱峰出现[26]。为确定 CYP5150L8 作为羊毛甾醇氧化酶催化反应的步骤，以羊毛甾醇为底物发现该酶可以通过 C-26 的三个连续氧化步骤催化羊毛甾醇形成 HLDA（3-hydroxy-lanosta-8,24-dien-26-al）。CYP5150L8 被认为是催化羊毛甾醇合成灵芝酸的第一个酶，在灵芝中敲除 *CYP5150L8* 能够显著降低灵芝酸的产量。*CYP5150L8* 是首个被鉴定的参与灵芝三萜生物合成的 CYP450 基因，对灵芝三萜类化合物合成通路的研究具有重要意义[26]。

灵芝中 CYP512U6 可以在 C-23 位置分别羟基化灵芝酸 DM 和 TR，生成烟酸 A 和灵芝酸 Jc[27]。CYP5150L8、CYP512A2、CYP512V2 和 CYP512A13 基因与灵芝酸生物合成中羊毛甾烷型骨架的氧化修饰有关，这些基因的转录水平在灵芝酸高产菌株中有所提高[28]。在灵芝酸高产且种类丰富的培养条件下，除 *CYP5150L8* 外，*CYP5150J1*、*CYP5150J10*、*CYP5150K3*、*CYP5035L2*、*CYP512A13*、*CYP512U4*、*CYP512U5*、*CYP512U7*、*CYP512V2*、*CYP5140A3*、*CYP5359A3*、*CYP5359A5*、*CYP5359L1*、*CYP5359L3*、*CYP5359Q1*、*CYP5359W2* 共 16 个 P450 酶基因也显著上调[29]。

羊毛甾醇的另一个流向是合成麦角甾醇。麦角甾醇生物合成过程在真菌中高度一致，在很多食药用真菌中均注释到了麦角甾醇合成的完成途径。从羊毛甾醇开始经过 10 步反应合成麦角甾醇。ERG11，又称 CYP51F1，为细胞色素 P450 家族酶，具有羊毛甾醇-14-α-脱甲基酶活性。在暴马桑黄中，该基因被克隆，cDNA 全长 1662 bp，编码 553 个氨基酸，分子质量为 62.26 kDa，命名为 *SbLSD*。该基因转录水平在不同发育阶段具有差异性，在子实体阶段该基因转录水平最高，与羊毛甾醇合成的基因变化规律相吻合[30]。ERG11 是调控羊毛甾醇流向麦角甾醇合成的第一个酶，其基因高表达能够促进麦角甾醇的合成。ERG24 为 C-14 还原酶，定位在内质网和质膜上，催化 4,4-二巯基胆甾-8,14,24-三烯醇还原为 4,4-二巯基苄基醇。ERG25（C-4 甾醇甲基氧化酶）、ERG26（甾醇 C-4 脱羧酶）和 ERG27（甾醇 C-3 酮还原酶）都是定位在内质网上的氧化还原酶，很可能形成脱甲基化复合物，以催化酵母甾醇的合成。ERG6（C-24 甲基转移酶）催化酵母甾醇转化成粪甾醇，然后再经过 ERG2、ERG3、ERG5 和 ERG4 分别在 C-8、C-5、C-22 和 C-24（28）位的异构、去饱和还原等作用合成麦角甾醇[31]。

4.2.3　三萜类化合物的合成调控

1. Ca^{2+} 信号

Ca^{2+} 信号作为诱导子对植物和真菌的次生代谢产物积累起重要作用，部分三萜类化合物的生物合成也受 Ca^{2+} 信号调节。在灵芝的静置液体发酵培养基中加入 Ca^{2+}，与未添加的对照相比，总 GA 产量提高 3.7 倍，灵芝酸 Mk、灵芝酸 T、灵芝酸 S 和灵芝酸 Me 的产量提高 2.6 ～ 4.5 倍，并且培养基中加入 Ca^{2+} 后，灵芝菌丝中 3 个 Ca^{2+} 传感器基因（*cam*、*can* 和 *crz*1）以及 3 个灵芝三萜生物合成关键基因（*HMGR*、*SQS* 和 *LS*）表达显著上调；而在培养基中添加钙调神经磷酸酶抑制剂氯丙嗪和环孢素 A，总灵芝酸（GA）以及 4 种灵芝酸单体的产量均降低，并且 3 个 Ca^{2+} 传感器基因和 3 个灵芝三萜生物合成关键基因均下调表达，添加 Ca^{2+} 可以使灵芝三萜产量的下降得到一定的缓解，表明 Ca^{2+} 可能通过钙调蛋白依赖的钙调神经磷酸酶信号通路调控灵芝三萜的生物合成，并且可能与灵芝三萜生物合成关键基因 *HMGR*、*SQS* 和 *LS* 的表达有关 [32]。进一步在灵芝的静置液体培养基中添加 Na^+ 可引起细胞外的 Na^+ 和 Ca^{2+} 流入细胞内，转运蛋白基因 *Ca-ATPase* 上调表达，并且发现添加 100 mmol/L 的 Na^+ 可以使灵芝酸 Mk、灵芝酸 T、灵芝酸 S 和灵芝酸 Me 的产量提高 2.7 ～ 4.3 倍。在液体培养基中添加钙调神经磷酸酶的抑制剂（环孢菌素 A），可使 Na^+ 添加诱导提高的 GA 产量下降，补充 Na^+ 可部分缓解这种现象，表明 Na^+ 的加入可使 Ca^{2+} 从培养基流入细胞，并且触发了钙调神经磷酸酶信号 [33]。Mn^{2+} 也具有 Na^+ 类似的作用 [34]。

2. 活性氧

活性氧（reactive oxygen species，ROS）包括超氧阴离子（O_2^-）、过氧化氢（H_2O_2）、羟自由基（OH^-）和单线态氧（$^1O_2$），ROS 和 Ca^{2+} 都是重要的细胞内信使，在调控灵芝三萜的生物合成中相互作用。谷胱甘肽过氧化物酶（GPx）是直接调节 ROS 的最重要的酶之一，灵芝中 GPx 的基因沉默导致 GA 含量降低，添加外源 Ca^{2+} 可以恢复 GA 含量，表明 ROS 和 Ca^{2+} 在灵芝三萜生物合成的调控过程中存在关联性 [35]。烟酰胺腺嘌呤二核苷酸磷酸氧化酶（Nox）是一种质膜酶，可利用烟酰胺腺嘌呤二核苷酸磷酸（NADPH）产生 O_2^-，O_2^- 是 H_2O_2 等活性氧的重要前体物质。*Nox* 沉默菌株的 ROS 的含量显著减少，中间代谢产物鲨烯、羊毛甾醇和 GA 含量显著降低，*HMGR*、*SQS* 和 *LS* 的表达下调；在 *Nox* 沉默菌株的培养基中添加 H_2O_2，发现 GA 含量、中间代谢产物含量以及上述 3 个基因的表达量均恢复至正常水平，表明 Nox 通过 ROS 调节 GA 的生物合成 [34]。为研究 Ca^{2+} 在

ROS 调节 GA 的生物合成中的作用，在 *Nox* 沉默菌株的培养基中分别添加 $CaCl_2$ 和 Ca^{2+} 通道拮抗剂 $LaCl_3$，发现 $CaCl_2$ 的加入引起 GA 和中间代谢产物含量的增加以及 GA 生物合成关键基因的上调表达，$LaCl_3$ 的加入导致 GA 的产量下降，并且 GA 的下降不能通过添加 H_2O_2 来缓解，表明 Nox 通过 ROS 和 Ca^{2+} 来调节 GA 的生物合成，Ca^{2+} 信号位于 ROS 的下游，阻碍 Ca^{2+} 的激活将影响 ROS 介导的 GA 生物合成 [34]。在基因层面，灵芝基因组中有 37 个预测的 Ca^{2+} 信号通路基因，它们大多数表现出对 H_2O_2 等 ROS 的响应，并且 *cna*、*crz* 和 *cmk* 等基因在 $LaCl_3$ 处理和 *Nox* 沉默的菌株中显著下调表达，H_2O_2 的加入可以使基因表达在一定程度上恢复 [36]。

一些研究表明 ROS 参与了水杨酸（SA）和茉莉酸甲酯（MeJA）对 GA 生物合成的调控，SA 处理在促进 GA 生物合成的同时也增加了细胞的 ROS 水平，ROS 清除剂乙酰半胱氨酸（NAC）和维生素 C 的加入可使 SA 诱导的 GA 生物合成降低，加入 H_2O_2 可提高 GA 水平，由此表明，SA 通过 ROS 来调节 GA 的生物合成；定位发现 SA 诱导的 ROS 产生于线粒体，其调控机制是 SA 通过抑制线粒体复合物Ⅲ的活性来促进 ROS 的产生，从而调控 GA 的生物合成 [37]。MeJA 处理不仅可以增加 GA 的产量，还导致细胞内 ROS 含量增加 2.2 ～ 2.7 倍，ROS 清除剂的加入使 GA 含量降低到与对照组一致或更低的水平，并且 Nox 的抑制表达可阻断 MeJA 诱导的 ROS 水平的上调，表明 MeJA 可能通过 ROS 信号途径调控灵芝三萜的生物合成 [38]。

3. 热胁迫

热胁迫（heat stress，HS）是非常重要的环境非生物胁迫之一，对生物个体的生长和次生代谢有重要影响。在灵芝中 HS 可抑制菌丝生长、降低菌丝分枝距离、诱导热休克蛋白（HSP）的积累和促进 GA 的生物合成 [39]。对灵芝进行 HS 处理，发现细胞膜流动性和 GA 的生物合成均显著增加，加入膜固化剂二甲基亚砜（DMSO）可使 GA 的产量降低至野生型菌株的水平。构建灵芝 2β 脂肪酸去饱和酶基因（*D9des*）的沉默菌株和过表达菌株，*D9des* 能增加细胞膜的流动性，在 *D9des* 的沉默菌株中 GA 含量降低，添加膜流化剂苄醇（BA）可使其恢复到野生型菌株的水平；在 *D9des* 过表达菌株中 GA 含量增加，并且通过加入膜固化剂 DMSO 可以恢复到野生型菌株的水平 [40]。以上结果表明，细胞膜的流动性参与了热胁迫对灵芝三萜生物合成的调控。细胞磷脂是细胞膜的重要组成部分，是产生细胞介质（如磷脂酸 PA）的丰富来源，HS 可激活植物的磷脂酶 D（PLD），PLD 将磷脂水解为磷脂信号 PA，导致 PA 的快速积聚 [41]。在 *pld* 沉默菌株中，HS 激活 *pld* 水解磷脂酰乙醇胺生成 GA，并且添加 PA 的抑制剂 1-丁醇可以抑制 HS 诱导的 GA 生物合成的增加，表明 PLD 和 PA 参与调节 HS 诱导灵芝三萜的生物合成[42]。

此外，ROS 和 Ca^{2+} 也参与了 HS 对 GA 生物合成的调控，HS 诱导细胞质 ROS 浓度、热休克基因的表达水平和 GA 的生物合成显著增加，而外源添加 ROS 清除剂 NAC、维生素 C、Nox 抑制剂 DPI 可抑制上述改变，并且 *Nox* 沉默菌株细胞质中 ROS 的积累量、热休克基因的表达水平和 GA 生物合成量比经 HS 处理的野生型菌株低，表明 HS 诱导的 ROS 参与 HSP 的表达调控和灵芝三萜的生物合成[37]。HS 在诱导灵芝三萜类化合物生物合成和 HSP 积累的同时，也导致细胞质 Ca^{2+} 浓度显著增加。为了解 Ca^{2+} 在其中的作用，通过 RNA 干扰技术获得钙渗透的通道基因（CCH）和磷脂酰肌醇特异性磷脂酶基因（PLC）沉默的灵芝菌株，对其进行 HS 处理，发现 HS 诱导的 HSP 表达增加比野生型菌株低，表明细胞质 Ca^{2+} 参与了灵芝热休克信号转导，并调节其下游反应[39]。

4. 转录因子

转录因子 *GlPacC*、*GlSkn*7 和 *GlSwi*6 被报道参与了灵芝三萜生物合成的调控。锌指转录因子 *PacC/Rim101* 参与调控许多真菌的发育、次生代谢和对环境 pH 的响应。克隆灵芝中 *PacC/Rim101* 的同源基因 *GlPacC*，该基因编码包含 807 个氨基酸的蛋白质，*GlPacC* 在中性和碱性环境中进行高水平的转录；*GlPacC* 沉默菌株对环境 pH 的响应减弱，灵芝三萜生物合成关键基因 *SQS* 和 *LS* 上调表达，中间体角鲨烯、羊毛甾醇和 GA 的含量均增加，表明转录因子 *GlPacC* 在灵芝菌丝生长、子实体发育和灵芝三萜生物合成中起着复杂的作用[43]。转录因子 *Skn7* 是一种高度保守的真菌蛋白，其位于双组分信号转导通路下游，该通路是细菌、酵母、植物和丝状真菌重要的信号通路，使生物体能够适应各种环境胁迫。从灵芝中克隆酿酒酵母 *Skn7* 的同源基因 *GlSkn7*，利用 RNA 干扰技术获得 *GlSkn7* 沉默的灵芝菌株，沉默菌株中的细胞内 ROS 含量和 GA 产量显著增加，加入 ROS 清除剂 NAC 使得胞内 ROS 水平和 GA 含量降低，表明 *GlSkn7* 可能通过影响胞内 ROS 水平来调节 GA 的生物合成[44]。转录因子 APSE 是真菌发育和其他生物活动的重要调节因子，APSE 转录因子 *Swi6* 是酿酒酵母中 *Slt2/Mpk1* 的靶点，参与调节减数分裂和细胞周期 G_1/S 的转变，响应 DNA 损伤。克隆灵芝的 *Swi6* 基因 *GlSwi6* 并对其进行 RNA 干扰，发现 *Swi6* 的沉默可导致多个发育缺陷，包括菌丝生长减少和菌丝分枝增加，并且不能形成原基和子实体[43]。此外，*GlSwi6* 沉默菌株的 H_2O_2 和 GA 含量比野生型菌株分别下降了 50% 和 25%，添加外源 H_2O_2 可使 GA 含量恢复，表明 *GlSwi6* 可能通过影响细胞内 ROS 水平来调节灵芝三萜的生物合成[45]。

5. 信号转导蛋白

参与真菌信号转导的丝裂原活化蛋白激酶（MAPK）和 14-3-3 蛋白也被报道

调节灵芝三萜的生物合成。MAPK 是真核生物重要的信号转导物质，在调节真菌生长发育、次生代谢以及适应环境等方面起着重要作用。对灵芝的 Slt2 型 MAPK 基因 *GlSlt2* 进行了克隆，*GlSlt2* 编码含有 313 个氨基酸的蛋白质，其具有信号肽、ATP 结合位点、激活位点和丝氨酸 / 苏氨酸蛋白激酶催化结构域。*GlSlt2* 的沉默引起灵芝三萜生物合成关键基因 *HMGR* 的下调表达和 GA 含量减少。在 *GlSlt2* 沉默菌株中加入 H_2O_2 可使 *HMGR* 的表达水平和灵芝三萜含量恢复，在沉默菌株中加入 ROS 清除剂 NAC 和维生素 C 可引起 *HMGR* 表达水平和灵芝三萜含量的再次下降，以上结果表明 *GlSlt2* 可以调节 GA 的生物合成，并且细胞中的 ROS 可能参与其中 [46]。14-3-3 蛋白是一类在真核生物中高度保守的酸性磷酸肽结合蛋白，可作为多种生理过程的调节剂，包括信号转导、初级代谢、细胞周期、蛋白质转运和生物 / 非生物胁迫等。克隆灵芝的两个 14-3-3 蛋白基因 *GlBmh1* 和 *GlBmh2*，它们在灵芝的不同的发育阶段均有表达；*GlBmh* 的沉默引起菌丝生长缓慢，气生菌丝间距离减小；*GlBmh* 沉默菌株中灵芝三萜生物合成关键基因 *SQS* 和 *SE* 的表达量显著升高，角鲨烯、羊毛甾醇和 GA 的含量也显著升高，表明 14-3-3 蛋白对灵芝中三萜类化合物生物合成具有负调控作用 [47]。

4.3 三萜类化合物的发酵制备

食药用真菌三萜的合成代谢比较复杂，发酵过程中的细微差别都可能引起产物代谢流的较大改变。因此，发酵调控是食药用真菌三萜高产的重要技术手段，其主要表现在以下几个方面：一是采用经典的发酵过程参数进行优化和控制；二是在发酵体系中添加外源物质干预三萜的合成代谢；三是采用代谢工程或途径工程的手段，通过合成代谢途径的调节以及相关基因表达的调控等方法优化产物的合成量。但由于目前三萜类化合物合成的下游途径尚不清楚，限制了代谢工程或途径工程手段在食药用真菌三萜深层发酵调控中的应用。本节重点以灵芝三萜为例，介绍当前食药用真菌三萜类化合物的发酵调控。

4.3.1 培养基组成

培养基成分主要包括碳源、氮源、无机盐、生长因子等，培养基组分对食药用真菌三萜产量具有重要影响。

1. 碳源

灵芝液体深层发酵常用的碳源主要有葡萄糖、果糖、淀粉、玉米粉、木糖、蔗糖、乳糖、麦芽糖、酒糟等。复合碳源有利于提高灵芝酸的产量，研究者分别以玉米粉、小麦粉、荞麦粉作为碳源探究了不同碳源对灵芝液体发酵的影响，结果发现当玉米粉作为碳源且浓度为 7 g/L 时，灵芝酸含量达到最大值 23.54 mg/g [48]。通过分析 5 种不同的碳源对灵芝菌丝体生长和次级代谢产物的影响，结果发现，当添加 41 g/L 麦汁和 18.9 g/L 酵母提取物时，菌丝体生物量和灵芝酸含量分别达到 18.7 g/L 和 0.93 g/L。在灵芝发酵培养过程中采取蔗糖分批补料方式，10 L 发酵罐残糖添加量低于 15 g/L 时添加蔗糖，可使菌丝体生物量、灵芝三萜产量分别提高 62%、40%[49]。

2. 氮源

氮作为构成生物体的蛋白质、核酸及其他含氮化合物的重要成分，是影响细胞生长及代谢的重要因素。因此，选择合适的氮源种类并确定其最佳用量对促进灵芝三萜的合成也至关重要。一般用到的氮源有酵母粉、蛋白胨、豆饼粉、麸皮、硝酸铵、硫酸铵、氯化铵、谷氨酸等，已有研究发现灵芝对有机氮源的利用优于无机氮源。以‘沪农灵芝 1 号’为供试菌株，探究了 11 种不同氮源对灵芝液体发酵产灵芝三萜的影响，结果显示当培养基中酵母自溶粉为 2.76 g/L 时，灵芝三萜的实际产量提高到 21.15 mg/g，比原工艺提高了 6.22%[50]。通过中心组合实验（central composite design，CCD）对总氮、氨基酸、游离氨基酸、水解氨基酸、微量元素及维生素等不同化学组成的酵母粉进行组合配比优化，得出向基础培养基中分别添加 5.07 g/L、3.78 g/L、7.63 g/L 三种不同酵母粉作为复合有机氮源时，灵芝三萜的得率达到 0.51 g/L，比添加单种酵母粉作为氮源时三萜产量有很大的提高 [51]。对灵芝液体培养营养物质进行研究发现，黄豆饼粉为灵芝发酵最适氮源 [52]。

3. 无机盐

灵芝在液体发酵过程中添加少量的无机盐有利于目标产物的产生，通常 Mg、K 和 P 是灵芝菌丝体正常生长的必要条件。Cu^{2+}、Ca^{2+} 浓度均为 100 μmol/L 时灵芝酸产量较高，分别达到 0.208 g/L、0.187 g/L[53]。灵芝液态培养起始加入 10 mmol/L Mn^{2+} 后，总灵芝酸的产量提高了 2.2 倍 [32]。使用 Ca^{2+} 与氮限制的综合控制策略，灵芝三萜的含量为 1.87 mg/100 mg，比单独使用 Ca^{2+} 及氮限制分别提高了 4.2 倍、2.1 倍 [54]。

4. 生长因子

据报道，在灵芝发酵培养中添加维生素类物质可促进菌丝体的生长，其中维生素 B_1（VB_1）的使用最为广泛，VB_1 作为灵芝发酵培养基的一种生长因子，可以促进菌丝体的生长和活性物质的积累。通过向灵芝液态发酵培养基中添加不同浓度的 VB_1，发现当 VB_1 添加量为 1.0% 时，灵芝菌丝体三萜含量可高达 23.56 mg/g[55]。

5. 培养成分组合优化

为提高牛樟芝（*Antrodia camphorata*）菌丝体产三萜类化合物的能力，采用筛选（Plackett-Burman，PB）试验和中心组合设计（central composite design，CCD）试验对其发酵培养基进行优化，由此得到最佳培养基配方：20 g/L 葡萄糖，10 g/L 大豆粉，16.07 g/L 玉米粉，4.5 g/L 牛肉膏，31.93 g/L 黄豆粉，1 g/L $MgSO_4$，2 g/L KH_2PO_4，50 mg/L VB_1。经培养基优化处理后三萜类含量为（15.40±0.15）mg/g，提高了 25.3%[56]。通过采用 Box-Benhnken 试验设计对茯苓三萜发酵培养基进行四因素三水平的响应面分析，最佳培养基配方为：葡萄糖浓度 25.81 g/L、酵母浸膏浓度 9.90 g/L、硝酸钾浓度 7.50 g/L、硫酸锌浓度 265.43 μmol/L，该最优条件下茯苓三萜的产量为（31.37±2.29）mg/L[57]。

4.3.2 培养条件

1. 温度

一般食药用真菌深层发酵的温度为 22 ～ 28℃。灵芝属于高温型真菌，适合灵芝发酵培养的生长温度范围一般在 25 ～ 30℃，但菌丝体生长与多糖、三萜等代谢物合成的适宜温度是不同的。考虑到菌株差异及其他发酵因素的影响，适宜的菌丝生长温度一般在 25 ～ 28℃范围内，稍高的温度（27 ～ 30℃）能提高目的产物多糖和三萜的产量[58]。当培养温度为 30℃时，灵芝胞内、胞外三萜酸含量都达到最大值，分别为 249.51 mg/L 和 224.50 mg/L[59]。温度对灵芝三萜的合成有显著影响，其机制可能与相关前体和产物合成相关酶适宜的温度要求有关。但其对三萜生物合成的具体影响机制尚不清楚。运用 Logistic 和 Luedeking-Piret 方程建立菌丝生长和灵芝三萜的动力学模型，在 6 L 发酵罐中，研究了温度对灵芝 G0119 产三萜的影响，提出了提高三萜液体发酵生产的最佳温度控制策略：0 ～ 61 h 在 32℃培养，62 ～ 127 h 将温度从 31℃逐步降低到 30℃，128 h 后温度维持在 29℃，三萜产量可达到 0.27 g/L，比恒温 29℃条件下提高了 27.32%[60]。将灵芝二级种子液在 42℃热胁迫处理 0 ～ 24 h，发现热胁迫 12 h、24 h 后的胞内总灵芝酸分别增加了 65%、80%，鲨烯产量比对照组高 1.9 倍、2.3 倍，羊毛甾醇产量比对照组高 2 倍、3 倍。在热胁迫 12 h 后，灵芝酸合成关键基因 *hmgr*、*sqs* 表达量比对照组高 2 倍、3.5 倍[39]。

较高温度可以加速发酵前期灵芝的生长速度，提高灵芝酸合成酶活性，从而缩短三萜合成的延滞期。根据发酵温度构建灵芝生长及三萜合成动力学模型，制定变温策略，使发酵前期合成三萜延滞期缩短，发酵后期菌丝体积累量提升，以提高三萜的比合成速率。

2. pH

灵芝发酵培养的适宜 pH 范围一般为 5.0 ～ 6.5，但不同的产物合成的最适起始 pH 不相同。以菌丝体生物量和灵芝酸为目标时，起始最佳 pH 为 6.5 左右，即为培养基的自然 pH。起始 pH 小于 4.5 或大于 6.5 对于灵芝生长和三萜的形成都不利，当 pH 为 6.0 时，生物量和胞内三萜含量都达到最大值，分别为 10.22 g/L 和 257.98 mg/L[59]。以上研究均通过调控起始 pH 对灵芝三萜的合成进行了控制。在摇瓶中发酵灵芝发现，当初始 pH 在 3.5 ～ 7.0 范围内变化时，对细胞生长和产物合成有显著影响，当初始 pH 为 6.5 时，菌丝体生物量为 17.3 g/L，灵芝酸含量和总灵芝酸产量分别为 12 mg/g 和 207.9 mg/L[61]。在发酵过程中，分阶段控制 pH 更有利于总灵芝酸的合成，在发酵前 4 天控制 pH 3.0，紧接着设置为 pH 4.5 继续培养 6 天，得到灵芝酸的产量为 321.6 mg/L，这比单独在 pH 3.0 和 pH 4.5 条件下培养灵芝分别提高了 50% 和 300%[62]。通过 0 ～ 72 h 时控制 pH 为 5.07、72 ～ 144 h 时控制 pH 为 4.37，三萜最大浓度达到 449.37 mg/L[63]。

3. 溶氧量

食药用真菌均属好氧型真菌，其发酵是一个耗氧过程。灵芝生长需要较高溶氧，但较低的溶氧环境却可促进灵芝酸的产量[64]。菌球形态对灵芝细胞耗氧速率和灵芝酸生物合成具有影响，高体积溶氧传质系数对菌球形态有较大影响，或使培养物中大的菌球数目增多，或使菌球直径相对增加，从而引发“氧限制”现象，而这却有利于单位细胞灵芝酸的大量合成[65]。上述研究表明较低的溶氧环境可促进灵芝三萜的产量，而菌丝体的生长需要较高的溶氧。基于此现象采用先通气振荡培养、后静置培养的方法生产灵芝酸，结果发现总灵芝酸、灵芝酸 T 和灵芝酸 S 等的产量显著提高[66, 67]。因此，溶氧量的控制是灵芝三萜发酵的重要调控策略之一。

转速改变影响溶氧以及剪切力变化。灵芝以 150 r/min 培养 1.5 天后降为 100 r/min 培养，灵芝三萜含量高达 58.65 mg/g，比对照组（150 r/min 恒转速）提高约 21%[68]。因为降低转速减少了体系中溶氧量，从而促进菌丝体内灵芝三萜的积累。低搅拌转速会降低剪切力，影响发酵液混合以及氧传递，导致溶氧量降低。低剪切力组（剪切力范围为 0.154 ～ 1.234 m/s）灵芝酸含量和产量比高剪切力组（剪切力范围 0.154 ～ 2.161 m/s）分别提高 85% 和 276%，其灵芝酸含量和产量分别为 3.53 mg/100 mg DW（干重）和 798.0 mg/L[69]。

通气量直接影响菌体对培养基中溶解氧的摄取，因此在发酵过程中需要合适的通气量。采用 5 L 发酵罐研究通气量对三萜合成的影响，结果显示 8 L/min 和

10 L/min通气量使菌体生长的迟滞期缩短，快速进入稳定期，稳定期时三萜的合成速率明显提高。研究发现，8 L/min通气量，三萜得率最大，为2.33 mg /100 mg DW，比4 L/min、6 L/min和10 L/min通气量时的灵芝三萜得率分别提高了1.39倍、0.99倍和0.84倍[70]。通气量为0.4 L/min时，灵芝酸产量达到最大，为171.26 g/L[71]。由此可见，适中通气量对于菌丝体生长和三萜酸合成有明显促进作用。振荡静置两阶段方式、搅拌转速、剪切力以及通气量会影响发酵液中的溶氧浓度，发酵后期降低转速或者通气量，达到降低溶氧目的，使灵芝细胞产生ROS信号，以提高三萜合成酶表达，促进三萜合成。

4. 培养条件组合优化

使用响应面方法对灵芝发酵的关键条件进行优化，得出菌丝体三萜的最佳发酵pH为6.0，并在5 L发酵罐中验证，当发酵温度为30.1℃时，灵芝三萜酸产量为291.0 mg/L，比未优化条件下得到的三萜产量提高了70.8%，将优化后的条件继续扩大到200 L发酵罐的生产规模，三萜产率达到47.9 mg/（L · d）[72]。采用调控pH和溶解氧张力策略相结合的补料分批发酵工艺，研究发现在pH为3.0培养4 d、pH为4.5培养6 d后，继续在溶解氧张力为25%和10%时分别再培养6 d的条件下能显著协同增强灵芝酸的产量，达到0.75 g/L[62]。另有研究采用Box-Benhnken设计，对发酵初始pH、溶解氧（DO）和发酵温度进行了条件组合优化，获得产三萜酸（TA）的最佳条件：初始pH 5.9、溶解氧20.0%、温度28.6℃。在5 L搅拌式生物反应器中，TA的产量达到308.1 mg/L。优化后的条件成功应用到200 L规模的发酵罐中，TA最大产量和生产率分别提高了80.9%和111.5%[73]。

4.3.3 添加外源物质

发酵基质和过程参数的优化及调控是提高灵芝三萜产量最经典、应用最多的方法，但是，在发酵体系中添加外源物质来干预或调控灵芝三萜的合成代谢，往往比通过优化发酵过程的方法简便。

以动物药和植物药及其活性成分为筛选材料，从其干预灵芝真菌产物合成代谢的角度，研究了一些典型的动物药和植物药对灵芝关键产物灵芝三萜合成的调控作用。结果显示，在灵芝三萜发酵体系中添加动物类药物蜣螂可显著促进灵芝胞外三萜的合成，胞外三萜的产量从对照的（220.2±9.7）mg/L提高到（304.3±11.8）mg/L[74]，其中蜣螂乙醚提取物中的9,10-环甲基十七烷酸可促使灵芝胞外三萜的产量从对照的（231.7±9.77）mg/L提高到（326.6±11.7）mg/L[75]。在9,10-环甲基十七烷酸干预下，灵芝菌丝体细胞对底物葡萄糖的利用速度加快，细胞比生长速率在3.2 d达到最大值（μ_{max}），为0.94 d^{-1}，显著高于对照组的0.88 d^{-1}

（在第 3.4 d 获得）；葡萄糖比消耗速率在第 1.7 d 达到最大值（$q_{S,max}$），为 8.34 d^{-1}，显著高于对照组的 6.80 d^{-1}（在第 2.1 d 获得）。胞内三萜酸比合成速率显著提高，在第 6.2 d 达到最大值（$q_{IPS,max}$）13.76 d^{-1}，是对照组 9.66 d^{-1} 的 1.42 倍 [76]。植物药提取物对灵芝三萜合成的调控研究表明，金银花和枸杞子水提物添加浓度为 100 mg/L 时，可促进灵芝细胞的生长（$P < 0.05$）。连翘水提物对灵芝生长和胞内三萜的形成都有显著促进作用，当连翘水提物浓度为 400 mg/L 时，胞内三萜产量从对照的（192.54±8.99）mg/L 提高到（302.52±3.79）mg/L。金银花和枸杞子醇提物浓度为 200 mg/L 时能显著促进灵芝细胞生长；枸杞子醇提物在同样浓度下还能促进灵芝胞内三萜的形成。但板蓝根和银杏叶水提物及醇提物都对灵芝的细胞生长和胞内三萜合成有较强的抑制作用 [55, 77]；添加 6 g/L 甘草后灵芝胞内三萜量达到最大值，为 0.238 g/L；添加 8 g/L 甘草后胞外三萜量达到最大值，为 0.653 g/L，比未添加甘草组分别提高了 179.49% 和 204.91%[78]。添加 6 g/L 甘草后灵芝胞内三萜量达到最大值，为 0.238 g/L；添加 8 g/L 甘草后灵芝胞外三萜量达到最大值，为 0.653 g/L，比未添加甘草组分别提高了 179.49% 和 204.91%[78]。

在灵芝液体培养基中添加薏苡仁油（CSO）能诱导灵芝三萜酸（TA）的生物合成，并显著提高灵芝菌丝体中 NO 和 H_2O_2 的浓度 [79]。添加 NO 清除剂或 H_2O_2 清除剂可逆转 CSO 引起的 TA 生物合成的变化，添加 NO 清除剂或 H_2O_2 清除剂可分别降低 CSO 处理下细胞质中 H_2O_2 和 NO 的浓度。此外，添加 NO 清除剂或 H_2O_2 清除剂可逆转 TA 的生物合成，但这一现象在添加 H_2O_2 或 NO 后恢复。以上研究表明，NO 和 H_2O_2 都参与了 TA 的生物合成调控，CSO 激活的 NO 和 H_2O_2 在 CSO 处理下对灵芝 TA 的生物合成具有相互依赖但相互独立的调控作用，即 CSO 通过 NO 和 H_2O_2 信号途径诱导灵芝菌丝体三萜酸（TA）的生物合成 [79]。

真菌激发子对灵芝三萜物质积累具有显著影响。研究表明，顶头孢激发子对灵芝三萜类化合物积累的诱导作用最为显著，与对照组相比，灵芝三萜的产量提高了 5.2 倍 [80]。稀土元素对灵芝三萜发酵合成也具有影响，稀土元素钕、镨和镧对灵芝胞内三萜的生产有显著促进作用 [81]。当茉莉酸甲酯浓度为 254 μmol/L 时，可显著促进灵芝酸的生物合成，灵芝酸的产量比未处理组高出 45.3%[16]。这些研究为灵芝三萜的合成调控研究提供了新的信息，但其对灵芝三萜组分的组成及其合成途径的影响尚不清楚。

在其他食药用真菌中，添加外源物质也能够影响三萜物质含量。在桦褐孔菌液体发酵过程中加入茉莉酸甲酯、水杨酸、亚油酸、桦树皮水提物、铁离子 5 种诱导剂，均能增加菌丝体中总三萜类化合物含量，提高其醇提物抗氧化能力。其中，茉莉酸甲酯效果最佳，在第 6 d 加入 50 μmol/L 茉莉酸甲酯可得到菌丝体的量为（10.05±0.01）g/L，菌丝体中三萜含量为（107.72±1.07）mg/g，三萜总量为 1082.19 mg/L，与不加入诱导剂的对照组相比三萜总量增加了 119.96%[82]。探索外源诱导剂（茉莉酸甲酯、水杨酸、油酸、水曲柳煎汁、Mn^{2+}、Fe^{2+}、Cu^{2+}）对粗毛纤孔菌生物合成三萜类化合物的影响发现，7 种诱导剂均显著促进粗毛纤孔菌菌丝体生长及三萜类化合物合成，其中油酸效果最为显著，在第 0 天加入 3% 油酸可得到菌丝体量为（7.146±0.131）g/L，菌丝体中三萜含量为（56.377±3.178）mg/g，三萜总量为 402.870 mg/L；与不加入诱导剂的对照组相比，三萜总量增加了 143.74%[83]。

4.3.4 其他方式

将透明颤菌血红蛋白（VHb）表达与钙离子诱导相结合可提高灵芝酸产量，灵芝酸 O、灵芝酸 S 和灵芝酸 Me 的最大产量可分别达到（1451.33±67.50）μg/100 mg 细胞、（1431.23±79.74）μg/100 mg 细胞和（1283.81±85.13）μg/100 mg 细胞。角鲨烯和羊毛甾醇的含量分别比对照组增加了 2.0 倍和 3.0 倍。3-羟基-3-甲基戊二酰辅酶 A 还原酶、法尼基二磷酸合酶、角鲨烯合酶和细胞色素 P450 *CYP5150L8* 的转录水平分别上调了 2.56 倍、3.31 倍、2.59 倍和 6.12 倍。*CYP512A2*、*CYP512V2* 和 *CYP512A13*（参与灵芝酸生物合成中 lanostane 骨架氧化修饰的候选细胞色素 P450 基因）在 *VHb* 表达菌株中的转录水平也分别提高了 2.28 倍、2.65 倍和 3.54 倍[28]。

此外，通过添加微颗粒 Talc（滑石粉）到液体培养体系中，可改变灵芝菌丝球的大小，进而促进灵芝酸前体鲨烯和羊毛甾醇的合成，灵芝酸合成关键基因 *FPS* 和 *CYP5150L8* 的表达量也分别上调 2.35 倍和 1.53 倍[84]。通过甘蔗纤维材料固定灵芝菌丝也可提高灵芝发酵产胞外三萜的产量。对两株灵芝线粒体基因组进行组装，比较菌落形态、菌丝生长速度及三萜成分的差异，结果发现线粒体的不同会显著影响灵芝菌落形态、菌丝生长速度及三萜的含量[85]。

（刘高强　王　琼　徐萌萌）

参考文献

[1] Yang Y, Zhang H, Zuo J, et al. Advances in research on the active constituents and physiological effects of *Ganoderma lucidum*. Biomedical Dermatology, 2019, 3(6): 1-17.

[2] Hirotani M, Asaka I, Furuya T. Investigation of the biosynthesis of 3α-hydroxy triterpenoids, ganoderic acids T and S, by application of a feeding experiment using [1, 2-$^{13}C_2$] acetate. Journal of the Chemical Society, Perkin Transactions, 1990, 1(10): 2751-2754.

[3] 吴立军 . 天然药物化学 (第五版). 北京 : 人民卫生出版社 , 2009.

[4] Xiao H, Zhong J J. Production of useful terpenoids by higher-fungus cell factory and synthetic biology approaches. Trends in Biotechnology, 2016, 34: 242-255.

[5] 谭贻，唐传红，冯杰，等. 灵芝三萜生物合成及调控研究进展. 食用菌学报, 2019, 26(3): 125-140.

[6] Fang X, Shi L, Ren A, et al. The cloning, characterization and functional analysis of a gene encoding an acetyl-CoA acetyltransferase involved in triterpene biosynthesis in *Ganoderma lucidum*. Mycoscience, 2013, 54(2): 100-105.

[7] Ren A, Ouyang X, Shi L, et al. Molecular characterization and expression analysis of GlHMGS, a gene encoding hydroxymethylglutaryl-CoA synthase from *Ganoderma lucidum*(Ling-zhi)in ganoderic acid biosynthesis pathway. World Journal of Microbiology and Biotechnology, 2013, 29(3): 523-531.

[8] 李晶. 牛樟芝 MVA 途径中基因克隆及转录组、代谢组研究福州. 福州：福建农林大学博士学位论文, 2016.

[9] Shang C H, Zhu F, Li N, et al. Cloning and characterization of a gene encoding HMG-CoA reductase from *Ganoderma lucidum* and its functional identification in yeast. Bioscience Biotechnology and Biochemistry, 2008, 72(5): 1333-1339.

[10] Chen S, Xu J, Liu C, et al. Genome sequence of the model medicinal mushroom *Ganoderma lucidum*. Nature Communications, 2012, 3: 913.

[11] Zhang D H, Jiang L X, Li N, et al. Overexpression of the squalene epoxidase gene alone and in combination with the 3-hydroxy-3-methylglutaryl coenzyme A gene increases ganoderic acid production in *Ganoderma lingzhi*. Journal of Agricultural and Food Chemistry, 2017, 65(23): 4683-4690.

[12] 刘增才，孙婷婷，孙健，等. 暴马桑黄甲羟戊酸激酶基因的克隆及差异表达分析. 吉林农业大学学报, 1-9.

[13] Shi L, Qin L, Xu Y, et al. Molecular cloning, characterization, and function analysis of a mevalonate pyrophosphate decarboxylase gene from *Ganoderma lucidum*. Molecular Biology Reports, 2012, 39(5): 6149-6159.

[14] 刘增才，孙婷婷，王世新，等. 暴马桑黄 MVD 基因 cDNA 全长克隆及表达特性分析. 南京林业大学学报(自然科学版), 2020, 44(04): 79-85.

[15] Ding Y X, Ou-Yang X, Shang C H, et al. Molecular cloning, characterization, and differential expression of a farnesyl-diphosphate synthase gene from the basidiomycetous fungus *Ganoderma lucidum*. Bioscience Biotechnology and Biochemistry, 2008, 72(6): 1571-1579.

[16] Ren A, Qin L, Shi L, et al. Methyl jasmonate induces ganoderic acid biosynthesis in the basidiomycetous fungus *Ganoderma lucidum*. Bioresource Technology, 2010, 101(17): 6785-6790.

[17] Zhao M, Liang W, Zhang D, et al. Cloning and characterization of squalene synthase(SQS)gene from *Ganoderma lucidum*. Journal of Microbiology and Biotechnology, 2007, 17(7): 1106.

[18] Zhou J S, Ji S L, Ren M F, et al. Enhanced accumulation of individual ganoderic acids in a submerged culture of *Ganoderma lucidum* by the overexpression of squalene synthase gene. Biochemical Engineering Journal, 2014, 90: 178-183.

[19] Zhang D H, Jiang L X, Li N, et al. Overexpression of the squalene epoxidase gene alone and in combination with the 3-hydroxy-3-methylglutaryl coenzyme A gene increases ganoderic acid production in *Ganoderma lingzhi*. Journal of Agricultural and Food Chemistry, 2017, 65(23): 4683-4690.

[20] Godio R P, Fouces R, Martín J F. A squalene epoxidase is involved in biosynthesis of both the antitumor compound clavaric acid and sterols in the basidiomycete *H. sublateritium*. Chemistry & Biology, 2007, 14(12): 1334-1346.

[21] Shang C H, Shi L, Ren A, et al. Molecular cloning, characterization, and differential expression of a lanosterol synthase gene from *Ganoderma lucidum*. Bioscience Biotechnology and Biochemistry, 2010, 74(5): 974-978.

[22] Zhang D H, Li N, Yu X, et al. Overexpression of the homologous lanosterol synthase gene in ganoderic acid biosynthesis in *Ganoderma lingzhi*. Phytochemistry, 2017, 134: 46-53.

[23] Syed K, Nelson D R, Riley R, et al. Genomewide annotation and comparative genomics of cytochrome P450 monooxygenases(P450s)in the polypore species *Bjerkandera adusta*, *Ganoderma* sp. and *Phlebia brevispora*. Mycologia, 2013, 105(6): 1445-1455.

[24] Syed K, Shale K, Pagadala N S, et al. Systematic identification and evolutionary analysis of catalytically versatile

cytochrome P450 monooxygenase families enriched in model basidiomycete fungi. PLoS One, 2014, 9(1): e86683.

[25] Kües U, Nelson D R, Liu C, et al. Genome analysis of medicinal *Ganoderma* spp. with plant-pathogenic and saprotrophic life-styles. Phytochemistry, 2015, 114: 18-37.

[26] Wang W F, Xiao H, Zhong J J. Biosynthesis of a ganoderic acid in *Saccharomyces cerevisiae* by expressing a cytochrome P450 gene from *Ganoderma lucidum*. Biotechnology and Bioengineering, 2018, 115(7): 1842-1854.

[27] Yang C, Li W, Li C, et al. Metabolism of ganoderic acids by a *Ganoderma lucidum* cytochrome P450 and the 3-keto sterol reductase ERG27 from yeast. Phytochemistry, 2018, 155: 83-92.

[28] Xu J W, Yue T H, Yu X, et al. Enhanced production of individual ganoderic acids by integrating *Vitreoscilla haemoglobin* expression and calcium ion induction in liquid static cultures of *Ganoderma lingzhi*. Microbial Biotechnology, 2019, 12(6): 1180-1187.

[29] Wang Q, Xu M, Zhao L, et al. Transcriptome dynamics and metabolite analysis revealed the candidate genes and regulatory mechanism of ganoderic acid biosynthesis during liquid superficial-static culture of *Ganoderma lucidum*. Microbial Biotechnology, 2020, 14: 600-613.

[30] 刘增才，王世新，孙婷婷，等. 暴马桑黄 SbLSD 基因克隆及差异表达分析. 中南林业科技大学学报，2020, 40(11): 100-108.

[31] Hu Z, He B, Ma L, et al. Recent advances in ergosterol biosynthesis and regulation mechanismsin *Saccharomyces cerevisiae*. Indian Journal of Microbiology, 2017, 57(3): 270-277.

[32] Xu Y N, Zhong J J. Impacts of calcium signal transduction on the fermentation production of antitumor ganoderic acids by medicinal mushroom *Ganoderma lucidum*. Biotechnology Advances, 2012, 30(6): 1301-1308.

[33] Xu Y N, Xia X X, Zhong J J. Induced effect of Na^+ on ganoderic acid biosynthesis in static liquid culture of *Ganoderma lucidum* via calcineurin signal transduction. Biotechnology and Bioengineering, 2013, 110(7): 1913-1923.

[34] Xu Y N, Xia X X, Zhong J J. Induction of ganoderic acid biosynthesis by Mn^{2+} in static liquid cultivation of *Ganoderma lucidum*. Biotechnology and Bioengineering, 2014, 111(11): 2358-2365.

[35] Li C, Shi L, Chen D, et al. Functional analysis of the role of glutathione peroxidase(GPx)in the ROS signaling pathway, hyphal branching and the regulation of ganoderic acid biosynthesis in *Ganoderma lucidum*. Fungal Genetics and Biology, 2015, 82: 168-180.

[36] Mu D, Li C, Zhang X, et al. Functions of the nicotinamide adenine dinucleotide phosphate oxidase family in *Ganoderma lucidum*: an essential role in ganoderic acid biosynthesis regulation, hyphal branching, fruiting body development, and oxidative-stress resistance. Environmental Microbiology, 2014, 16(6): 1709-1728.

[37] Liu R, Zhang X, Ren A, et al. Heat stress-induced reactive oxygen species participate in the regulation of HSP expression, hyphal branching and ganoderic acid biosynthesis in *Ganoderma lucidum*. Microbiological Research, 2018, 209: 43-54.

[38] Shi L, Gong L, Zhang X, et al. The regulation of methyl jasmonate on hyphal branching and GA biosynthesis in *Ganoderma lucidum* partly via ROS generated by NADPH oxidase. Fungal Genetics and Biology, 2015, 81: 201-211.

[39] Zhang X, Ren A, Li M J, et al. Heat stress modulates mycelium growth, heat shock protein expression, ganoderic acid biosynthesis, and hyphal branching of *Ganoderma lucidum* via cytosolic Ca^{2+}. Applied and Environmental Microbiology, 2016, 82(14): 4112-4125.

[40] Liu Y N, Zhang T J, Lu X X, et al. Membrane fluidity is involved in the regulation of heat stress induced secondary metabolism in *Ganoderma lucidum*. Environmental Microbiology, 2017, 19(4): 1653-1668.

[41] Mishkind M, Vermeer J E M, Darwish E, et al. Heat stress activates phospholipase D and triggers PIP2 accumulation at the plasma membrane and nucleus. The Plant Journal, 2009, 60(1): 10-21.

[42] Liu Y N, Lu X X, Chen D, et al. Phospholipase D and phosphatidic acid mediate heat stress induced secondary metabolism in *Ganoderma lucidum*. Environmental Microbiology, 2017, 19(11): 4657-4669.

[43] Wu F L, Zhang G, Ren A, et al. The pH-responsive transcription factor PacC regulates mycelial growth, fruiting body development, and ganoderic acid biosynthesis in *Ganoderma lucidum*. Mycologia, 2016, 108(6): 1104-1113.

[44] Wang S, Shi L, Hu Y, et al. Roles of the Skn7 response regulator in stress resistance, cell wall integrity and GA biosynthesis in *Ganoderma lucidum*. Fungal Genetics and Biology, 2018, 114: 12-23.

[45] Zhang G, Ren A, Shi L, et al. Functional analysis of an APSES transcription factor(GlSwi6)involved in fungal growth, fruiting body development and ganoderic-acid biosynthesis in *Ganoderma lucidum*. Microbiological Research, 2018, 207: 280-288.

[46] Zhang G, Sun Z, Ren A, et al. The mitogen-activated protein kinase GlSlt2 regulates fungal growth, fruiting body development, cell wall integrity, oxidative stress and ganoderic acid biosynthesis in *Ganoderma lucidum*. Fungal Genetics and Biology, 2017, 104: 6-15.

[47] Zhang T J, Shi L, Chen D D, et al. 14-3-3 proteins are involved in growth, hyphal branching, ganoderic acid biosynthesis, and response to abiotic stress in *Ganoderma lucidum*. Applied Microbiology and Biotechnology, 2018, 102(4): 1769-1782.

[48] 鲍锐，吴世良，王松华．不同有机碳源对灵芝液体发酵灵芝酸生产的影响．安徽科技学院学报，2015, 29(6): 71-76.

[49] Cui ML, Yang HY, He G Q. Submerged fermentation production and characterization of intracellular triterpenoids from *Ganoderma lucidum* using HPLC-ESI-MS. Journal of Zhejiang University-SCIENCE B, 2015, 16(12): 998-1010.

[50] 冯杰，冯娜，贾薇，等．氮源对灵芝菌丝体液态深层发酵合成灵芝三萜的影响．菌物学报，2016, 35(6): 722-733.

[51] 翟双星，冯杰，唐庆九，等．复合有机氮源对灵芝三萜液态深层发酵的影响．菌物学报，2018, 37(12): 1761-1770.

[52] 潘继红，曹霞，李峰，等．灵芝液体培养营养需求的探讨．食用菌学报，1997, 4(1): 31-34.

[53] 鲍锐．外源物质提高灵芝酸产量的应用效果研究．滁州：安徽科技学院硕士学位论文，2016.

[54] Li H J, Zhang D H, Han L L, et al. Further improvement in ganoderic acid production in static liquid culture of *Ganoderma lucidum* by integrating nitrogen limitation and calcium ion addition. Bioprocess and Biosystems Engineering, 2016, 39(1): 75.

[55] 陈志玲，温鲁，贾智慧．几种微量元素和维生素对灵芝多糖及灵芝酸含量的影响．安徽农业科学，2009, 37(5): 2041-2043.

[56] 王锐丽，段鸿斌，李尽哲，等．响应面法优化牛樟芝高产总三萜发酵培养基．食品研究与开发，2020, 41(01): 185-189+206.

[57] 熊桦．基于金属离子调控的茯苓三萜的发酵强化及转录组分析．长沙：湖南中医药大学硕士学位论文，2019.

[58] 李平作，徐柔，夏结红，等，灵芝深层发酵生产四环三萜酸的研究．工业微生物，2000, 30(1): 15-17.

[59] 赵艳．灵芝关键成分三萜酸的深层发酵技术研究．长沙：中南林业科技大学硕士学位论文，2011.

[60] Feng J, Feng N, Zhang J S, et al. A new temperature control shifting strategy for enhanced triterpene production by *Ganoderma lucidum* G0119 based on submerged liquid fermentation. Applied Biochemistry and Biotechnology, 2016, 180(4): 740-752.

[61] Fang Q H, Zhong J J. Effect of initial pH on production of ganoderic acid and polysaccharide by submerged fermentation of *Ganoderma lucidum*. Process Biochemistry, 2002, 37(7): 769-774.

[62] Tang Y J, Zhang W, Zhong J J. Performance analyses of a pH-shift and DOT- shift integrated fed- batch fermentation process for the production of ganoderic acid and *Ganoderma* polysaccharides by medicinal mushroom *Ganoderma lucidum*. Bioresource Technology, 2009, 100(5): 1852-1859.

[63] Wang X, Yang H, Liu G. Enhanced triterpene acid production by *Ganoderma lucidum* using a feeding stimulus

integrated with a two stage pH-control strategy. Journal of Chemical Technology & Biotechnology, 2016, 91(12): 2974-2982.

[64] Tang YJ, Zhong J J. Role of oxygen supply in submerged fermentation of *Ganoderma lucidum* for production of *Ganoderma* polysaccharide and ganoderic acid. Enzyme and Microbial Technology, 2003, 32: 478-484.

[65] 方庆华，钟建江．灵芝真菌发酵生产灵芝多糖和灵芝酸．华东理工大学学报，2001, 27(3): 254-257.

[66] Fang QH, Zhong J J. Two-stage culture process for improved production of ganoderic acid by liquid fermentation of higher fungus *Ganoderma lucidum*. Biotechnology Progress, 2002, 18: 51-54.

[67] Xu J W, Xu Y N, Zhong J J. Production of individual ganoderic acids and expression of biosynthetic genes in liquid static and shaking cultures of *Ganoderma lucidum*. Applied Microbiololgy and Biotechnolgy, 2010, 85: 941-948.

[68] 赵娜，贾薇，冯杰，等．变转速策略调控灵芝菌丝体发酵高产三萜．菌物学报，2015, 34(01): 131-138.

[69] 张伟．灵芝细胞多阶段培养高效生产灵芝酸和灵芝多糖．武汉：湖北工业大学硕士学位论文，2008.

[70] 冯杰，冯娜，杨焱，等．通气量对灵芝菌丝体液态深层发酵合成灵芝三萜的影响．天然产物研究与开发，2015, 27(9): 1564-1570.

[71] 孙金旭．溶氧控制条件对深层灵芝发酵生产灵芝酸产量的影响．北方园艺，2014, 5: 130-132.

[72] Wang X L, Ding Z Y, Zhao Y, et al. Efficient accumulation and in vitro antitumor activities of triterpene acids from submerged batch-cultured Lingzhi or Reishi medicinal mushroom, *Ganoderma lucidum*(Agaricomycetes). International Journal of Medicinal Mushrooms, 2017, 19(5): 419-431.

[73] Wang X L, Ding Z Y, Liu G Q, et al. Improved production and antitumor properties of triterpene acids from submerged culture of *Ganoderma lingzhi*. Molecules, 2016, 21: 1395.

[74] 刘高强，丁重阳，章克昌．蜣螂对灵芝发酵菌丝体生长和三萜产物形成的影响．菌物学报，2008, 27(5): 757-762.

[75] Liu G Q, Xiao H X, Wang X L, et al. Stimulated production of triterpenoids of *Ganoderma lucidum* by an ether extract from the medicinal insect, *Catharsius molossus* and identification of the key stimulating active components. Applied Biochemistry and Biotechnology, 2011, 165(1): 87-97.

[76] 张婧，王思贤，薛菲菲，等．9, 10-环甲基十七烷酸干预下灵芝深层发酵合成三萜酸的动力学特征．菌物学报，2020, 39(1): 75-83.

[77] 赵艳，刘高强，朱朝阳．不同植物药提取物对灵芝细胞生长和胞内三萜产物形成的影响．菌物学报，2011, 30(2): 249-254.

[78] Liu Y N, Tong T, Zhang R R, et al. Interdependent nitric oxide and hydrogen peroxide independently regulate the coix seed oil induced triterpene acids accumulation in *Ganoderma lingzhi*. Mycologia, 2019, 111(4): 529-540.

[79] 朱强，夏艳秋，汪志君，等．4 种中药对灵芝生长与发酵的影响．中国酿造，2010, 29(7): 163-165.

[80] 高兴喜，姚强，王磊，等．真菌激发子对灵芝液体发酵生产多糖和三萜类化合物的影响．食品科学，2009, 30(23): 309-313.

[81] 姚强，高兴喜，宫志远，等．部分稀土元素对灵芝多糖和三萜类化合物液体发酵的影响．食品科学，2011, 32(5): 224-227.

[82] 陈程．诱导剂对桦褐孔菌深层发酵生物合成三萜化合物的影响．杭州：浙江理工大学硕士学位论文，2014.

[83] 康宁，王占斌，李德海，等．粗毛纤孔菌三萜类化合物的诱导合成及其抗氧化功能分析．食品科学，2019, 40(10): 157-165.

[84] 王俊杰，李娜，余旭亚，等．灵芝悬浮培养中添加微颗粒 Talc 对灵芝酸产生的影响．菌物学报，2020, 39(1): 174-183.

[85] 黄清铧，王庆福，杨朴希，等．甘蔗纤维固定灵芝菌丝及其在液体发酵中的应用．菌物学报，2020, 39(1): 110-119.

第 5 章　食药用真菌其他活性物质的生物合成

5.1　酚　　类

酚类化合物的合成途径主要有莽草酸途径和丙二酸途径，在食药用真菌中主要为莽草酸途径，由该途径合成芳香酸（色氨酸、苯丙氨酸和酪氨酸），芳香酸进一步通过苯丙烷途径和类黄酮途径生成不同的酚类化合物。

5.1.1　莽草酸途径

莽草酸途径在微生物和植物中普遍存在，它能够提供合成酚类化合物的前体物质。葡萄糖经过糖酵解、磷酸戊糖途径和莽草酸途径合成酚类化合物的前体，再经过苯丙烷途径或类黄酮途径合成一系列的酚类化合物，这些酚类化合物又能发挥重要的功能，如作为信号分子、防御作用、药理作用等。葡萄糖通过糖酵解途径产生的磷酸烯醇式丙酮酸和戊糖磷酸途径产生的赤藓糖-4-磷酸进入莽草酸途径，经过 7-磷酸-3-脱氧阿拉伯庚酮糖酸合成酶（DAHPS）、3-脱氢奎尼酸合成酶（DHQS）、3-脱氢奎尼酸脱水酶（DHD）、莽草酸脱氢酶（SDH）的作用生成莽草酸。在此途径中，3-脱氢奎尼酸脱水酶（DHD）和莽草酸脱氢酶（SDH）起着非常重要的作用，它们能够调控基因进行表达。莽草酸经过莽草酸激酶（SK）、5-烯醇式丙酮酰莽草酸-3-磷酸合成酶（EPSPS）、分支酸合成酶（CS）的相互作用下生成分支酸（CHA），分支酸在酚类化合物合成过程中是重要的枢纽。分支酸通过分支酸变位酶作用进一步转化为预苯酸，随后预苯酸通过阿罗酸和苯丙酮酸 /4-羟基苯丙酮酸两条途径转变为苯丙氨酸或酪氨酸，通过芳香族氨基酸可以进入苯丙烷途径和类黄酮途径，继而生成酚类化合物（图 5-1）。

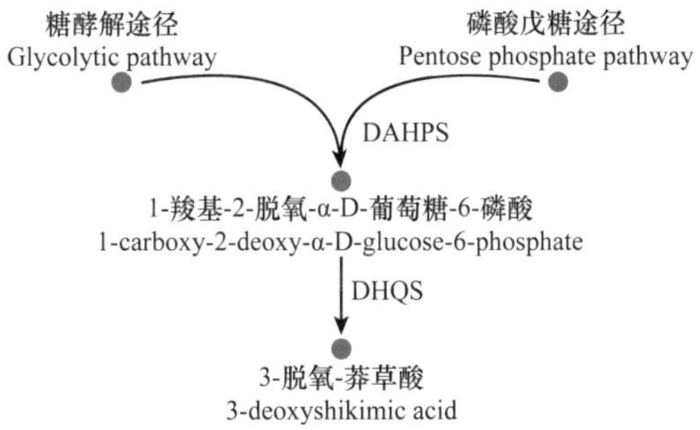

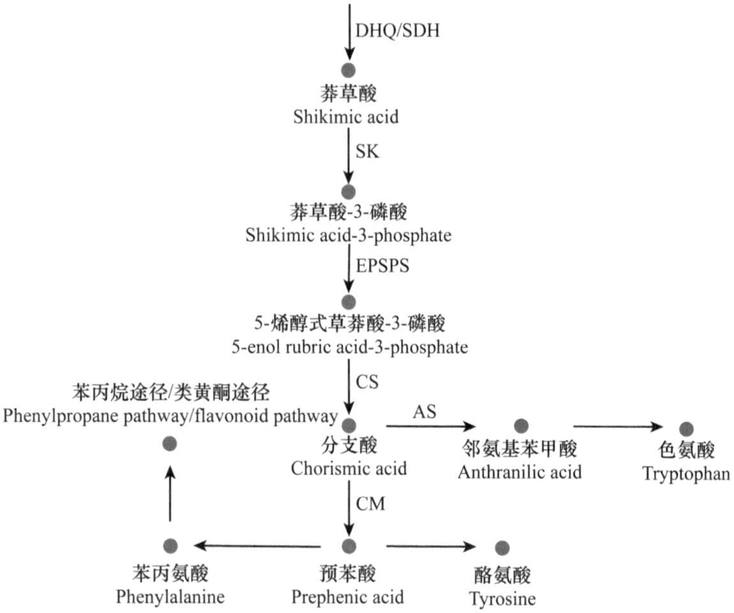

图 5-1 莽草酸途径

5.1.2 苯丙烷途径和类黄酮途径

苯丙烷途径和类黄酮途径是生成酚类化合物重要的途径。在两条途径中，苯丙氨酸是起始代谢物，在解氨酶的作用下形成肉桂酸，肉桂酸可进一步形成香豆酸及其他酚酸类物质（苯丙烷途径）；而香豆酸在连接酶的作用下形成香豆酰辅酶A，进而合成查尔酮等黄酮类物质（类黄酮途径）（图 5-2）。

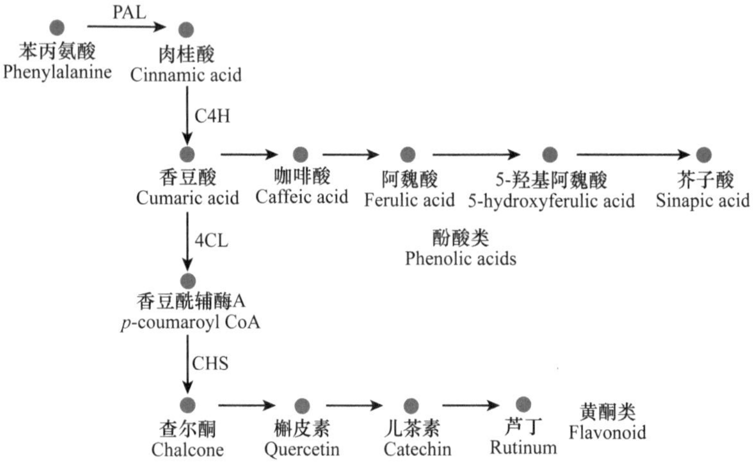

图 5-2 不同酚类化合物的合成途径

苯丙氨酸解氨酶（phenylalanine ammonia-lyase，PAL，EC 4.3.1.24）在酚类化合物合成中发挥着重要作用，它是催化碳从初级代谢转到苯丙烷类次级代谢反应的第一个酶，催化苯丙氨酸形成肉桂酸，也是苯丙烷类物质代谢途径中的关键酶和限速酶。PAL 广泛存在于植物、真菌和部分原核生物中，它在逆环境中发挥重要的作用。国内学者对食药用真菌中的 PAL 做了不少研究。通过分析桑黄中 PAL 的基因结构和活性，发现 PAL 的基因表达与黄酮产量之间呈正相关[1]。糙皮侧耳中 *PAL1* 和 *PAL2* 基因分别被 6 个和 10 个内含子打断，分别编码 743 个和 747 个氨基酸；通过构建过表达和 RNA 干扰菌株确定 *PAL1* 和 *PAL2* 基因的功能，热应激实验结果表明，RNAi-PAL1 菌株对高温菌丝体的耐受性增强，而 RNAi-PAL2 菌株对 H_2O_2 菌丝体的抵抗力增强；在热胁迫条件下，*PAL1* 基因的表达量随着胁迫温度的升高出现了显著性的上调，*PAL2* 基因的表达量呈现先下降后上升的变化趋势，综合结果表明两个 PAL 的基因可能在糙皮侧耳子实体的发育中起类似的作用，但在热胁迫中可以通过不同的调节途径减轻胁迫[2]。在灰树花中，高温胁迫引起了 PAL 显著的表达变化，PAL 参与了灰树花对高温胁迫的响应，并且与灰树花菌株的耐热性密切相关[3]。

目前，在食药用真菌中未有苯丙烷途径和类黄酮途径中其他酶的报道，但在植物中，两条途径中的部分酶已有报道。肉桂酸 4-羟基化酶（cinnamic acid 4-hydroxylase，C4H，EC 1.14.14.91）是苯丙烷代谢途径中的关键酶，又名肉桂酸 4-单氧酶（cinnamate 4-monooxygenase），催化反式肉桂酸反应形成香豆酸，在植物黄酮类物质合成代谢过程中发挥重要作用。

4-香豆酸辅酶 A 连接酶（4-coumarate：CoA ligase，4CL，EC 6.2.1.12）能够催化 4-香豆酸形成香豆酰辅酶 A，在类黄酮、木质素、香豆素、孢粉素、绿原酸等苯丙烷类代谢途径中具有重要调控作用，处于总途径向分支途径过渡的关键点上。

查尔酮合酶（chalcone synthase，CHS，EC 2.3.1.74）属于植物III型聚酮合酶超家族，它是类黄酮途径中的第一个关键酶，催化 1 分子 4-香豆酰 CoA 和 3 分子丙二酰 CoA 生成柚皮素查尔酮，此产物是第一个含有 C-13 骨架的黄酮类物质，是类黄酮合成的前体物。CHS 既是类黄酮次生代谢产物合成和积累的关键，又能通过竞争底物来调控苯丙烷其他支路上木质素、酚酸、迷迭香酸、绿原酸等次生代谢物的合成和积累。

多酚氧化酶（polyphenol oxidase，PPO）催化的酶促反应是食药用真菌贮运及加工过程中引起褐变和品质劣变的主要原因之一。PPO 可以使单酚羟基转化为邻苯二酚，也可以催化邻苯二酚氧化成为醌类物质；酪氨酸酶也是多酚氧化酶的一种，它催化酚类化合物向其醌衍生物的转化。研究多酚氧化酶在酚类底物代谢中的作用，可以为食药用真菌的褐变寻找新的抑制方法。

5.1.3 环境对酚类生物合成的影响

酚类化合物的生物合成不仅受到相关酶的影响，还会受到环境等因素的影响。环境中的紫外线、气体化合物熏蒸等因素都会对酚类化合物的合成产生重要的影响。

1. 紫外线

酚类化合物的合成会受到紫外线的影响。苯丙氨酸是苯丙烷途径的起始代谢物，通过肉桂酸合成酚酸，紫外线的变化会影响苯丙烷途径中一些酶的变化，进而促进酚类化合物的生物合成。香菇经 UV-B 辐射处理后总酚类和总黄酮含量会发生变化。与未经 UV-B 处理的样品相比，经 25 kJ/m^2 紫外线处理的样品的总酚含量提高 7.1%，总黄酮含量提高 12.0%（$P < 0.05$）[4]。采用 1.0 kJ/m^2 UV-C 处理双孢蘑菇并分析酚类化合物，结果发现，在菌柄中的总酚、γ-谷氨酰胺基-4-羟基苯（GHB）和 γ-谷氨酰胺基-3,4-二羟基苯（GDHB）浓度最高，与对照相比，UV-C 辐照可提高贮存期内盖、柄和整个蘑菇中酚类化合物的含量[5]。

2. 熏蒸

熏蒸会对食药用真菌中酚类化合物含量及合成产生影响。将蘑菇分别用 0、10 μL/L、20 μL/L 和 30 μL/L 的一氧化氮（NO）熏蒸 2 h，并检测总酚和总黄酮的含量。结果表明，与对照相比，NO 熏蒸显著提高了酚和类黄酮的含量，并刺激了苯丙氨酸解氨酶和查尔酮合酶的活性；此外，数据表明，NO 诱导的酚类和类黄酮积累是由于蘑菇中生物合成途径的激活所致[6]。食药用真菌中类黄酮的合成受苯丙烷途径的影响，一些外在条件会导致苯丙烷途径中一些酶的变化。将双孢蘑菇分别用 5 μL/L、10 μL/L、20 μL/L 和 50 μL/L 薄荷油处理，然后在 4℃下保存 8 天，与对照组相比，20 μL/L 薄荷油熏蒸样品中的总酚和总黄酮含量分别比对照高 1.49 倍和 1.24 倍，并且薄荷油处理显著改善了抗氧化系统，增加了苯丙氨酸解氨酶（PAL）的活性，调节了储存期间编码多酚氧化酶（AbPPO1，AbPPO2，AbPPO5，AbPPO6）和苯丙氨酸解氨酶（AbPAL1，AbPAL2）的基因的相对表达水平[7]。有研究表明，香薰油熏蒸对双孢蘑菇的酚类化合物合成有积极作用，在合成过程中，香薰油尤其是肉桂醛会增加苯丙氨酸解氨酶（PAL）的活性，进而促进酚类化合物的积累[8]。这些发现表明，熏蒸是提高食药用真菌中酚类化合物生物合成的一种有前途的方法。

3. 其他

此外，通过研究精氨酸对白头菇总酚和类黄酮的影响发现，L-精氨酸处理增加了酚类物质和黄酮类物质的积累，10 mmol/L L-精氨酸处理组贮藏期间 PAL 活性显著低于对照组（$P < 0.05$），PAL 活性的降低反过来抑制木质素的形成，导致总酚的积累[9]。对双孢菇采用 0.5 kGy、1.5 kGy 和 2.5 kGy 的 γ 射线辐照电离处理，与对照相比，辐照处理显著提高了苯丙氨酸解氨酶（PAL）的活性和总酚浓度[10]。

5.2　单萜和倍半萜

单萜类化合物在微生物中的合成过程分为三个模块：首先，由自然界中两种代谢途径合成单萜的共同前体物异戊烯基焦磷酸（IPP）和二甲基烯丙基焦磷酸（DMAPP）；随后，在单萜生物合成途径中关键酶——香叶基二磷酸合酶（GPPS）的催化下，1 分子 IPP 和 1 分子 DMAPP 合成直接前体香叶基焦磷酸（又名牻牛儿基焦磷酸，GPP）；最后，GPP 在一系列单萜合酶作用下生成各种单萜类化合物。其中，IPP 和 DMAPP 互为同分异构体。合成这两种物质的天然生物合成途径有两种，分别为甲羟戊酸（MVA）途径和甲基赤藓醇磷酸（MEP）途径（图 5-3）。

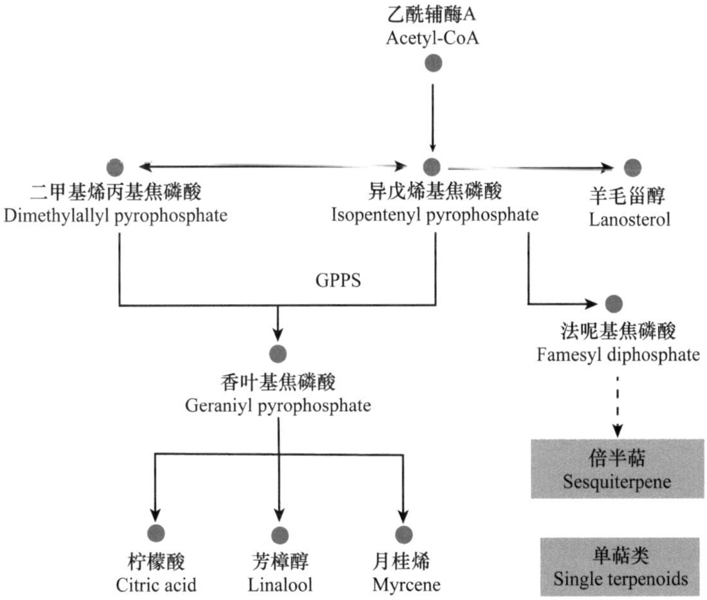

图 5-3　单萜和倍半萜的合成途径

MVA 途径则主要存在于真核生物细胞质中，该途径同第 4 章中的三萜类化合物合成的 MVA 途径。在食药用真菌中，单萜类物质合成为 MVA 途径。单萜合酶是整个单萜合成途径的关键酶，如柠檬烯合酶、芳樟醇合酶、月桂烯合酶等，但在食药用真菌中还未有关于单萜合酶的报道。MEP 途径主要存在于原核生物和植物的质体中，它以丙酮酸和 3-磷酸甘油醛（G3P）为合成原料，关键限速酶包括 1-脱氧-D-木酮糖-5-磷酸合酶（DXS）、1-脱氧-D-木酮糖-5-磷酸还原异构酶（DXR）、4-羟基-3-甲基丁-2-烯基二磷酸合酶（HDS）和 4-羟基-3-甲基丁-2-烯基二磷酸还原酶（HDR）等。

倍半萜虽然结构多种多样，但其基本骨架都来自法呢基焦磷酸（FPP）。通常，将环化 FPP 的酶称为倍半萜合酶，它属于 I 类萜类合酶，其存在的特征性活性位点基序为 DDXXDE 和 NES/DTE。在不同的倍半萜合酶的作用下，将 FPP 催化成不同的倍半萜类物质。

在灰盖鬼伞（*Coprinus cinereus*）中克隆并表征了 6 种倍半萜合酶（Cop1 ～ 6）基因，主要产生倍半萜化合物 α-cuprenene、germacrene A、δ-cadinene 和 α-muurolene。Cop3 首次被鉴定为 α-muurolene 合酶，Cop6 被证明是一种产物特异性酶，而其他 Cop 酶则是产生较多底物的混杂酶。Cop6 也是唯一位于包含 P450 的基因簇中的酶[11]。在发光脐菇（*Omphalotus olearius*）中鉴定出包括产物高特异性 protoilludene 合酶 Omp6 和 7，可以通过环化合成 illudins 的前体物质 Δ6-protoilludene，研究发现 Omp6 位于由 18 个基因组成的大型生物合成簇中，这些基因被认为用于合成从发光脐菇中分离的不同的 illudins 化合物[12]。另一个 Δ6-protoilludene 合酶也从褐腐菌鉴别出来[13]。

通过对灵芝基因组数据进行挖掘，发现赤芝（*Ganoderma lucidum*）编码 23 个倍半萜合酶，紫芝（*Ganoderma sinense*）编码 26 个倍半萜合酶，在酵母表达体系中对 23 个赤芝倍半萜合酶基因进行诱导表达，利用固相微萃取收集挥发性物质，并通过 GC-MS 对其催化产物进行检测，发现其中 16 个赤芝倍半萜合酶具有催化活性，共催化产生 80 种倍半萜物质，高丰度的倍半萜物质包括 α-cadinol、γ-muurolene 等[14, 15]。在紫芝的基因组中发现，GS02363 可以催化合成至少 11 种倍半萜类化合物，包括 α-cadinol 和 T-cadinol 等化合物[16]。

5.3 活 性 肽

生物细胞中天然肽类化合物主要通过非核糖体合成、核糖体合成，以及胞外酶降解等方式生成。其中，较大分子的多肽或初级代谢肽类一般由核糖体合成，而大多数小分子的次生代谢肽类由非核糖体合成。

目前发现的食药用真菌中活性肽大多以胞外酶降解等方式生成，即以适宜的蛋白酶降解食药用真菌子实体或菌丝体中的蛋白质，产生具有活性功能的食药用真菌类多肽。但也有一些小分子的食药用真菌类多肽是通过非核糖体合成途径在细胞内合成的。

5.3.1　非核糖体肽的生物合成

非核糖体肽（nonribosomal peptide，NRP）是指不依赖于核糖体而由非核糖体肽合成酶（nonribosomal peptide synthetase，NRPS）催化合成的小分子次生肽类化合物，目前已上市的非核糖体小肽药物超过 20 种。对已公布的灵芝（*G. lucidum* strain 260125-1，NCBI taxid：1077286）基因组图谱分析发现[17]，灵芝基因组中包含非核糖体肽合成酶（non-ribosomal peptide synthetase，NRPS）基因簇，但有关灵芝 NRPS 基因簇的功能解析以及非核糖体肽生物合成调控机制的研究尚未见报道。

非核糖体肽合成酶（NRPS）由一系列组件（module）按顺序排列组成（图 5-4），每个组件都由 3 个不同的结构域组成，即腺苷酸化结构域 A（adenylation domain，A domain）、肽酰载体蛋白结构域（peptidyl carrier protein，PCP domian；PCP 结构域，又称巯基化结构域或 T 结构域）和缩合结构域（condernsation domain，C domain，C 结构域）组成。每个组件完成一个反应循环：第一步，A 结构域从底物池中特异性选择氨基酸，在 ATP 作用下活化底物生成相应的氨酰-AMP；第二步，活化的氨酰-AMP 与 PCP 结构域上的辅因子中游离的巯基结合，形成氨酰-S-载体复合物；第三步，在 C 结构域的催化下，氨酰-S-载体复合物上的氨基向肽酰-S-载体复合物上的羰基碳亲核进攻，形成肽键；最后，PCP 上的多肽转移到模块的 C 端，与硫酯酶结构域（thioesterase domain，TE domain）上的元件结合生成肽-O-TE 中间产物，最终大多形成环化产物并释放[18-20]。

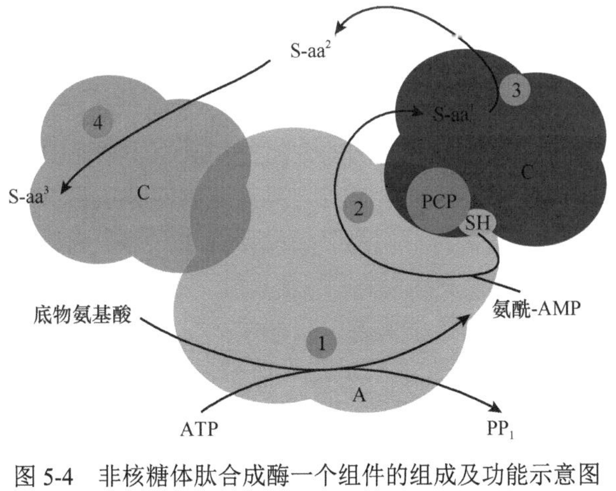

图 5-4　非核糖体肽合成酶一个组件的组成及功能示意图

① A domain 催化底物形成氨酰-AMP；② PCP domain 巯基与氨酰-AMP 键合形成氨酰-S-载体复合体；③上游 C domain 上肽键的形成；④下游 C domain 上肽键的形成；A，A domain；PCP，PCP domain；C，C domain

NRPS 中的 A 结构域片段是决定非核糖体肽氨基酸序列的关键功能域。它以氨基酸的氨基或羧基为底物，消耗 1 分子 ATP，形成氨酰-AMP。不同来源的 A 结构域底物特异性及蛋白结构具有多样性。A 结构域中存在结合袋（binding pocket），负责氨基酸底物的选择与活化，是决定非核糖体肽序列的关键。例如，PheA 是许多细菌和放线菌中活化苯丙氨酸的 A 结构域，由结合袋中 Lys517 和 Asp235 分别识别稳定底物氨基酸的羧基和氨基[19]。近年来，研究者们通过异源表达 A 结构域鉴定其结合的氨基酸底物。例如，通过在大肠杆菌中异源超量表达 zwittermicin A 合成基因簇中的 A 结构域及依赖于 ATP 的焦磷酸交换实验，证实了该 A 结构域可以特异性识别并活化 2,3-二氨基丙酸[20]。

TE 结构域通常位于 NRPS 的 C 端。典型的 TE 结构域都含有保守的催化三元件（Ser-His-Asp），具有多种催化方式，其中元件 Asp 对 His 残基有稳定作用，通过 His 接受 Ser 羟基的质子 H，使 Ser 残基的亲核试剂 O 进攻 PCP/ACP-酰硫酯键中羰基碳，形成肽 / 酰-O-TE 中间产物，若被内部亲核体攻击，形成环状产物。非核糖体肽大多数为环状化合物，如环孢菌素 A、万古霉素、杆菌肽、短杆菌酪肽、teixobactin、thaxtomin A、surfactin、tyrocidine 等天然多肽类物质[21]。但当 TE 结构域缺失或肽 / 酰-O-TE domain 复合体被 H_2O 攻击时，则水解形成简单的线性产物，如 pyochelin[22]。因此，NRPS 多肽的结构主要取决于 A 结构域底物特异性、TE 结构域催化方式。

5.3.2 食药用真菌中活性肽的生物合成

相较于大多数环状非核糖体肽，从灵芝（*Ganoderma lucidum*）菌丝中分离纯化获得 3 个活性寡肽（QLVP、QDVL、QLDL），后续又从另一个灵芝新专利菌株（*G. lingzhi* SCIM 1006）菌丝中鉴定获得 SYP，均呈简单线性结构，并不适用非核糖体肽的环化合成规律，提示灵芝 NRPS 组件中 A 结构域和 TE 结构域可能在蛋白功能结构上具有一定特异性[23]。因此，对灵芝 NRPS 蛋白结构及功能开展深入研究，将有助于解析大型食药用真菌中线性寡肽的生物合成调控机制，也为线性寡肽的靶向生物合成提供创新策略。

现阶段 NRPS 的有关研究主要集中在细菌（特别是枯草芽孢杆菌）、放线菌，以及部分低等真菌中。低等真菌中以构巢曲霉（*Aspergillus nidulans*）为主要研究对象，如在该菌中发现有 5 个蛋白质（TdiA ～ TdiE）编码单模块 NRPS（A-T-TE 型）蛋白的基因，可合成抗肿瘤物质 Terrequinone A 等[24]。另外，在土曲霉（*Aspergillus terreus*）也发现 5 个编码单模块 NRPS（A-T-TE 型）蛋白的基因[25]，在郝氏青霉（*Penicillium herquei*）的基因组中发现了编码 NRPS（A-T-R 型）蛋白的基因 *hqlA* 等[26]。在低等真菌中，现有的研究仍集中在一些非核糖体肽合成基因的发掘，一些肽的精细合成调控机制仍不明了，而有关大型食药用真菌中非核糖体寡肽的合成相关基因（簇）的发掘研究相对较少，其合成调控机制研究尚属空白。

5.4　皂　苷

根据苷元的化学结构不同，皂苷可分为甾醇式皂苷（steroid saponin）和三萜式皂苷（triterpenoid saponin）。因此，甾醇和三萜是皂苷类物质合成的前体，而两者又具有共同的合成途径，该途径在第 4 章中已有介绍，此处不再描述。甾醇和三萜类骨架依赖细胞色素 P450 酶、糖基转移酶和糖苷酶进行氧化、置换及糖基化等化学修饰，最终获得不同种类的甾醇和三萜类皂苷产物。在皂苷类化合物合成过程中，苷元骨架的糖基化是关键的反应，它利用糖基转移酶使糖基和天然产物之间形成特定的糖苷键来合成糖苷类化合物。在食药用真菌中，关于皂苷合成的糖基转移酶还未有报道（图 5-5）。

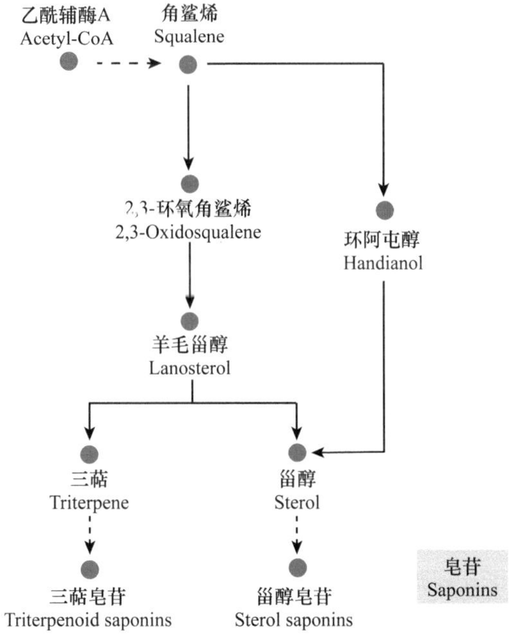

图 5-5　皂苷的合成途径

目前，有关食药用真菌皂苷的发酵制备已有少量研究。在蝉花（蝉拟青霉）的液体发酵过程中，甘草黄酮（FG）能够显著增加胞内皂苷（IPS）的合成，FG 促进胞内皂苷合成的最佳培养基成分为木糖 2%、果糖 6%、甘油 4.47%、玉米蛋白 0.9%、麸皮 5%、大黄米 5%、$CuSO_4$ 0.06%、甘草黄酮 0.18%，最适条件为摇床转速 180 r/min、培养温度 24℃、培养时间 120 h、接种量 17%、装液量 120 mL;利用最适培养基成分，在最适培养条件下，蝉拟青霉液态发酵，IPS 产量达到（4.589±0.323）g/100 mL[27]。薄层色谱显示未添加甘草黄酮的蝉拟青霉胞内皂苷只有 3 个组分，而添加甘草黄酮的胞内皂苷有 7 个组分。此外，尿素协同培养基成分以及培养条件能够促进蝉拟青霉胞外皂苷的合成，最佳培养基组成为麸皮 3.7%、木糖 4.43%、果糖 4.73%、甘油 1.14%、尿素 0.13%、鱼粉蛋白胨 0.85%、KH_2PO_4 0.16%、$ZnSO_4$ 0.16%、维生素 B_2 0.0136%、维生素 C 0.0145%，培养条件为温度 26℃、转速 160 r/min、接种量 5%、装液量 105 mL、培养时间 108 h，胞外皂苷产量高达 14.73 mg/mL[28]。

（杨海龙　刘高强　王　琼）

参考文献

[1] Lin W, Liu A, Weng C, et al. Cloning and characterization of a novel phenylalanine ammonia-lyase gene from *Inonotus baumii*. Enzyme and Microbial Technology, 2018, 112: 52-58.

[2] Hou L, Wang L, Wu X, et al. Expression patterns of two pal genes of *Pleurotus ostreatus* across developmental stages and under heat stress. BMC Microbiology, 2019, 19(1): 1-16.

[3] 王艳 . 灰树花杂交选育及其苯丙氨酸解氨酶基因的功能研究 . 济南：山东师范大学硕士学位论文 , 2020.

[4] Kim M J, Lee J, Lee J S. Effect of Ultraviolet-B irradiation on antioxidative properties of aqueous extracts from shiitake(*Lentinus edodes*)mushrooms. International Journal of Food Science and Technology, 2014, 49(10): 2276-2282.

[5] Wu X L, Guan W Q, Yan R X, et al. Effects of UV-C on antioxidant activity, total phenolics and main phenolic compounds of the melanin biosynthesis pathway in different tissues of button mushroom. Postharvest Biology and Technology, 2016, 118(8): 51-58.

[6] Dong J F, Zhang M, Lu L, et al. Nitric Oxide fumigation stimulates flavonoid and phenolic accumulation and enhances antioxidant activity of mushroom. Food Chemistry, 2012, 135(3): 1220-1225.

[7] Qu T T, Li B B, Huang X F, et al. Effect of peppermint oil on the storage quality of white button mushrooms(*Agaricus bisporus*). Food and Bioprocess Technology, 2020, 13(3): 404-418.

[8] Gao M S, Feng L F, Jiang J. Browning inhibition and quality preservation of button mushroom(*Agaricus bisporus*)by essential oils fumigation treatment. Food Chemistry, 2014, 149(8): 107-113.

[9] Li B B, Ding Y, Tang X L, et al. Effect of L-arginine on maintaining storage quality of the white button mushroom(*Agaricus bisporus*). Food and Bioprocess Technology, 2019, 12(4): 563-574.

[10] Benoit M A, D'Aprano G, Lacroix M. Effect of gamma-irradiation on phenylalanine ammonia-lyase activity, total phenolic content, and respiration of mushrooms(*Agaricus bisporus*). Journal of Agricultural and Food Chemistry, 2000, 48(12): 6312-6316.

[11] Agger S, Lopez-Gallego F, Schmidt-Dannert C. Diversity of sesquiterpene synthases in the basidiomycete *Coprinus cinereus*. Molecular Microbiology, 2009, 72(5): 1181-1195.

[12] Wawrzyn G T, Quin M B, Choudhary S, et al. Draft genome of *Omphalotus olearius* provides a predictive framework

for sesquiterpenoid natural product biosynthesis in Basidiomycota. Chemistry and Biology, 2012, 19(6): 772-783.

[13] Ichinose H, Kitaoka T. Insight into metabolic diversity of the brown-rot basidiomycete *Postia placenta* responsible for sesquiterpene biosynthesis: semi-comprehensive screening of cytochrome P450 monooxygenase involved in protoilludene metabolism. Microbial Biotechnology, 2018, 11(5): 952-965.

[14] 褚丽华 . 灵芝挥发性萜类组研究 . 北京 : 协和医学院硕士学位论文 , 2019.

[15] 王丽芝 , 浦香东 , 谭世强 , 等 . 灵芝倍半萜合酶基因的克隆及表达 . 河北农业大学学报 , 2017, 40(02): 67-72.

[16] 王丽芝 , 王海英 , 浦香东 , 等 . 基于紫芝基因组的倍半萜合酶基因的发掘与功能鉴定 . 中国科学（生命科学）, 2018, 48(4): 447-454.

[17] Chen S L, Xu J, Sun C, et al. Genome sequence of the model medicinal mushroom *Ganoderma lucidum*. Nature Communications, 2012, 3(6): 913.

[18] Kreitler D F, Gemmell E M, Schaffer J E, et al. The structural basis of N-acyl-α-amino-β-lactone formation catalyzed by a nonribosomal peptide synthetase. Nature Communications, 2019, 10: 3432.

[19] Weber T, Marahiel M A. Exploring the domain structure of modular nonribosomal peptide synthetases. Structure, 2001, 9(1): R3-R9.

[20] Song C X, Zhao C M, Yu Z N, et al. Prediction, overexpression and activity confirmation of adenylation domain in zwittermicin A biosynthesis gene cluster. Acta Microbiologica Sinica, 2008, 48: 1260-1265.

[21] 明镇寰 , 潘建伟 , 朱睦元 . 非核糖体多肽合成酶研究进展 . 生物化学与生物物理进展 , 2002, 5: 667-669.

[22] Patel H M, Walsh C T. In vitro reconstitution of the Pseudomonas aeruginosa nonribosomal peptide synthesis of pyochelin: characterization of backbone tailoring thiazoline reductase and N-methyltransferase activities. Biochemistry, 2001, 40(30): 9023-9031.

[23] Wu Q, Li Y, Peng K, et al. Isolation and characterization of three antihypertension peptides from the mycelia of *Ganoderma lucidum*(Agaricomycetes). Journal of Agricultural and Food Chemistry, 2019, 67(29): 8149-8159.

[24] Yeh H H, Chiang Y M, Entwistle R, et al. Molecular genetic analysis reveals that a nonribosomal peptide synthetaselike(NRPS-like)gene in *Aspergillus nidulans* is responsible for microperfuranone biosynthesis. Applied Microbiology and Biotechnology, 2012, 96(3): 739-748.

[25] Sun W W, Guo C J, Wang C C C. Characterization of the product of a nonribosomal peptide synthetase-like(NRPSlike) gene using the doxycycline dependent Tet-on system in *Aspergillus terreus*. Fungal Genetics and Biology, 2016, 89: 84-88.

[26] Chiba T, Asami Y, Suga T, et al. Herquline A, produced by *Penicillium herquei* FKI-7215, exhibits anti-influenza virus properties. Bioscience, Biotechnology, and Biochemistry, 2017, 81(1): 59-62.

[27] 史文静 . 甘草黄酮提高蝉拟青霉胞内皂苷机理及功效的研究 . 镇江 : 江苏大学硕士学位论文 , 2020.

[28] 刘小翠 . 尿素调节蝉拟青霉合成胞外皂苷机制及其抗氧化活性研究 . 镇江 : 江苏大学硕士学位论文 , 2020.

第 6 章　食药用真菌其他重要的酶资源及其应用

食药用真菌中含有多糖、生物碱、萜类化合物、甾醇等多种活性物质，也意味着在食药用真菌中含有丰富的酶资源催化这些活性代谢产物的合成。例如，多糖的合成，不仅需要合成核苷糖的多种前体合成酶，还包括多种糖基转移酶。除此之外，食药用真菌中的白腐真菌，还含有降解木质素与纤维素的丰富酶资源，包括纤维素酶、漆酶、木质素过氧化物酶、锰过氧化物酶等。本章主要对食药用真菌中降解纤维素与木质素的酶进行介绍，列举了部分食药用真菌产纤维素酶、漆酶、木质素过氧化物酶和锰过氧化物酶的培养条件及酶活。

6.1　纤 维 素 酶

纤维素是葡萄糖单元的均聚物，也是有组织的三维结构，初级纤维素链由葡萄糖单元组成，通过 β-1,4-糖苷键连接。纤维素的平均聚合度在次级细胞壁可达 14 000 ～ 15 000，在初生细胞壁可达 6000。纤维素酶是降解纤维素生成葡萄糖的一组酶的总称，它不是单体酶，而是起协同作用的多组分酶系，是一种复合酶，主要由外切 β-葡聚糖酶、内切 β-葡聚糖酶和 β-葡萄糖苷酶等组成，还有很高活力的木聚糖酶，作用于纤维素以及从纤维素衍生出来的产物。微生物纤维素酶在转化不溶性纤维素为葡萄糖以及在果蔬汁中破坏细胞壁从而提高果汁得率等方面具有非常重要的意义。

6.1.1　纤维素酶概况

目前，用于生产纤维素酶的微生物较多的是丝状真菌，真菌在所有生态系统中起着关键的生态作用。其中酶活力较强的菌种为木霉、曲霉、根霉和青霉，特别是里氏木霉、绿色木霉、康氏木霉等较为典型，是目前公认的较好的纤维素酶生产菌。现已制成制剂的纤维素酶有绿色木霉、黑曲霉、镰刀霉、拟青霉和斜卧青霉等。真菌中还包括腐生真菌、病原真菌、寄生真菌和共生真菌。腐生真菌是土壤微生物群落中最大的类群，由于其广泛的代谢过程和生物转化，包括分泌细胞外酶以分解其他生物实体（如木质纤维素和几丁质）的可溶性残体，使得它们成为碳循环的中心。其中，担子菌纲包括已知菌种约 32 000 种；子囊菌纲包括已知菌种最多，约 64 000 种。根据残留木材的颜色、结构和化学成分，通常将腐木担子菌分为白腐菌和褐腐菌。在所有腐烂木材的担子菌中，90% 以上为白腐菌，约 7% 为褐腐菌。然而，纤维素分解系统似乎在好氧微生物和厌氧微生物之间有所不同。在腐生真菌等需氧菌中，各种纤维素酶和其他植物细胞壁降解酶主要分泌于细胞外。在森林生态系统中，子囊菌和担子菌负责分解主要的生物聚合物，它们具有高效的胞外酶系统，是土壤微生物群落的重要组成部分，其降解木质纤维素的潜力已被充分阐明。主要的纤维素降解酶有纤维生物水解酶、内切葡聚糖酶和裂解多糖单加氧酶。纤维素酶的来源也非常广泛，昆虫、细菌、放线菌等都能产生纤维素酶。由于放线菌的纤维素酶产量极低，所以研究很少。细菌产量也不高，主要是葡聚糖内切酶，但大多数对结晶纤维素没有活性，且所产生的酶是胞内酶，或吸附在菌壁上，很少能分泌到细胞外，增加了提取纯化的难度，在工业上很少应用。

6.1.2　纤维素酶的催化机制

食药用真菌中所产的纤维素酶是一个多组分酶系，包括多种水解酶成员，一般分为以下 3 类 [1]。

（1）内切葡聚糖酶（EC 3.2.1.4，简称 EG），EG 被认为优先作用于纤维素的无序区域，它们对非晶纤维素基质（如磷酸膨胀纤维素）的作用比对结晶基质的作用更为显著，此类酶在纤维素分子内部的非结晶区水解 β-1,4-糖苷键，将长链纤维素分子截成短链，生成大量小分子纤维素。由于催化位点的变化，EG 不是完全底物特异性的，往往对几种底物表现出催化活性。EG 在各种半纤维素、木葡聚糖、木聚糖、甘露聚糖和葡聚糖的水解中起着重要的作用，这取决于它们催化位点的结构。

（2）外切葡聚糖酶（EC 3.2.1.176，CBH Ⅰ；EC 3.2.1.91，CBH Ⅱ），又称 C 酶，这类酶作用于多糖链末端，水解 β-1,4-糖苷键，每次由非还原末端切下一个纤维二糖分子，故亦称纤维二糖水解酶（简称 CBH）。

（3）β-葡萄糖苷酶（β-glucosidase，EC 3.2.1.21，简称 BG），这类酶可使纤维二糖水解为葡萄糖分子，使释放的低聚糖单一化，生成可被真菌吸收的糖。纤维素降解中微生物对纤维素水解的调节是通过最终产物的负反馈控制，以避免不必要的糖过量。因此，寡糖水解成糖可以减轻寡糖对纤维素酶降解的最终产物抑制。

通常，不同的纤维素分解类酶在纤维素降解过程中表现出协同作用。多种酶组分的同时作用使酶的水解产率显著高于单一酶组分的水解产率。纤维素分解类酶作用于纤维素周围的聚合物，特别是半纤维素和果胶，进一步提高了纤维素分解类酶对纤维素的可及性。纤维素和半纤维素的同时水解使木质纤维素多糖网络的结构变得松散，为酶提供了新的作用位点。因此，各类糖苷水解酶从相互连接的多糖网络中溶解各种多糖的合作也可以被描述为协同作用。例如，半纤维素酶减轻了纤维素酶的空间位阻增强了纤维素的可及性。

由于自然界中生态环境多样性、纤维素底物及降解微生物的多样性，纤维素降解机理的研究也有很多。许多研究人员对纤维素酶使纤维素转化为葡萄糖的过程提出了许多不同的看法。协同理论是目前被大多数学者所普遍接受的理论。该理论认为：纤维素降解是由纤维素内切葡聚糖酶、纤维素外切葡聚糖和葡萄糖苷酶共同作用的结果。首先，由葡聚糖内切酶作用于微纤维的非结晶区，使其露出许多末端供外切酶作用，纤维素外切酶从多糖链的非还原端切下纤维二糖单位；然后，部分降解的纤维素进一步由葡聚糖内切酶和外切酶协同作用，分解生成纤维二糖、三糖等低聚糖；最后，由β-葡萄糖苷酶作用水解纤维二糖单位形成葡萄糖[2,3]。

6.1.3 纤维素酶的发酵及其酶学性质

目前对食药用真菌降解纤维素研究较多的主要包括平菇、姬菇、秀珍菇、香菇、斑玉蕈、金针菇、草菇、灵芝、杏鲍菇等，表 6-1 中列举了部分食药用真菌产纤维素酶的发酵条件与培养方式。食药用真菌产纤维素酶的培养方式主要有液体发酵与固体发酵，其次还有少部分的子实体栽培。在食药用真菌发酵过程中，发酵条件对纤维素酶的生产有着显著的影响，包括培养基的组成、发酵温度、pH 等条件。一般食药用真菌产纤维素酶的培养温度为 24 ～ 28℃，pH 以中性为主，并且在培养基中加入了纤维基质，如棉籽壳、玉米芯、小麦秆粉、木薯渣、豆渣及麸皮等多种纤维基质。

表 6-1 食药用真菌中的纤维素酶

生产菌株	发酵方式	发酵条件	酶活	参考文献
平菇 *P. ostreatus*	液体发酵[a]	羧甲基纤维素钠 8.0 g/L、酵母膏 26.0 g/L、蛋白胨 10.0 g/L、NaCl 5.0 g/L、KH_2PO_4 1.0 g/L、金属铜离子 2 mmol/L，pH 7.0，25℃培养	175.56 U/L	[4]
真姬菇 206 *H. marmoreus*	液体发酵[a]	KH_2PO_4 1.0 g/L、K_2HPO_4 0.4 g/L、$MgSO_4$ 0.5 g/L、NH_4NO_3 0.5 g/L、$CaCl_2$ 13.0 mg/L、VB_1 2.5 mg/L、水稻秸秆粉 10.0 g/L，pH 7.0，28℃培养	5.59 U/mL	[5]
秀珍菇 *P.geesteranus*	液体发酵[a]	KH_2PO_4 1.0 g/L、K_2HPO_4 0.4 g/L、$MgSO_4$ 0.5 g/L、NH_4NO_3 0.5 g/L、$CaCl_2$ 13.0 mg/L、VB_1 2.5 mg/L、水稻秸秆粉 10.0 g/L，pH 7.0，28℃培养	3.77 U/mL	[5]
香菇 *L. edodes*	液体发酵[a]	葡萄糖 10.0 g/L、麦麸 20.0 g/L、酵母膏 3.0 g/L、KH_2PO_4 1.0 g/L、$MgSO_4\cdot 7H_2O$ 1.0 g/L，自然 pH，26℃培养	1.25 U/mL	[6]

续表

生产菌株	发酵方式	发酵条件	酶活	参考文献
真姬菇 *H. marmoreus*	液体培养 [a]	葡萄糖 20.0 g/L、蛋白胨 2.0 g/L、$MgSO_4 \cdot 7H_2O$ 0.5 g/L、KH_2PO_4 1.0 g/L、K_2HPO_4 0.46 g/L，自然 pH，24℃培养	85 U/mL	[7]
金针菇 *F. velutipes*	液体发酵 [a]	可溶性淀粉 30.0 g/L、黄豆粉 50.0 g/L、KH_2PO_4 0.5 g/L、VB_2 0.05 g/L，自然 pH，28℃培养	6.9 U/L	[8]
鸡腿菇 51 *C. comatus*	液体发酵 [a]	羧甲基纤维素钠 2.0 g/L、NaCl 0.5 g/L、$(NH_4)_2SO_4$ 2.0 g/L、KH_2PO_4 1.0 g/L、$MgSO_4$ 0.5 g/L，自然 pH，28℃培养	33 U/mL	[9]
鳞盖红菇 *R. pseudolepida*	液体发酵 [a]	豆渣 60.0 g/L、蛋白胨 2.0 g/L、KH_2PO_4 0.5 g/L、$MgSO_4$ 0.5 g/L、$(NH_4)_2SO_4$ 2.0 g/L、吐温-80 1.5 g/L，pH 5.4，26℃培养	416 U/L	[10]
真姬菇 31 *H. marmoreus*	子实体培养 [b]	稻草 45%、棉子壳 40%、麸皮 13%、生石灰 2%、石膏 1%，自然 pH，25℃培养	35.37 U/g	[11]
平菇韩黑 *P. ostreatus hanhei*	固态发酵 [a]	羧甲基纤维素钠 10.0 g/L、$(NH_4)_2SO_4$ 2.0 g/L、K_2HPO_4 1.0 g/L、$MgSO_4$ 0.5 g/L、$CaCl_2$ 0.5 g/L、$FeSO_4$ 5.0 mg/L、$MnSO_4$ 1.6 mg/L、$ZnCl_2$ 1.7 mg/L、$CoCl_2$ 1.7 mg/L、琼脂 20.0 g/L，自然 pH，28℃培养	41.20 U/mL	[12]
草菇 *V. volvacea*	固态发酵 [b]	木薯渣 45%、棉籽壳 45%、石膏 1%、石灰 3%、麦麸 6%，含水量 65% 左右，pH 8.0，24 ～ 35℃培养	15.3 U/g	[13]
银耳 *T. fuciformis*	子实体培养 [a]	棉籽壳 84%、麦麸 15%、石膏粉 1.5%，含水量 55% ～ 60%，自然 pH，24℃培养	220 U/mL	[14]
灵芝菌株 ZL13 *G. lucidum*	子实体培养 [b]	玉米芯 90%、石膏 1%、麸皮 8%、pH 6.0 ～ 7.0，含水量 60%，自然 pH，30℃培养	1600 U/g	[15]
杏鲍菇 CC *P. eryngii*	固态发酵 [c]	棉籽壳 100.0 g/L、土豆 100.0 g/L、麸皮 50.0 g/L，葡萄糖 20.0 g/L、琼脂 20.0 g/L、$FeSO_4$ 1.5 g/L、KH_2PO_4 3.0 g/L、蛋白胨 5.0 g/L、VB_1 20.0 mg/L，自然 pH，24℃培养	2.56 U/mL	[16]
白灵菇 *P. nebrodensis*	子实体培养 [b]	棉籽壳 78%、麦麸 20%、石灰 1%、石膏 1%，含水量 60%，自然 pH，25℃培养	50.37 U/g	[17]
茶树菇 *A. aegirita*	子实体培养 [b]	棉籽壳 39%、木屑 30%、麸皮 20%、玉米粉 8%、蔗糖 1.5%、石膏 1.5%，含水量 62%，自然 pH，25℃培养	26.57 U/g	[18]
蛹虫草 *C. militaris*	固体发酵 [b]	小麦 35%、葡糖糖 1.8%、蛋白胨 0.3%、$KHPO_4$ 0.2%、$MgSO_4$ 0.1%、VB_1 0.003%，含水量 62%，自然 pH，25℃培养	43.65 U/g	[19]

a 酶活定义：每分钟水解羧甲基纤维素钠生成 1 μmol 还原糖所需的酶量为一个酶活力单位；

b 酶活定义：每克干培养料 30 min 内催化底物生成 1 mg 葡萄糖所需的酶量为一个酶活性单位；

c 酶活定义：以每毫升样品与底物反应 30 min 内改变 0.1 个光密度值为一个活力单位。

多数食药用真菌纤维素酶存在于发酵液与食用菌培养基残渣中，过滤掉菌体即可提取，仅在草菇中就至少含有 2 种内切纤维素酶的同工酶、5 种纤维二糖水解酶和 2 种葡聚糖苷酶的纤维素酶系。部分真菌纤维素酶是胞内酶，需先进行细胞破碎后再提取。在液体发酵的培养模式下，完成发酵后首先可通过盐析、等电点沉淀、有机溶剂分级分离等手段进行粗酶的提取，然后在此基础上再通过凝胶过滤、离子交换层析、吸附层析、亲和层析来对粗酶液进行进一步纯化。

大多数食药用真菌所产纤维素酶作用于底物的最适 pH 为 4.0 ～ 6.0; pH 稳定范围大多在 4.0 ～ 9.0。此外，最适 pH 的范围与具体的反应温度也是有关的。大多数纤维素酶都具有较高稳定性。一般最适温度为 40 ～ 65℃，温度稳定范围为 50 ～ 70℃。但各组分酶的热稳定性也有差异，同时也受到 pH 的影响。在相关研究中，以猴头菌糠、平菇菌糠和滑子蘑菌糠为原料制备粗酶液，在不同 pH 和温度条件下测定纤维素酶活力。结果显示，猴头菌糠、平菇菌糠和滑子蘑菌糠纤维素酶活最适 pH 分别为 4.4、6.0、5.6，最适温度分别为 50℃、60℃、60℃ [10]。

6.1.4 纤维素酶的应用

在食品工业中，纤维素酶可改变植物细胞壁的通透性，并能提高细胞内含物的提取效率，另外，纤维素酶也被用来增加食品的营养成分，从纤维素废弃物中提取纤维寡糖、葡萄糖和其他可溶性的糖，以及除去细胞壁促进如酶、多糖和蛋白质等有用物质的释放 [20]。

在纺织行业中，牛仔布的水洗和石磨处理主要通过使用纤维素酶实现，包括起花、减量处理和生物抛光。

回收和利用废纸是解决我国造纸业环保及原料问题的有效途径之一。纤维素酶在造纸业中的应用主要包括三个方面，即纤维素酶法旧纸脱墨技术、酶法改善纸浆性能和酶法改善纤维成纸性能。此法具有物理性能优、游离度高、白度高、滤水性能好和残余油墨量低等优点，并可以缩短脱墨时间，具有较高的开发前景。另外，酶法处理还可改善磨浆的性能。纸浆在磨浆之前，使用纤维素酶和半纤维素酶进行预处理，可以改善磨浆效果。

纤维素酶在调味品、饮品和酒类的酿造中也有广泛应用，既能提高酱油浓度，又能缩短生产周期、提高生产率。在进行酒精发酵时添加纤维素酶，可显著提高酒精和白酒的出酒率、原料的利用率，降低醪液的黏度，缩短发酵时间。

除上述应用外，随着人类的发展渐渐出现了能源危机、食物短缺等一系列问题，大规模开发可再生能源已经成为未来应对能源短缺最理想的有效手段。纤维素是自然界中最丰富的生物质资源，通过利用纤维素酶将纤维素水解为可用的还原糖，然后利用其他辅助方法将还原糖进行生物转化，成为可再生能源的液体燃料乙醇，燃料乙醇可有效弥补不可再生能源石油、天然气等燃料的不足并缓解环境污染，是目前全世界最具研究前景的技术之一。

6.2 漆　　酶

6.2.1 漆酶概况

漆酶（EC 1.10.3.2）是一种含铜多酚氧化酶，属于铜蓝氧化酶家族，其最早是日本学者吉田在 1883 年从漆树（*Rhus vennicifera*）的汁液中发现的，后来研究者陆续在其他植物、微生物和昆虫等动物中也发现了漆酶的存在。

漆酶普遍存在于自然界中，在高等植物和几乎所有真菌中均被发现。目前，研究比较广泛和深入的是真菌来源的漆酶，研究角度也各不相同，主要包括菌种筛选、发酵优化、酶学性质研究和异源表达等，这为其他来源漆酶的研究提供了丰富的参考资料。据有关报道，自然界中产漆酶真菌超过 1000 种，而且有 100 多种真菌漆酶已经从相应的培养产物中被纯化出来，并对其理化特性做了深入研究。真菌漆酶主要来源于子囊菌纲、担子菌纲和半知菌纲等真菌微生物，起降解木质素的作用，其中已报道的产漆酶食药用真菌包括变色栓菌、香菇、粗皮侧耳、阿魏蘑、金针菇等。

在漆酶参与木质素的降解过程中，由于木质素是多个单元通过稳定的醚键和碳碳键连接而成的多酚类三维网状高分子芳香族化合物，结构极为复杂，且能够很好地抵御外界的侵扰与降解，真菌漆酶通过与其他微生物酶（过氧化物酶、木质素修饰酶等）共同作用，切断木质素高聚物之间的连接键，并将其侧链氧化，从而将木质素分解成小分子物质，被真菌利用达到降解木质素的目的。

6.2.2 漆酶的催化机理

通过对漆酶蛋白质晶体结构的研究，发现漆酶具有 3 个铜离子结合位点（T1、T2、T3），共结合 4 个铜离子，根据它们的氧化还原电势、光学和磁学特征划分为三种类型[21]：

（1）第一类铜离子（Cu I）为单电子受体，显顺磁性，在 614 nm 处有最大特征吸收峰，用 EPR 可以检测到。它能与包括水在内的溶剂作用，各种铜离子络合剂能将其除去，从而大大降低酶的活性。Cu I 和 4 个配体形成扭曲四面体几何构型。通过 EPR 光谱分析得知 Cu I 是漆酶产生蓝色的主要原因。

（2）第二类铜离子（Cu II）为单电子受体，也为顺磁性，没有明显的可见光吸收光谱，EPR 也可以检测。它是由 2 分子的咪唑和 1 分子的水配位形成松散的扭曲四面体几何构型，所以很容易除去，有氧条件下则不易除去。

（3）第三类铜离子（Cu IIIa，Cu IIIb）是双电子受体，为反磁性，在 330 nm 处有特征吸收峰，无法用 EPR 检测出来，它与 3 个组氨酸分子和 1 个氢氧化物分子形成受阻四面体几何构型。

根据对漆酶光谱学、动力学和晶体衍射的研究，推测漆酶的催化机理是：T1 活性位点的铜离子从还原态的底物吸收电子，底物被氧化形成自由基，进而导致各式各样的非酶促次级反应如羟化、歧化和聚合等。同时 T1 活性位点的铜离子吸收的电子通过 Cys-His 途径将其传递到三核中心的铜离子，分子氧在那里被还原成水。还原氧分子到水是经过了两步双电子反应，第一步形成超氧化物过渡体，第二步再生成水 [22]。

6.2.3 漆酶的发酵及其酶学性质

天然存在的真菌所产漆酶含量一般不高，为了满足工业生产的要求，首先要从自然界筛选漆酶高表达菌株，作为最基础的研究内容。同时，漆酶的表达和分泌受多种因素的影响，如培养基成分、pH、温度以及溶氧等。因此，为了获得高漆酶产量，除了需要高表达菌种，还需要对培养条件进行优化。在表 6-3 中列举部分食药用真菌产漆酶的发酵条件与培养方式，漆酶具有较强的降解木质素的能力，研究发现一些与木质素结构类似的芳香化合物及一些金属离子对漆酶的合成有显著的诱导促进作用。在 Palmieri[23] 的研究中，添加一定量铜离子的情况下，*P. ostreatus* 漆酶同工酶的产量得到了显著地提高。同时，某些小分子芳香族化合物由于结构与木质素结构单元类似，也可以作为漆酶合成的促进因子，在研究中被广泛用于提高漆酶产量，如愈创木酚、藜芦醇、香兰素和肉桂酸等。其中 2,5-二甲代苯胺（2,5-xylidine）就是一种有效的促进因子，可以促进多种真菌漆酶的分泌。Fahraeus[24] 的研究发现，添加一定量的 2,5-二甲代苯胺后，*Polyporus versicolor* 漆酶的酶活提高为对照组的 160 倍。此外，已有研究者克隆了灵芝漆酶基因的启动子序列，并对其进行了分析，发现在启动子区除了存在有 TATA-box、CAAT-box 及 GC-box 等基本的转录起始元件外，还存在多个潜在的顺式作用元件序列位点，包括金属响应元件（MRE）、氮因子结合位点（NIT2）和压力响应元件（SRTE）等，揭示出漆酶基因的表达可以受到一些因素的诱导与调控。

利用共培养产漆酶也是发酵生产漆酶的主要方式之一，是指将漆酶生产菌与另一种菌株在同一体系中进行混合培养，通过两株菌之间的相互协作、中间代谢产物的高效利用或者代谢产生的诱导促进物质等，从而促进漆酶生产菌更高水平地表达和分泌漆酶。比较化学诱导与重组表达两种方法，共培养方法生产漆酶具有清洁高效、节能环保等优点。目前已有较多的研究者通过共培养的方式使漆酶酶活得到了提高（表 6-2）。

表 6-2　共培养产漆酶的真菌菌株

漆酶生产菌株	共培养菌株	单培养酶活	共培养酶活	增加倍数
P. sanguineus	*P. lilacinum*	1.6 U/L	47.2 U/L	27.8
P. radiata	*Dichomitus squalens*（+）	28 U/mL	118 U/mL	4.2
P. radiata	*Ceriporiopsis subvermispora*（–）	28 U/mL	101 U/mL	3.6
P. ostreatus MTCC	*Penicillium oxalicum* SAU_E-3.510（–）	282 IU/g	376 U/g	1.33
P. ostreatus	*D. squalens*（+）	13 U/mg	67 U/mg	5.3
Coprinopsis cinerea	*Gongronella* sp.（–）	300 U/L	1 800 U/L	6
G. lucidum	*Candida* sp. HSD07A（–）	2 200 U/L	10 400 U/L	4.7
P. ostreatus	*Trichoderma viride*（–）	38.8 U/L	80.8 U/L	2.1
T. versicolor	*Candida* sp. HSD07A（–）	887 U/L	10 500 U/L	11.8
P. ostreatus CP-50	*T. viride*（CIAD 01）（–）	3.6 U/L	20.0 U/L	5.5

注：+ 表示该菌也是漆酶生产菌，– 表示该菌不产生漆酶。

共培养作为提高漆酶酶活的一种有效手段，近年来得到研究者广泛的关注，但是酶活提高的机理仍不是十分清楚。有研究者在研究射纹革菌和污叉丝孔菌共培养时，认为两株菌通过协同作用，产生木素过氧化物酶、锰过氧化物酶等多种木质素降解酶，对底物有更好的降解作用，促进菌体生长或者提供更多的漆酶诱导底物，提高了漆酶酶活；在一些白腐真菌与 *Trichoderma* spp. 共培养的研究中，研究者认为白腐真菌漆酶活性提高可能是对 *Trichoderma* spp. 产生拮抗的一种响应；但这两种可能的原因都是研究者对共培养提高漆酶酶活机制的一种推测，并没有进行相应的实验验证。而在 *T. versicolor* 和 *Candida* sp. 的共培养过程中，研究者发现 *Candida* sp. 的代谢作用会使培养基中的还原糖快速耗尽，并通过一系列实验，在共培养时每天向培养基中添加葡萄糖以保证其葡萄糖含量与单培养时一致，结束后发现对漆酶产量的促进作用消失，又通过在第 5 天将单培养的 *T. versicolor* 菌体转移至无葡萄糖培养基中培养，发酵完成后发现酶活水平得到提高，因而得出结论：由酵母消耗葡萄糖而产生的葡萄糖饥饿效应导致了漆酶过量分泌；但在 *Ganoderma lucidum* 和 *Candida* sp. 的共培养过程中，研究者通过 NMR、GC 等方法对单培养和共培养时的代谢产物进行了分析，发现 *Candida* sp. 可以将葡萄糖转变为甘油，而甘油是 *Ganoderma lucidum* 生长代谢的一种有效碳源，可以延长其漆酶分泌时间，因而认为培养过程中碳源的交替（葡萄糖消耗完全，而酵母生成的甘油成为灵芝的第二碳源）是灵芝漆酶过量生产的诱因。在研究 *Trametes trogii* 55

与 *Trametes versicolor* m26、*Lentinula edodes* 与 *Trichoderma* sp. 共培养时，发现通过添加起促进作用菌株的无细胞上清液，也可以起到提高漆酶酶活的作用，最后研究者认为在上清液中存在某些促进漆酶分泌的物质。这些原因分析虽然都具有一定的合理性，但起促进作用的物质未能具体确定或未能从深层次进行阐明；此外，由于共培养过程中选用的菌种大都不同，其漆酶酶活提高的机制可能也是不同的。

为了进一步探究共培养提高漆酶酶活的机理，研究者针对食药用真菌阿魏蘑的共培养展开了相关研究。在阿魏蘑液态发酵产漆酶的最优发酵条件下，阿魏蘑培养 48 h 后接种胶红酵母继续培养 120 h，漆酶酶活较单培养提高 150% 左右，达到约 8000 U/L，使得漆酶的产量得到大幅度提高。随后为了寻找这一共培养过程中存在哪些促进漆酶分泌的刺激因子，发现添加 30 g/L 的 70 ℃灭活的胶红酵母，阿魏蘑漆酶酶活增加至 6605 U/L，而高温灭活的酵母未有相应的促进效果，通过 GC-MS 分析最终确定胶红酵母分泌的 β-胡萝卜素是共培养过程中关键的促进因子，其添加可有效提高漆酶酶活。β-胡萝卜素的添加使漆酶的转录水平提高，它可能通过诱导基因上游某些调控元件，促进了漆酶基因的转录。这些对共培养机理的研究可在一定程度上为高效筛选共培养菌株及促进因子提供参考，从而有利于促进漆酶的高水平制备与工业化应用。

漆酶的分子质量随来源不同会有很大差异，甚至来源相同的漆酶分子质量也会不同。漆酶的分子质量一般为 59 ～ 390 kDa，等电点范围在 3.0 ～ 7.0，最适温度变化范围较广，对于大多数真菌来源的漆酶来说，其最适温度为 25 ～ 50℃，在这之间漆酶表现出较高的稳定性。真菌漆酶对酸性环境的耐受能力较强，最适 pH 为 3.5 ～ 5。以金针菇所产漆酶为例 [25]，抗坏血酸可以完全抑制该漆酶的活性；Fe^{2+}、草酸和 EDTA 对漆酶活性有强烈的抑制作用，不同浓度 K^{+}、Ca^{2+}、Mn^{2+}、Zn^{2+}、Mg^{2+} 对漆酶活性几乎无影响，Cr^{2+}、Al^{3+} 对漆酶活性有不同程度的抑制作用；Cu^{2+} 对漆酶活性的促进作用不明显。花脸香蘑 [26] 所产漆酶的最适温度为 60℃；最适 pH 为 3.0；在 50 ～ 60℃范围内具有良好的温度耐受性，60℃处理 60 min 后残余相对酶活为 60% 以上；在 pH 3.0 ～ 5.0 范围内具有良好的耐受性。金属离子对花脸香蘑漆酶有一定的影响：Zn^{2+}、Al^{3+} 对漆酶活性有抑制作用，且随着浓度升高抑制作用逐渐增强，Mn^{2+}、Cu^{2+} 在 0.625 mmol/L 时对漆酶有轻微促进作用，在 2.5 mmol/L 和 5 mmol/L 时有抑制作用；Fe^{3+} 在 1.25 mmol/L 以下有明显的抑制作用，在 5 mmol/L 有明显的促进作用；Na^{+}、K^{+}、Mg^{2+} 对漆酶活性作用不明显。

固定化技术可提高漆酶的稳定性、耐用性及后续可操作性，是一种常用的酶处理手段。微粒、纳米粒子、纳米纤维以及膜材料等多种载体已被广泛用于漆酶的固定化 [27]。其中，以磁性载体固定漆酶，仅需外加磁场便可实现催化剂与反应体系的快速分离，不仅避免了过滤或离心分离等繁琐操作，同时也提升了漆酶的使用性能，逐渐成为近年来研究者关注的热点。磁性壳聚糖、二氧化硅、碳材料等多种载体均被用于漆酶的固定化研究。通过戊二醛交联将变色栓菌漆酶固定于壳聚糖微球上，漆酶储存稳定性以及对 pH、温度的耐受力相比游离酶显著增强，对酚类物质的降解率达到 80%。有研究者将漆酶封装于磁性含铜海藻酸钠小球中，同时将 Fe_3O_4 纳米颗粒也封装其中，以实现固定化漆酶的磁性回收，Cu^{2+} 则可作为漆酶催化的辅助因子保持酶活力，利用该漆酶磁性小球可有效去除水体中的污染物。SiO_2 是一种孔径可调的介孔材料，将 Cu^{2+} 螯合于新型的磁性多孔 SiO_2 纳米粒子上，使漆酶以金属亲和吸附的方式固定于其上，此时漆酶的温度耐受性及储存稳定性均得到提高，重复使用 10 次后相对活性仍可达 86.6%。碳材料与 SiO_2 类似，也是一种比表面积较大且孔径可调的多孔材料，将变色栓菌漆酶共价结合于一种磁性双峰介孔碳材料上，其热稳定性显著增强，动力学参数显示酶与底物的亲和力发生改变，对苯酚和对氯苯酚的降解率分别可达 78% 和 84%。

表 6-3　食药用真菌中的漆酶

生产菌株	发酵方式	发酵条件	酶活	参考文献
金针菇 *F. velutipes*	液体发酵 [b]	土豆 200.0 g/L、葡萄糖 20.0 g/L，pH 6.0，25℃培养	330 U/mL	[28]
香菇 *L. edodes*	液体发酵 [a]	土豆 200.0 g/L、葡萄糖 20.0 g/L，pH 6.0，25℃培养	114.11 U/mL	[29]
秀珍菇 *P. geesteranus*	液体发酵 [a]	土豆 200.0 g/L、葡萄糖 20.0 g/L，pH 6.0，25℃培养	121 U/mL	[28]
大球盖菇 *S. rugosoannulata*	液体发酵 [a]	葡萄糖 20.0 g/L、蛋白胨 3.0 g/L、$MgSO_4$ 1.0 g/L、KH_2PO_4 2.0 g/L，pH 5.5，25℃培养	222.93 U/mL	[30]
平菇 *P. ostreatus*	液体发酵 [b]	油菜秸秆粉 30.0 g/L、豆渣粉 10 g/L、KH_2PO_4 0.5 g/L、$MgSO_4$ 0.5 g/L，自然 pH，25℃培养	8.514 U/mL	[31]
树舌灵芝 *G. applanatum*	液体发酵 [a]	小麦麸皮 20.0 g/L、豆粕 2.0 g/L、葡萄糖 20.0 g/L、KH_2PO_4 3.0 g/L、$MgSO_4$ 1.5 g/L、自然 pH，25℃培养	735.2 U/L	[32]
毛木耳 *A. polytricha*	液体发酵 [a]	麸皮 30.0 g/L、KH_2PO_4 3.0 g/L、$MgSO_4$ 1.5 g/L、$(NH_4)_2SO_4$ 1.4 g/L、$CaCl_2$ 0.3 g/L、$FeSO_4$ 5.0 mg/L、$MnSO_4$ 1.6 mg/L、VB_1 20 mg /L，自然 pH，25℃培养	188.54 U/mL	[33]
灰树花 *G. frondosa*	液体发酵 [a]	麸皮 30.0 g/L、KH_2PO_4 3.0 g/L、$MgSO_4$ 1.5 g/L、$(NH_4)_2SO_4$ 1.4 g/L、$CaCl_2$ 0.3 g/L、$FeSO_4$ 5.0 mg/L、$MnSO_4$ 1.6 mg/L、VB_1 20.0 mg /L，自然 pH，25℃培养	174.4 U/mL	[34]

续表

生产菌株	发酵方式	发酵条件	酶活	参考文献
平菇 *P. ostreatus*	液体发酵[a]	酵母膏 2.0 g/L、葡萄糖 10.0 g/L、胰蛋白胨 2.0 g/L、天冬酰胺 1.0 g/L、K_2HPO_4 2.0 g/L、$MgSO_4$ 1.0 g/L、VB_1 1.0 mg/L，自然 pH，32℃培养	217.2 U/L	[35]
花脸香蘑 *L. sordida*	液体发酵[a]	土豆 200.0 g/L，葡萄糖 20.0 g/L，$MgSO_4$ 3.0 g/L、KH_2PO_4 1.5 g/L，自然 pH，25 ℃培养	206.0 U/mL	[26]
虎皮香菇 *L. tigrinus*	液体发酵[a]	果糖 48.0 g/L、玉米粉 12.0 g/L、胰蛋白胨 9.0 g/L，$NH_4H_2PO_4$ 1.0 g/L，KH_2PO_4 2.0 g/L、$MgSO_4 \cdot 7H_2O$ 0.25 g/L，$CuSO_4 \cdot 5H_2O$ 0.25 g/L，自然 pH，30℃培养	462.59 U/mL	[36]
云芝 *C. versicolor*	液体发酵[a]	玉米粉 20.0 g/L、豆粕 15.0 g/L、花生壳 10.0 g/L、$MgSO_4$ 0.75 g/L、K_2HPO_4 1.5 g/L、$CuSO_4$ 10.0 g/L，自然 pH，30℃培养	456. 0 U/mL	[37]
鸡腿菇 *C. comatus*	液体发酵[c]	KH_2PO_4 1.0 g/L、K_2HPO_4 0.4 g/L、$MgSO_4 \cdot 7H_2O$ 0.5 g/L、$CaCl_2$ 13.0 mg/L、酵母浸汁 6 g/L、VB_1 2.5 mg/L、葡萄糖 10 g/L，自然 pH，25℃培养	110.59 U/mL	[38]
红托竹荪 *D. rubrovalvata*	固态发酵[a]	竹叶 20.0 g/L、马尾松 20.0 g/L、葡萄糖 5.0 g/L、果糖 25.0 g/L、蛋白胨 2.5 g/L、$(NH_4)_2SO_4$ 2.5 g/L、VB_6 0.16 g/L、吲哚-3-乙酸 1.6 mg/L、琼脂 8.0 g/L、木屑 100.0 g/L、马铃薯 50.0 g/L、玉米粉 100.0 g/L，自然 pH，25℃培养	52.7 U/mL	[39]
白灵侧耳 *P. nebrodensis*	固态发酵[b]	棉籽壳 78%、麦麸 20%、石灰 1%、石膏 1%，含水量 62%，自然 pH，25℃培养	176.1 U/mg	[40]
灵芝 *G. lucidum*	子实体培养[a]	玉米芯 90%、石膏 1%、麸皮 8%、pH 6.0～7.0，含水量 60%，自然 pH，30℃培养	58.33 U/mL	[41]
金针菇 *F. velutipes*	子实体培养[b]	棉籽壳 80%、麸皮 15%、玉米粉 3%、葡萄糖 1%、石膏粉 1%、自然 pH，25℃培养	199.72 U/mL	[25]

a 酶活定义：每分钟氧化 1 μmol ABTS 所需的酶量为一个酶活力单位；

b 酶活定义：每分钟引起吸光值增加 1 单位作为一个酶活力单位；

c 酶活定义：每分钟氧化 1 mol 愈创木酚的酶量为一个酶活单位。

6.2.4 漆酶的应用

降解木质素真菌是被研究较多的微生物，已证明其具有对染料反复作用后仍保持高活性的特点。其中，白腐真菌是自然界中最有效的木质素降解微生物，在降解顽固化合物上具有显著的优势，研究发现其能够降解多种不同类型的染料，如偶氮基类、杂环基类和聚合物类染料等。白腐真菌产生的木质素降解酶大都直接分泌到胞外，且一般不具有底物特异性，因此能够降解多种顽抗化合物。此外，真菌自身代谢产生的胞外酶也使白腐真菌对高浓度的污染物有更高的耐受性。

漆酶在许多领域都已经得到大规模应用，如造纸、污水脱毒与净化、染料的降解、多环芳烃类物质的分解、纺织工业、食品、药品、生物传感器、生物诊断、个人护理等诸多方面[42]。纤维素与木质素是造纸工业的主要原料，但是原料中的木质素往往和纤维素紧密交联在一起，这给纤维素的高效利用带来了一定的困难，因此在制浆工艺中需要先降解或者去除原料中的木质素。在传统的制浆过程中，一般是利用化学方法和机械方法等，达到去除原料中夹杂的木质素的目的。但是这些方法都存在一定的缺点，不仅投入的成本较高、耗能较大，而且去木质素的效果不是很好。机械法获得的纤维纸浆中木质素含量偏高，会影响纸张的质量；而化学法制备成本高，且得到的纸浆不到原重量的 50%，造成资源的严重浪费。因此，在经化学法或机械法处理原料之前，可以先采用木质素降解酶或者产木质素降解酶的真菌对原料进行预处理。有研究表明，经过白腐真菌处理后的木质原料，再经化学法制浆后，可有效提高纸张的抗张强度、颜色亮度以及产品的得率；经白腐菌处理后的原料，通过机械法制浆时，因其所含的木质素已经大大减少，因此省去了后续的提纯、漂白等步骤，同时也可在一定程度上降低电力消耗，具有良好的经济效益和环境效益。这种生物制浆法相较于机械制浆法和化学制浆法具有产率高、成本低、增大原材料选择范围的优点。另外，在漆酶对原材料进行处理的过程中，还同时起到了漂白的作用。通过生物制浆法获得的纸张，其拉伸强度和亮度更好。大多数染料都属于环状高分子物质，对光、温度的变化都不敏感，因此无法采用光解或高温分解的方法对其进行降解。漆酶可以有效地将环类物质分解掉，有效地分解水中有毒高分子物质，降低污水中的 COD 和 BOD。

漆酶可以缩短纺织品染色的时间，降低染色成本。另外，利用漆酶对布料进行处理的过程中涉及对布料中胶原蛋白的处理，因此，相较于传统的布料染制方法可以使产品更为柔软、舒适。有研究报道称，漆酶可以将碘化物氧化得到漆酶-碘化盐，已经应用在各种工业、医疗、家庭、个人护理等方面，如饮用水和游泳池的消毒、伤口的处理。另外，将漆酶应用于美容美发行业同样具有诸多优点，如不具有传统染发剂的难闻气味、对皮肤伤害较小且更为绿色无害。

漆酶在食品工业中的很多领域都得到了应用，如面团改良、延长食品保质期、食品原料去毒素等，其中最主要的是在饮料酒水澄清过程中的应用。啤酒、红酒和果汁由于含有酚类或芳胺类物质，在加工和存储过程中会与铁、铜离子，以及一些酶类物质发生氧化反应，使其在储存期间会逐渐变得混浊或产生沉淀，甚至会导致产品口感和风味的改变。而酚类或芳胺类物质均是漆酶的催化底物，因此可以通过漆酶来催化氧化酚类和芳胺类物质进行耦合、低聚或多聚反应，以除去葡萄酒中的多酚类物质，从而提高酒水的稳定性。此外，在果汁行业中也可以利用漆酶作为稳定剂，防止果汁颜色发生褐变，从而提高果汁的质量和透明度，达到延长储存期的目的。利用漆酶对酒和果汁进行处理可以有效地避免混浊、腐坏，获得的产品质量稳定、品质优良，可以实现少量或不添加二氧化硫。在面包制作过程中，添加漆酶可以改善面包的质地、体积、风味和新鲜度，同时增加面团的可加工性。

6.3　其他木质素降解类酶

木质素是植物经光合作用产生的一类仅次于纤维素的复杂有机聚合物，也是一种可再生资源，其广泛存在于维管植物、木材和树皮的细胞壁中。木质素在细胞壁的形成中特别重要，在支持组织中也起着重要的作用。它也是 3 种苯丙烷单元通过醚键和碳碳键相互连接形成的具有三维网状结构的生物高分子，其结构中具有大量的芳环结构、芳香族羟基、脂肪族以及醌基等活性基团。它们随机组合在一起，具有不均匀、无旋光性及高度抗生物降解性的特点。它包围着纤维素和半纤维素，与细胞壁成分紧密结合，这种稳定的结构使组织非常致密，可防止过多水分和有害物质渗入细胞壁，起支持和保护作用，但是也使得这些物质不易降解。因此，木质素的降解在地球碳循环中处于十分重要的地位。食药用真菌生物降解木质素的主要降解酶系由木质素过氧化物酶、锰过氧化物酶和漆酶组成。木质素过氧化物酶与锰过氧化物酶同属于过氧化物酶，漆酶属于多酚氧化酶[43]。

食药用真菌降解木质素所涉及的降解酶系不尽相同，如姬松茸具有 3 种完整的木质素降解酶系，而双孢蘑菇降解木质素的酶系主要为木质素过氧化物酶和锰过氧化物酶。平菇具有强大的漆酶分泌能力，其分泌基因已被测序，同时被测序的还有双孢蘑菇的锰过氧化物酶分泌基因。即使是同种食药用真菌不同菌株之间，其降解木质素的酶系也不尽相同。其他与分解木质素有关的酶还有纤维二糖脱氢酶（CDH）、乙二醛氧化酶（GLOX）和芳基醇氧化酶（AAO）等[44]。

6.3.1　木质素过氧化物酶

1. 木质素过氧化物酶概况

自然界中，能降解木质素并产生相应酶类的生物只占少部分。木质素的完全降解是真菌、细菌及相应的生态群落共同作用的结果，其中真菌起主要作用。降解木质素的真菌主要有：使木材呈白色腐朽的白腐真菌，使木材呈褐色腐朽的褐腐真菌，以及微型软腐真菌。前两者属于担子菌纲。白腐真菌降解木质素的能力优于其降解纤维素的能力，其首先在降解木材中的木质素时能够较好地保持纤维素结构不被破坏，并且不产生色素，所以使木材呈现白色腐朽。而褐腐真菌降解木质素的能力弱于其降解纤维素的能力，其首先降解纤维素并分泌黄褐色的色素使木材呈现黄褐色腐朽。白腐真菌能够分泌胞外木质素氧化酶（木质素过氧化物酶、锰过氧化物酶和漆酶）降解木质素，被认为是降解木质素最主要的微生物。在研究白腐真菌降解木质素作用时，发现白腐菌的酶液具有极高的降解木质素的能力。根据白腐真菌优先降解细胞壁成分的不同可将其分为两类：第一类，既能降解木质素，又能降解纤维素和半纤维素，代表菌株为少数黄孢原毛平革菌；第二类，优先降解木质素，后降解纤维素和半纤维素，代表菌株为粗毛栓菌、平菇。

木质素过氧化物酶是第一个从黄孢原毛平革菌中发现的木质素降解酶[45]，在木质素降解中起关键性作用。木质素过氧化物酶的产生菌在自然界分布相当广泛，木质素过氧化物酶又叫木质素酶，是一种含血红素的糖蛋白，血红素埋在蛋白质内构成活性中心，属于胞外酶，是最早被发现的木质素降解相关酶，与锰过氧化物酶类似，是降解木质素的过氧化物酶系的主要成分，通常可以处理很多难降解的芳香族化合物，氧化多种多环芳烃、酚类物质。

2. 木质素过氧化物酶催化机制

木质素过氧化物酶与其他过氧化物酶相似，运行一个典型的过氧化物酶催化循环。木质素大分子不能接近该酶的活性中心，其结合位点是一段有序的糖残基，位于接近活性中心通道表面的裂缝中。木质素过氧化物酶的特点是能氧化富含电子的酚型或非酚型芳香化合物，在通过电子传递体攻击木质素时，它能从苯酚或非酚类的苯环上夺取一个电子，将其氧化成自由基，继而以链式反应产生许多不同的自由基，导致木质素分子中主要键断裂。对木质素底物的催化氧化作用，起始于木质素过氧化物酶作为过氧化氢（H_2O_2）的电子供体，被其氧化产生缺 2 个电子的中介体称为木质素过氧化物酶化合物 I，木质素过氧化物酶化合物I对芳香底物的 1 个电子的氧化作用，使木质素过氧化物酶化合物 I 成为缺 1 个电子的中介体，称为木质素过氧化物酶化合物 II。木质素过氧化物酶具有很低的底物专一性，可与一系列不同的木质素模型化合物发生反应，芳香底物被提取 1 个电子而氧化，形成芳香阳离子基，它既可作为一个反应基团，也可作为一个阳离子，可以进一步发生一系列的支路反应形成一系列的降解小分子。由于木质素过氧化物酶具有较高的氧化还原潜能，是比其他的过氧化物酶更有力的氧化剂，因此不仅能氧化通常的过氧化物酶底物苯酚和芳香胺，也能通过适当的离子化作用氧化一系列其他的芳香醚和多环芳香化合物，包括能够氧化没有自由酚基的甲氧基芳香环，木质素过氧化物酶最简单的芳香底物是甲氧基苯和苯甲基醇。在木质素聚合体内的这些反应会产生许多产物，在自然条件下白腐菌对木材中木质素的降解过程中已检测到这些产物。木质素过氧化物酶的晶体结构已被确定，它能氧化铁细胞色素 c，表明这种酶能直接作用于聚合的木质素。

3. 木质素过氧化物酶的发酵及其酶学性质

目前在食药用真菌中关于木质素过氧化物酶中研究较多的主要包括：平菇、凤尾菇、香菇、虎皮香菇、双孢蘑菇、姬松茸、金针菇、扇形侧耳、猴头菇、裂褶菌、茶树菇、肺形侧耳、灵芝、云芝、杏鲍菇、木耳、羊肚菌、黄伞等。表 6-4 中列举了部分食药用真菌产木质素过氧化物酶的发酵条件与培养方式。木质素过氧化物酶的生产同样以液体发酵方式为主，在金针菇[46]液体发酵培养条件的基础上进行优化，发现在 27℃、pH 5.5、转速 100 r/min、接种量为 5% 的条件下，可获得较高的木质素过氧化物酶酶活。研究表明，碳源和氮源也是食药用真菌降解木质素和产酶的一个极为主要的影响因素，可通过改变培养条件大大提高菌株木质素过氧化物酶的产量，其中木耳和灵芝具有良好的木质素降解能力。二者产酶最佳条件均为温度 30℃、pH 7.0、碳氮比 20∶1，说明两种菌株都是常温、中性偏微碱性真菌菌株。

木质素过氧化物酶分子质量一般在 37 ～ 47 kDa，经过纯化后的木质素过氧化物酶的分子质量在 40 kDa 左右，等电点为 3.5 左右，最适酶活温度为 35 ～ 55℃，最适 pH 为 2.0 ～ 5.0。以云芝[47]所产的木质素过氧化物酶为例，该酶的最适温度为 40℃，在 30 ～ 40℃范围内较稳定；最适 pH 为 2.5，pH 在 2.0 ～ 3.5 较稳定；此外，Zn^{2+} 对木质素过氧化物酶还有着激活作用，Na^{+} 对酶活力没有影响，Ca^{2+}、K^{+}、Mg^{2+}、Mn^{2+}、Cu^{2+} 及 EDTA、SDS、β-巯基乙醇对酶活力都表现出抑制作用。

表 6-4 食药用真菌中木质素过氧化物酶的总结

生产菌株	发酵方式	发酵条件	酶活	参考文献
云芝 *C. versicolor*	液体发酵[a]	葡萄糖 20.0 g/L、NH_4Cl 0.3 g/L、KH_2PO_4 4.0 g/L、$MgSO_4 \cdot 7H_2O$ 0.3 g/L、$CaCl_2$ 0.3 g/L、藜芦醇 0.182 g/L，自然 pH，28 ℃培养	72.00 U/mL	[47]
木耳 *A. auricula*	液体发酵[a]	葡萄糖 10.0 g/L、KH_2PO_4 3.0 g/L、VB_1 50.0 μg/L、Mandel 无机营养液 1 L，pH 7.0，30℃培养	121.80 U/L	[48]
灵芝 *G. lucidum*	液体发酵[a]	葡萄糖 10.0 g/L、KH_2PO_4 3.0 g/L、VB_1 50.0 μg/L、Mandel 无机营养液 1 L，pH 7.0，30℃培养	112.30 U/L	[48]
韧革菌 *Stereum* sp.	液体发酵[b]	土豆 200.0 g/L、葡萄糖 20.0 g/L、KH_2PO_4 3.0 g/L、$MgSO_4$ 1.5 g/L、VB_1 0.05 g/L，pH 7.0，25℃培养	109.68 U/L	[49]
黄孢原毛平革菌 *P. chrysosporium*	液体发酵[a]	葡萄糖 10.0 g/L、酒石酸铵 1.2 mg/L、KH_2PO_4 0.2 g/L、$MgSO_4 \cdot 7H_2O$ 0.05 g/L、$CaCl_2$ 0.01 g/L、VB1 1.0 mg/L、$MnSO_4 \cdot H_2O$ 0.5 mg/L、$FeSO_4 \cdot 7H_2O$ 0.1 mg/L、$AlK(SO_4)_2$ 0.01 mg/L、$NaMoO_4$ 0.01 mg/L、$CoSO_4$ 0.1 mg/L、$CuSO_4 \cdot 5H_2O$ 0.01 mg/L，自然 pH，30℃培养	1 086.02 U/L	[50]

续表

生产菌株	发酵方式	发酵条件	酶活	参考文献
白腐真菌 F2 white rot fungus	液体发酵 [a]	酒石酸铵 0.2 mg/L、KH_2PO_4 2.0 g/L、$CaCl_2$ 0.132 g/L、$MnSO_4 \cdot 7H_2O$ 1.5 g/L、VB_1 1.0 mg/L、吐温-80 0.5 g/L、少量微量元素，自然 pH，30℃培养	60.50 U/L	[51]
裂褐菌 crack brown fungus	液体发酵 [a]	酒石酸铵 0.2 mg/L、KH_2PO_4 2.0 g/L、$CaCl_2$ 0.132 g/L、$MnSO_4 \cdot 7H_2O$ 1.5 g/L、VB_1 1.0 mg/L、吐温-80 0.5 g/L、少量微量元素，自然 pH，30℃培养	373.09 U/L	[52]
秀珍菇 *P. geesteranus*	固体发酵 [a]	木屑 43%、棉籽壳 30%、麸皮 20%、玉米 5%、$CaCO_3$ 1%、石灰 1%，自然 pH，23～25 ℃培养	49 600 U/mL	[53]
鸡尾菇 *P. pulmonarius*	固态发酵 [c]	小麦秸秆 15 g、葡萄糖 0.75 g、酒石酸铵 0.15 g、微量元素溶液 45 mL，自然 pH，28℃培养	691.08 U/g	[54]
粗毛栓菌 *T. gallica*	固体发酵 [a]	麦草粉 25%、酒石酸铵 2.2%、葡萄糖 20%、KH_2PO_4 2%、VB_1 0.1%，含水量 65%，pH 4.2，28℃培养	21.01 U/L	[55]
黑木耳菌种 *A. auricula*	固体发酵 [a]	木屑 43%、棉籽壳 30%、麸皮 20%、玉米 5%、$CaCO_3$ 1%、石灰 1 %，自然 pH，23～25℃培养	6.7 U/L	[56]
云芝 *Coriolus versicolor*	固体发酵 [b]	土豆 200.0 g/L、葡萄糖 20.0 g/L、KH_2PO_4 3.0 g/L、$MgSO_4$ 1.5 g/L、VB_1 0.05 g/L，pH 7.0，25℃培养	9.53 U/L	[49]
小薄孔菌 *Antrodiella* sp.	固体发酵 [b]	土豆 200.0 g/L、葡萄糖 20.0 g/L、KH_2PO_4 3.0 g/L、$MgSO_4$ 1.5 g/L、VB_1 0.05 g/L，pH 7.0，25℃培养	9.50 U/L	[49]

a 酶活定义：每分钟形成 1 μmol 藜芦醛为 1 个酶活力单位；
b 酶活定义：以每分钟内氧化 1 μmol 的 Mn^{2+} 转化为 Mn^{3+} 所需酶量为一个酶活力单位；
c 酶活定义：每克样品中每分钟引起 0.001 个吸光度增加所需酶量定义为 1 个洁力单位。

4. 木质素过氧化物酶的应用

木质素过氧化酶可以在畜牧生产中进行应用。例如，2002 年，赵红霞等 [57] 利用白腐真菌降解秸秆中的木质素和纤维素，使其成为含有酶的糖类，提高了秸秆的适口性，易于消化吸收。利用白腐真菌的菌丝分泌的超纤维氧化酶可溶解秸秆表面的蜡质，菌丝进入秸秆内部并产生纤维素酶、半纤维素酶、内切聚糖酶、外切糖酶，从而可降解木质素和纤维素，实现对木质素无特异性的彻底氧化，使秸秆降解成为含有酶的单糖，从而提高了秸秆的消化性。

木质素过氧化物酶在降解有机污染物、生物制浆、处理污染废水等方面还有广泛的应用 [58, 59]。张朝晖等研究表明，黄孢原毛平革菌所产的木质素过氧化物酶能氧化多种多氯酚类物质，有些酚类物质常常是广谱生物杀虫剂或除草剂的前体。林鹿等报道，木质素过氧化物酶单独使用或与其他酶适当配合处理纸浆，使得制得的纸张具有良好的抗张强度和平滑度，这不仅提高了纸张白度，而且还降低了纸张的卡伯值。此外，木质素过氧化物酶可以处理含 2,4-二溴苯酚等工业废水，在氧化的过程中形成二聚体、三聚体和四聚体，从而消除了废水的毒性。

6.3.2 锰过氧化物酶

1. 锰过氧化物酶概况

锰过氧化物酶属氧化还原酶，是真菌分泌的一种糖基化胞外蛋白，其是一种含铁血红素的糖基化过氧化物酶，在 Mn^{2+} 和 H_2O_2 存在时，锰过氧化物酶能氧化分解芳香环多聚体，被认为是木质素降解的关键酶之一。该酶广泛存在于植物和真菌中，昆虫和细菌中少量存在，引起白腐的木腐菌是其主要生产菌[60]。1984 年，首次从白腐真菌黄孢原毛平革菌木质素裂解培养液中分离检测到锰过氧化物酶。锰过氧化物酶是木质纤维素降解酶系中唯一一种使用 Mn^{2+} 作为电子供体的酶类，使其变成高活性的三价锰离子 Mn^{3+}，螯合的 Mn^{3+} 可作为氧化还原中介体，渗透、扩散到木材细胞内木质素结构中，然后在其他酶的协同作用下导致大分子的断裂，通过提取氢原子和一个电子来降解木质素大分子。所以，锰过氧化物酶是木质素起始降解的关键酶。

2. 锰过氧化物酶的催化机制

锰过氧化物酶由 1 个铁血红素基和 1 个 Mn^{2+} 构成了活性中心，另外还有 2 个起稳定结构作用的 Ca^{2+}。锰过氧化物酶的活性不仅依赖于 H_2O_2，还依赖于 Mn^{2+} 的存在。锰过氧化物酶优先氧化广泛存在于木材和土壤中的 Mn^{2+}，以 Mn^{2+} 作为首选酶反应还原底物，即电子供体，使其变成高度活性的 Mn^{3+}。循环始于含有 Fe^{3+} 的酶与 H_2O_2 或有机过氧化物结合形成铁过氧化物联合体，同时亚铁血红素上的 2 个电子转移到过氧化物的双氧键上，使其断裂释放出 1 分子 H_2O，并形成复合物Ⅰ。接着由 1 个螯合的 Mn^{2+} 作为电子供体将复合物Ⅰ还原为复合物Ⅱ，同时自身被氧化为 Mn^{3+}，随后复合物Ⅱ再被 1 个螯合的 Mn^{2+} 还原回原型完成该循环，放出 2 分子 H_2O。Mn^{3+} 通过螯合作用与有机酸（如草酸、丙二酸、苹果酸等）结合形成稳定的高氧化还原电势。螯合的 Mn^{3+} 作为低分子质量可扩散的物质，成为氧化还原中介体，是可渗透或扩散到木材细胞内木质素结构中的氧化剂，可以氧化苯酚、甲氧基芳香族化合物、硝基 / 氯代芳香族化合物和有机酸。另外，锰过氧化物酶对高浓度的 H_2O_2 敏感，易被氧化为无活性的氧化态复合物Ⅲ[61]。

3. 锰过氧化物酶的发酵及其酶学性质

表 6-5 中列举了部分食药用真菌产锰过氧化物酶的发酵条件与培养方式。白腐真菌产锰过氧化物酶受到诸多培养条件的影响[62]。①培养温度：不同的培养温度

对锰过氧化物酶的产生及其酶活力有较大的影响，并且不同菌株产锰过氧化物酶的最适温度也不同，如木质层孔菌产锰过氧化物酶的最适温度范围为 30 ～ 35℃，黄孢原毛平革菌为 36 ～ 40℃，变色栓菌为 30 ～ 35℃。② pH：白腐真菌培养环境的 pH 与其生长密切相关，同时，pH 还会影响培养基中化合物的离子化程度及菌体细胞膜上所带的电荷数，从而可能会影响细胞的生长与代谢。通常白腐真菌生长的最适 pH 为 4.5 ～ 5.5，黄孢原毛平革菌产锰过氧化物酶最适 pH 为 4.4 ～ 4.8，白腐菌 F2 菌株产锰过氧化物酶的最适 pH 为 3.6。③ Mn^{2+} 浓度：Mn^{2+} 是很多白腐真菌产锰过氧化物酶必不可少的成分。在一定范围内，菌株产锰过氧化物酶的能力随着 Mn^{2+} 浓度的增加而提高，但当 Mn^{2+} 浓度升高到一定程度后，浓度继续增加，产酶能力不再提高。④氮源和碳源对产锰过氧化物酶的影响：首先，碳源种类的不同对锰过氧化物酶的产生有很大的影响；其次，碳源浓度过高也会抑制锰过氧化物酶的产生。在限氮的条件下，白腐真菌产锰过氧化物酶的产量较高。以小麦秸秆为主要碳源对发酵条件进行了优化研究。结果表明，云芝最佳产酶条件为：pH 3.0、培养温度 30℃、碳源添加量 15 g/L，锰过氧化物酶的活力提高了 3.59 倍。

锰过氧化物酶的分子质量一般为 38 ～ 62.5 kDa，有多种同工酶，且那些同工酶具有不同的等电点，最适 pH 一般在 4 ～ 5，最适酶促反应温度为 25 ～ 50℃。以平菇为例 [63]，最适 pH 在 4 ～ 5，最适温度为 25℃，Mn^{2+}、Cu^{2+}、Ca^{2+} 和 K^+ 增强了锰过氧化物酶的活性，Hg^{2+} 和 Cd^{2+} 可抑制锰过氧化物酶的活性，在 5 mmol/L 时，H_2O_2 增强了锰过氧化物酶的活性，而在 10 mmol/L 时，H_2O_2 对锰过氧化物酶的活性有明显的抑制作用。云芝液态发酵所产的锰过氧化物酶 [64]，最适温度为 40℃、最适 pH 5.0，在 pH 4.0 ～ 7.0 的范围内不仅表现出高活性和高稳定性，而且还具有较好的耐热性。但同样的 Mn^{2+} 和 Cu^{2+} 可大大提高锰过氧化物酶的活性。

表 6-5　食药用真菌中的锰过氧化物酶

生产菌株	发酵方式	发酵条件	酶活	参考文献
平菇 *P. ostreatus*	液态发酵 [a]	葡萄糖 20.0 g/L、尿素 7.5 g/L、酵母提取物 15.0 g/L、KH_2PO_4 2.5 g/L，诱导剂 2, 5-二甲基苯 1 mmol/L，pH 5.5，28 ℃培养	78.53 U/mL	[65]
灵芝 *G. lucidum*	液态发酵 [b]	葡萄糖 10.0 g/L、KH_2PO_4 3.0 g/L、VB_1 150 μg/L、KH_2PO_4 2.0 g/L、$(NH_4)_2SO_4$ 1.4 g/L、$MgSO_4 \cdot 7H_2O$ 0.3 g/L、$CaCl_2$ 0.3 g/L、$FeSO_4 \cdot 7H_2O$ 5.0 mg/L、$MnSO_4 \cdot H_2O$ 1.6 mg/L、$ZnSO_4 \cdot 7H_2O$ 1.4 mg/L、$CoSO_4$ 2.0 mg/L，pH 7.0，30 ℃培养	174.6 U/L	[66]
云芝 *C. versicolor*	液态发酵 [b]	葡萄糖 10.0 g/L、酒石酸铵 0.2 g/L、KH_2PO_4 0.21 g/L、$MgSO_4 \cdot 7H_2O$ 0.05 g/L、$CaCl_2$ 0.01 g/L、VB_1 1.0 mg/L、吐温-80 1.0 g/L、藜芦醇 1.0 mmol/L、10 mL 微量矿物溶液，pH 4.5，30 ℃培养	1.94 U/mL	[64]

续表

生产菌株	发酵方式	发酵条件	酶活	参考文献
朱红栓菌 *Pycnoporus cinnabarius*	液态发酵[b]	酵母膏 2.0 g/L、葡萄糖 10.0 g/L、胰蛋白胨 2.0 g/L、天冬酰胺 1.0 g/L、K_2HPO_4 2.0 g/L、$MgSO_4$ 1.0 g/L、VB_1 1.0 mg/L，自然 pH，32 ℃培养	540 U/L	[67]
香菇 *L. edodes*	液态发酵[c]	土豆 200.0 g/L、葡萄糖 20.0 g/L，pH 6.0，25 ℃培养	1000 U/L	[68]
猴头菇 *H. erinaceus*	液态发酵[d]	低氮天冬酰胺-琥珀酸培养基（LNAS），25℃培养	45.56 U/L	[69]
金针菇 *F. velutipes*	液态发酵[a]	木质素磺酸钙 2.0 g/L、葡萄糖 1.0 g/L、酒石酸铵 0.2 g/L、KH_2PO_4 20.0 g/L、$MgSO_4$ 5.0 g/L、$CaCl_2$ 1 g/L、微量元素 70 mL/L，自然 pH，24℃培养	66.5 U/mL	[63]
糙皮侧耳 *P. ostreatus*	液态发酵[b]	酵母膏 2.0 g/L、葡萄糖 10.0 g/L、胰蛋白胨 2.0 g/L、天冬酰胺 1.0 g/L、K_2HPO_4 2.0 g/L、$MgSO_4$ 1.0 g/L、VB_1 1.0 mg/L，自然 pH，24℃培养	120 U/L	[67]
木蹄层孔菌 *F. fomentarius*	液态发酵[c]	麦麸 23.0 g/L、蛋白胨 2.0 g/L、KH_2PO_4 2.0 g/L、$MgSO_4$ 0.5 g/L、$CaCl_2$ 0.1 g/L、琥珀酸甲酯 1.3 g/L、微量元素 70.0 mL/L、VB_1 1.0 mg/L，自然 pH，28℃培养	123.5 U/L	[70]
茯苓菌 *P. cocos*	液态发酵[b]	葡萄糖 20.0 g/L、酒石酸铵 0.2 g/L、KH_2PO_4 2.0 g/L、$MgSO_4$ 1.5 g/L、VB_1 20.0 mg/L、其他元素混合液 150 mL/L，自然 pH，35 ℃培养	1249.7 U/L	[71]
杏鲍菇 *P. eryngii*	固态发酵[b]	71 % 棉子壳、21% 麦麸、4% 玉米粉、2% 白糖、2% 碳酸钙，自然 pH，含水量 60 %，自然 pH，22 ~ 25℃培养	554 U/mL	[72]
木耳 *A. auricula*	固态发酵[d]	木屑 43%、棉籽壳 30%、麸皮 20%、玉米 5%、$CaCO_3$ 1%、石灰 1%，含水量 60%，自然 pH，23 ~ 25℃培养	37.2 U/mL	[73]

a 酶活定义：每分钟增加一个 0.01 单位吸光度变化所需的酶液量为 1 个酶活单位；
b 酶活定义：每分钟氧化 1 μmol/L Mn^{2+} 形成 Mn^{3+} 所需的酶量为 1 个酶活单位；
c 酶活定义：每克样品每分钟氧化 1 nmol 愈创木酚所需的酶量为 1 个酶活单位；
d 酶活定义：每分钟催化 1 μmol 2,6-二甲基苯酚所需的酶量为 1 个酶活单位。

4. 锰过氧化物酶的应用

锰过氧化物酶的底物专一性弱，具有氧化降解各类芳香族化合物的独特能力，在农业废弃物的处理、纸浆的生物漂白、染料的脱色、有机污染物的降解和催化聚合反应等方面已有较多的研究与应用。因此，锰过氧化物酶具有极高的工农业应用潜力[74, 75]。我国是农业大国，农作物秸秆中蕴藏着丰富的能量，年产农作物秸秆达 6 亿吨，是生产牲畜饲料的重要资源，占全世界秸秆总量的 20% ~ 30%。染料为人工合成的大分子芳香烃化合物，品种繁多，结构复杂，难以降解。白腐菌对染料的脱色作用包括物理吸附和酶促降解两个方面。酶促降解是指利用白腐菌产生的特殊酶系来催化氧化还原染料分子，破坏其不饱和共轭键，同时产生˙OH、H_2O_2 及超氧化物等氧化性物质，起到脱色和降解效果。

其次，利用木质素降解菌或生物酶（锰过氧化物酶、木质素过氧化物酶、漆酶和半纤维素酶等）处理纸浆，可改善纸浆性能，减少化学药品用量，降低污染负荷。锰过氧化物酶被认为是纸浆漂白的关键酶之一。工业“三废”、化学农药等有机污染物分解时往往产生毒性物质，锰过氧化物酶对许多结构不同的高毒性、大分子、难降解有机化合物质具有广谱的降解能力，包括有机氯化物染料、硝基炸药、氰化物、多环芳烃、二氧六环类、四氯化碳、杂酚油等，经过氧化、还原、脱氯、羟化、环断裂等逐步降解为 CO_2 和其他降解产物。

（丁重阳　马忠宝　赵丽婷）

参考文献

[1] 傅佑丽 , 石家骥 , 韩龙 . 微生物中纤维素酶的研究进展 . 曲阜师范大学学报 (自然科学版), 2019, 45(4): 91-95.
[2] 吴周斌 , 张健 , 王佳敏 , 等 . 不同培养料对真姬菇胞外酶活性的影响 . 北方园艺 , 2015, 8: 145-149.
[3] 王蔚 , 高培基 . 褐腐真菌木质纤维素降解机制的研究进展 . 微生物学通报 , 2002, 29(3): 90-93.
[4] 王强 . 降解木质纤维素的侧耳属菌株的筛选及酶学特性研究 . 邯郸 : 河北工程大学硕士学位论文 , 2019.
[5] 孙江慧 . 几株食用菌对秸秆木质纤维素降解能力的研究 . 南京 : 南京农业大学硕士学位论文 , 2012.
[6] 殷书平 , 程贤利 , 陈文强 . 香菇液体发酵过程中生理指标的检测分析 . 北方园艺 , 2016, (8): 142-145.
[7] 郭艳艳 , 阮玲云 , 冯宏昌 , 等 . 不同营养条件下斑玉蕈菌丝生长及产酶特性 . 菌物学报 , 2014, 33(3): 697-705.
[8] 丁霄霄 , 李凤伟 , 商曰玲 , 等 . 金针菇液态发酵培养初步研究 . 中国酿造 , 2018, 37(9): 124-129.
[9] 徐源 , 崔继鹏 , 武秋颖 , 等 . 高活性纤维素酶食用菌菌种筛选 . 唐山师范学院学报 , 2019, 41(3): 64-66.
[10] 丁玉萍 , 韩诚武 , 赵永勋 , 等 . 几种食用菌产胞外纤维素酶对比及其产酶条件的优化 . 北方园艺 , 2012, 23: 119-121.
[11] 姜性坚 , 王春晖 , 彭运祥 , 等 . 5 个姬菇菌株不同生长阶段漆酶及纤维素酶活力测定 . 食用菌 , 2010, 32(6): 9-10.
[12] 孙江慧 , 张楠 , 沈其荣 , 等 . 几种食用真菌降解稻草的潜力研究 . 南京农业大学学报 , 2012, 35(6): 49-54.
[13] 吴圣进 , 王灿琴 , 汪茜 , 等 . 草菇生长发育过程中胞外酶活性变化 . 中国食用菌 , 2015, 34(1): 53-56.
[14] 张海洋 , 林辉 , 王长文 , 等 . 不同温度下银耳生理变化规律与出耳农艺性状分析 . 广东农业科学 , 2017, 44(12): 12-15.
[15] 韩嘉钰 , 魏巍 , 余梦瑶 , 等 . 不同栽培基质对灵芝基质营养物质及胞外酶活的影响 . 时珍国医国药 , 2016, 27(3): 715-719.
[16] 李守勉 , 李明 , 田景花 , 等 . 八个杏鲍菇菌株胞外酶活性及蛋白质含量的研究比较 . 食用菌 , 2007, (6): 11-12.
[17] 周长青 , 王秀峰 , 李玉 . 白灵菇生长发育过程中胞外酶活性的变化规律 . 食用菌学报 , 2008, 2: 64-68.
[18] 吴亚召 , 张文隽 , 雷萍 , 等 . 茶树菇生长发育过程中几种胞外酶活性的变化 . 西北农林科技大学学报 (自然科学版), 2018, 46(11): 115-120.
[19] 宋好倩 . 蛹虫草生长营养特性及胞外酶活性的研究 . 新乡 : 河南科技学院硕士学位论文 , 2017.
[20] 邵学良 , 刘志伟 . 纤维素酶的性质及其在食品工业中的应用 . 中国食物与营养 , 2009, (8): 34-36.
[21] 王国栋 , 陈晓亚 . 漆酶的性质、功能、催化机理和应用 . 植物学通报 , 2003, 20(4): 469-475.

[22] Giardina P, Faraco V, Pezzella C, et al. Laccases: a never-ending story. Cellular and Molecular Life Sciences, 2010, 67(3): 369-385.

[23] Aoife M M, Evelyn M D, Sarah B, et al. Biochemical characterization of the coexisting tyrosinase and laccase in the soil bacterium *Pseudomonas putida* F6. Enzyme and Microbial Technology, 2007, 40: 1435-1441.

[24] Heinzkill M, Bech L, Halkier T, et al. Characterization of laccases and peroxidases from wood rotting fungi(Family Coprinaceae). Applied and Environmental Microbiology, 1998, 64(5): 1601-1606.

[25] 骆燕 . 一株高产漆酶野生金针菇菌株的鉴定及酶学性质研究 . 食用菌 , 2018, 40(3): 7-11.

[26] 周金洋 . 花脸香蘑培养条件的优化及其漆酶的研究 . 泰安 : 山东农业大学硕士学位论文 , 2020.

[27] Tülin A, Semra G. Characterization and immobilization of *Trametes versicolor* laccase on magnetic chitosan-clay composite beads for phenol removal. Artificial Cells Nanomedicine and Biotechnology, 2015, 44(7): 1708-1713.

[28] 王雪 , 刘太林 , 杨焜梅 , 等 . 产漆酶真菌的筛选及发酵产酶条件的优化 . 安徽农学通报 , 2019, 25(23): 31-33.

[29] 陈小敏 , 吴海冰 , 向泉桔 , 等 . 不同温度培养对香菇漆酶活性及转录表达的影响 . 四川大学学报 (自然科学版), 2019, 56(01): 155-160.

[30] 钱磊 , 张业尼 , 陈雪 , 等 . 大球盖菇漆酶的分离纯化及酶学性质研究 . 生物技术通报 , 2018, 34(4): 127-132.

[31] 黄娇 , 孙冬梅 , 柯丽霞 . 平菇高产漆酶和锰过氧化物酶液体培养条件的优化 . 安徽师范大学学报 (自然科学版), 2019, 42(6): 555-561.

[32] 刘晓丹 , 王霞 , 杨祥波 , 等 . 一株高漆酶活性树舌灵芝降解木质素条件的优化 . 中国食用菌 , 2019, 38(9): 37-41.

[33] 徐安民 , 李力 , 马森 , 等 . 毛木耳 5.584 产漆酶发酵条件优化及降解麦麸的研究 . 河南工业大学学报 (自然科学版), 2020, 41(3): 65-71.

[34] 佟硕秋 , 王宝琴 , 刘凤玉 , 等 . 灰树花漆酶的酶学性质及其脱色作用研究 . 山东化工 , 2015, 44(6): 34-38.

[35] 马倩倩 , 赵丽红 , 聂飞 . 糙皮侧耳 C1 诱变菌株 F-13 漆酶催化染料脱色 . 科学技术与工程 , 2019, 19(6): 304-307.

[36] 孙瑞雪 , 杨萍 , 刘琦 , 等 . 虎皮香菇漆酶的发酵优化 . 食品研究与开发 , 2015, 36(21): 156-161.

[37] 黎春怡 , 黄卓烈 , 王春晓 . 壳寡糖化学修饰对云芝漆酶催化活性和酶学性质的影响 . 高等学校化学学报 , 2015, 36(4): 704-712.

[38] 韩洪波 . 鸡腿菇漆酶基本酶学性质研究 . 西昌学院学报 (自然科学版), 2008, 2: 49-54.

[39] 李利梅 , 朱国胜 , 黄万兵 , 等 . 红托竹荪母种菌丝生长特性及胞外酶活性 . 食用菌学报 , 2018, 25(3): 30-35.

[40] 刘芹 , 崔筱 , 孔维威 , 等 . 白灵侧耳菌渣中漆酶的分离纯化与酶学性质 . 食用菌学报 , 2019, 26(4): 90-99.

[41] 刘健鹏 . 灵芝漆酶及部分胞外酶研究 . 北京 : 中国协和医科大学硕士学位论文 , 2009.

[42] Vernekar M, Lele S S. Laccase: properties and applications. Bioresources, 2009, 4(4): 1694.

[43] 池玉杰 , 闫洪波 , 红平菇木质素降解酶系统漆酶、锰过氧化物酶及木质素过氧化物酶的检测 . 林业科学 , 2009, 45(12): 154-158.

[44] 李燕荣 , 周国英 , 胡清秀 , 等 . 食用菌生物降解木质素的研究现状 . 中国食用菌 , 2009, 28(5): 3-6.

[45] 李华钟 , 章燕芳 . 黄孢原毛平革菌选择性合成木质素过氧化物酶和锰过氧化物酶 . 过程工程学报 , 2002, 2(2): 137-141.

[46] 李平 , 杨辉 , 王海磊 . 金针菇 J_{89-6} 降解木质素的条件优化及相关研究 . 安徽农业科学 , 2007, 35(15): 4592-4600.

[47] 金剑 , 康文丽 , 生吉萍 , 等 . 云芝 (*Coriolus versicolor*) 木质素过氧化物酶 (LiP) 酶学性质分析 . 食品科学 , 2010, 31(17): 224-227.

[48] 王茂成 , 李勇 , 李世忠 , 等 . 食用菌木质素降解菌的筛选及产酶条件优化 . 贵州农业科学 , 2013, 41(5): 83-86.

[49] 袁海华 , 张保 , 张颖 , 等 . 高产木质素降解酶菌株的筛选及其生物学特性研究 . 福建农业学报 , 2019, 34(7): 829-836.

[50] 谭丽泉 , 阮小文 , 余梅 , 等 . 白腐真菌产木质素过氧化物酶影响因子的研究 . 工业安全与环保 , 2014, 40(7): 58-60.

[51] 李翠珍, 文湘华. 白腐真菌 F2 的生长及产木质素降解酶特性的研究. 环境科学学报, 2005, 25(2): 226-231.
[52] 刘洪涛, 朱启忠, 林书欣, 等. 裂褐菌木质素降解酶特性的研究. 安徽农业科学, 2009, 37(6): 2397-2398.
[53] 潘丽霞, 黎演明, 竺利波. 秀珍菇废渣中木质素降解酶系的研究. 广西科学院学报, 2014, 30(2): 101-103.
[54] 范寰, 梁军锋, 赵润, 等. 碳氮源对复合木质素降解菌木质素降解能力及相关酶活的影响. 农业环境科学学报, 2010, 29(7): 1394-1398.
[55] 谢君, 孙迅, 任路, 等. 粗毛栓菌产生木质纤维素酶及其降解植物生物质的研究. 高技术通讯, 2001, 11(8): 11-16.
[56] 于德涵, 黎莉. 重筛野生黑木耳废渣中木质素过氧化物酶的研究. 湖北农业科学, 2016, 55(17): 4510-4513.
[57] 赵红霞, 杨建军, 詹勇. 白腐真菌在秸秆作物资源开发中的研究. 饲料工业, 2002, 23(11): 40-42.
[58] 李海涛, 姚开, 何强, 等. 木质素的生物降解及其应用. 皮革科学与工程, 2010, 20(6): 27-31.
[59] 唐瑶, 曹婉鑫, 陈洋, 等. 木质素降解酶系在造纸工业中的应用. 华东纸业, 2015, 46(3): 36-39.
[60] Martin H. Review: lignin conversion by manganese peroxi dase(MnP). Enzyme Microbial Technology, 2002, 3: 454-466.
[61] 池玉杰, 伊洪伟. 木材白腐菌分解木质素的酶系统-锰过氧化物酶、漆酶和木质素过氧化物酶催化分解木质素的机制. 菌物学报, 2007, 26(1): 153-160.
[62] Glenn J K, Gold M H. Effect of various media and supplements on production by some white rot fungi. Bioresource Technology, 2001, 77(1): 89-91.
[63] 王海磊, 郭伟云, 于广丽, 等. 金针菇降解木质素的能力及相关酶活研究. 河南师范大学学报 (自然科学版), 2004, 32(4): 96-99.
[64] Muhammad A, Muhammad R, Muhammad B. Purification and characterization of manganese peroxidases from native and mutant *Trametes versicolor* IBL-04. Chinese Journal of Catalysis, 2016, 37(4): 561-570.
[65] 徐培培. Zn^{2+} 对野生型和转金属硫蛋白平菇漆酶活性影响的研究. 北京: 中国农业大学硕士学位论文, 2006.
[66] 王茂成, 李勇, 李世忠, 等. 食用菌木质素降解菌的筛选及产酶条件优化. 贵州农业科学, 2013, 41(5): 83-86.
[67] 段传人, 朱丽平, 姚月良. 三种白腐菌及其组合菌种木质素降解酶比较研究. 菌物学报, 2009, 28(4): 577-583.
[68] 杨焕玲, 仝宗军, 赵妍, 等. 香菇锰过氧化物酶基因 (LeMnP1) 生物信息学分析及高温胁迫下的表达. 菌物学报, 2020, 39(6): 1056-1064.
[69] 尹立伟. 猴头菇 CD1 锰过氧化物酶全长 cDNA 的基因克隆及序列分析. 哈尔滨: 东北林业大学硕士学位论文, 2010.
[70] 尚洁. 木蹄层孔菌产锰过氧化物酶的碳氮源优化及酶学性质. 江苏农业科学, 2019, 47(15): 273-277.
[71] 吕聪. 茯苓菌产锰过氧化物酶及其应用的研究. 长沙: 中南林业科技大学硕士学位论文, 2008.
[72] 罗卫, 谢纯良, 严理, 等. 两种方式提取杏鲍菇菌丝胞外酶的比较分析. 湖北农业科学, 2015, 54(2): 427-430.
[73] 于德涵, 黎莉. 重筛野生黑木耳废渣中木质素过氧化物酶的研究. 湖北农业科学, 2016, 17: 4510-4513.
[74] 郑苗苗, 张令昂, 焦战战, 等. 红平菇 HP1 锰过氧化物酶基因克隆及染料脱色的研究. 西南农业学报, 2015, 28(4): 1757-1763.
[75] 李旭东, 荚荣, 程晓滨, 等. 锰过氧化物酶的固态发酵及其对染料的脱色作用. 环境科学学报, 2008, 28(3): 490-495.

第 7 章　食药用真菌的生物信息学研究与运用

生物信息学（bioinformatics）是一门由生命科学和计算机科学相结合形成的交叉学科。它通过综合利用生物学、计算机科学和信息技术来揭示大量而复杂的生物数据所赋有的生物学意义。通过利用生物信息学的研究方法，可以帮助研究者深入理解微生物复杂代谢网络以及代谢机制，发现新的代谢产物及蛋白质的功能预测[1, 2]。

7.1　微生物生物信息学研究的基本方法

7.1.1　基因组注释的常用方法

基因组注释目前最常用的是 KEGG 数据库[3]中的 KAAS 在线工具[4]（一个自动基因组注释和通路重建服务器，http://www.genome.jp/kegg/kaas/），实现了一种快速基因组注释的方法，基因组中的基因使用 KEGG Orthology（KO）标识符或 K 值进行注释，该标识符的信息是基于 Smith-Waterman 评分和人工管理所获得。每个 K 值代表一组基因，它与 KEGG 通路图或 BRITE 功能层次结构中的一个目标直接相连，从而重建 KEGG 通路。该方法基于序列相似性、双向最优的筛选信息，具有较高的准确性（图 7-1）。

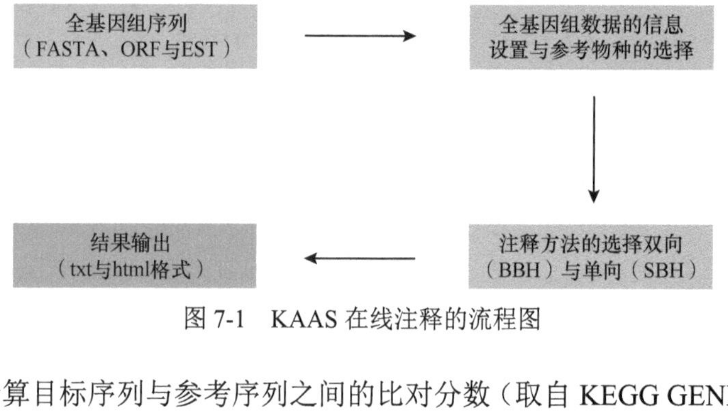

图 7-1　KAAS 在线注释的流程图

通过计算目标序列与参考序列之间的比对分数（取自 KEGG GENES 数据库）及基于 BLAST 评分法和双向最优的筛选法（BBH），同源性高于阈值直接选择作为同源候选目标，根据 KEGG GENES 数据库的注释，将候选同源基因分组，根据每个 KO 组的可能性和计算得分，将得分最高的 KO 组 K 值赋予对应的所查询序列。待服务器注释结束后，会得到“txt”和“html”两种文件格式存储的基因组注释结果。在“html”格式的网页中，可以直接阅览注释的代谢图谱，从代谢图谱中可以查询到基因组中编码蛋白质的 EC 编号、代谢反应与代谢途径等相关功能的信息。如果数据集中包含与查询目标微生物亲缘性较近的物种，将会提高计算的准确性。

7.1.2　代谢反应与路径信息的查找

代谢反应与路径信息可以在 KEGG 和 MetaCyc[5] 数据库中查找。在 KEGG 数据库中不仅可以进行在线注释，而且在 KEGG PATHWAY 子系统中也可以查找相关的代谢路径。MetaCyc 是包含了多个物种生命体内的代谢反应及其相对应酶信息的通用数据库（https://metacyc.org/），包含了超过 350 多个物种特异性途径 / 基因组数据库，数据库中的信息均是从原始科学文献中采集而来的，并且小分子代谢途径是经过实验证实的。途径中的每个反应都用一种或多种特性良好的酶作注释。

7.1.3　核苷酸序列与蛋白质序列的获取

核苷酸序列与蛋白质序列可通过多个数据库进行查询获取，常用的数据库包括 NCBI、EMBL、GenBank、DDBJ、UniProt 和 Swiss-Prot 等。

以 UniProt 数据库为例 [6]，UniProt 数据库是国际知名蛋白质数据库（https://www.uniprot.org/），主要包括 UniProtKB 知识库、UniParc 归档库和 UniRef 参考序列集三部分。除蛋白质序列数据外，还包括大量注释信息。UniProtKB 知识库中包含 Swiss-Prot 和 TrEMBL 两个子库。Swiss-Prot 子库中 50 多万条序列均由人工审阅和注释，而 TrEMBL 子库中约 1.8 亿多条序列是由核酸序列数据库编码序列翻译所得，并由计算机根据一定规则进行注释。在搜索框中输入酶的名称或者 EC 号后，搜索结果中可以获得该酶的许多信息，包括编码该酶的基因名称、基因大小、催化功能、来源于何种微生物、该酶的各级结构及核苷酸序列等信息。

7.1.4　亚细胞系统的定位

在蛋白质分析中，明确其在细胞中的位置才能够为其功能的鉴定和分类奠定基础，通过在线数据库 CELLO、WoLF PSORT 可以对蛋白质的定位进行预测。其中 CELLO 数据库（http://cello.life.nctu.edu.tw/）是基于多个 N 端肽组成来预测亚细胞定位。它较为简单、直接，不需要专门为每个亚细胞的定位提供算法或特定的输入向量，只需在网站首页选择序列来源于哪类生物，输入的序列可以是核苷酸序列或氨基酸序列。在输出的结果中会给出所搜索序列的蛋白质所在位置，并且不同位置给出了不同的预测分值，分值越高，可信度也相应越高。WoLF PSORT（https://www.genscript.com/wolf-psort.html）的网站首页同样会要求选择序列所属类型，包括动物、植物与真菌。在输出结果中除了查询蛋白在细胞所属位置外，还包括与查询序列最相似的、已定位的一些蛋白质列表，以及关于单个定位特性的详细信息表。WoLF PSORT 不仅提供了亚细胞定位预测功能，还提供了与蛋白质定位相关的详细信息[7]。

7.1.5 蛋白质结构的分析与预测

三维蛋白质结构对于理解蛋白质在分子水平上的功能是至关重要的。近年来，利用 X 射线晶体学和核磁共振技术对蛋白质结构进行大规模测定取得了很大的进展。以 PDB（https://www.rcsb.org/）数据库为例，数据库中的数据来源主要是通过 X 射线晶体衍射、核磁共振、电子显微镜等方法测定的生物大分子的三维结构。这些大分子主要以蛋白质的三维结构为主，另外还包括核酸、糖类、蛋白质与核酸复合物的三维结构。每个三维结构包含了原子的空间坐标、引用文献、形成 α 螺旋和 β 折叠的氨基酸序列、双硫键连接模式、与蛋白质结合的配基、参与生化功能的残基等。结构基因组对阐明新的蛋白质结构技术的发展、提高结构确定的速度和成功率、降低实验的成本做出了重大贡献。然而，随着大规模测序项目的开展，已知的蛋白质序列数量以越来越快的速度增长。因此，在可预见的未来，需要稳定可靠的蛋白质结构建模计算方法来获得大多数蛋白质的结构信息。近年来已经开发出多种用于蛋白质结构预测的计算机模拟方法，如 SWISS-MODEL 和 I-TASSER 预测工具，具体的使用方法在相关教材、数据网络都有详细的讲解，在此不过多陈述。表 7-1 列举了生物信息学中常用的数据库与在线工具。

表 7-1 生物信息学中常用的数据库与在线工具

名称	网址	功能描述
序列下载		
GaLu Database	http://www.medfungi.org/20141010/galu/	食药用真菌数据库
JGP Fungi Portal	http://genome.jgi.doe.gov/Gansp1/Gansp1.home.html	真菌基因组数据库
NCBI Genome	https://www.ncbi.nlm.nih.gov/genome/	物种基因组数据库
序列注释		
KAAS	http://www.genome.jp/tools/kaas/	全基因组在线自动注释
TCDB	http://www.tcdb.org/	转运蛋白注释数据库

续表

名称	网址	功能描述
CELLO	http：//cello.life.nctu.edu.tw/	蛋白质亚系统定位预测服务器
WoLF PSORT	https：//www.genscript.com/wolf-psort.html	蛋白质亚系统定位预测服务器
BLAST	http：//blast.ncbi.nlm.nih.gov/Blast.cgi	NCBI 数据库 BLAST 比对工具
AUGUSTUS	http：//bioinf.uni-greifswald.de/webaugustus/	全基因组基因预测服务器
dbCAN	http：//csbl.bmb.uga.edu/dbCAN/	碳水化合物酶注释数据库
FTFD	http：//ftfd.snu.ac.kr/index.php?a=view	真菌转录子注释数据库
蛋白质数据库		
Brenda	http：//www.brenda-enzymes.org/oldstart.php	酶学信息系统数据库
Uniprot	http：//www.uniprot.org/	非冗余蛋白质数据库
ENZYME	http：//www.expasy.ch/enzyme/	酶的命名数据库
SWISS-MODEL	https：//swissmodel.expasy.org/	蛋白质三维结构的预测
I-TASSER	https：//zhanglab.ccmb.med.umich.edu/I-TASSER/	蛋白质三维结构的预测
生化数据库		
MetaCyc	http：//www.biocyc.org/	物种特异性代谢数据库
KEGG	http：//www.genome.jp/kegg/	蛋白质和代谢物等综合性数据库
Reactome	http：//www.reactome.org/	综合代谢途径数据库
PubChem	http：//pubchem.ncbi.nlm.nih.gov/	化学物质数据库
ChEBI	http：//www.ebi.ac.uk/chebi/	化学物质数据库
LipidMaps	http：//www.lipidmaps.org/	脂质代谢数据库

7.2　生物信息学的应用

7.2.1　真菌天然产物的发现

真菌中许多天然产物都是具有多种生物活性的，随着天然产物的不断发现，通过传统的方法发现真菌活性代谢产物的过程中会遇到许多困难。一些含量低、不易分离的物质很难被一一发现，一些新的研究策略已被用来解决这些问题。

通过生物信息学分析相关基因簇及骨架酶来发现新化合物与真菌次级代谢产物相关的骨架酶具有特定的蛋白序列特征，这有助于从可获得的基因组序列中识别出其编码基因。天然产物生物合成相关基因簇的鉴定和特征描述离不开强大的生物信息学分析工具，其中 SMURF（Secondary Metabolite Unknown Regions Finder）是第一个综合性的、专门针对真菌制作的预测真菌基因组中假定骨架基因的分析软件，能够准确地预测非核糖体肽合成酶、聚酮合酶、非核糖体肽合成酶与聚酮合酶杂合体、吲哚生物碱和萜类化合物的相关基因簇；在线分析软件antiSMASH（antibiotics and Secondary Metabolite Analysis Shell）则覆盖了整个生物基因组范围，针对已知的天然产物生物合成相关的基因簇定位，进行骨架基因簇的预测和定位，升级后的antiSMASH3.0可在线对输入的基因组序列进行基因簇的快速预测分析。若一些基因簇比较复杂，这些软件则可提示真菌中可能的次级代谢组，对于每个基因簇的边界和功能的精确预测则需通过进一步的遗传学研究进行证实，这也是有效的基因组挖掘基因簇生产代谢产物的先决条件。经过基因组预测分析发现，在子囊菌和担子菌等丝状真菌中，存在着大量相似的编码聚酮合酶、核糖体多肽合成酶和萜类合成酶 / 环化酶的基因簇。这种预测主要基于非核糖体肽合成酶与聚酮合酶编码基因的保守序列及其相邻基因的预测及识别，从而推测出含有特定代谢物形成相关基因的基因簇。

通过增加样品多样性的筛选范围，或者改变培养条件的筛选及利用比较代谢图谱进行高通量筛选等方法，特别是一些来自特殊环境中的真菌物种，可更加容易地发现新的、有意思的化合物，如从富含铁的温泉中分离出的 2 株真菌中发现了 6 种新的天然产物。也可以在实验室模拟多种环境压力为真菌提供不同的生长条件，以此进一步激活一些沉默基因簇的表达，如利用调节碳源、氮源和含磷量等发酵培养条件来控制构巢曲霉的生长速率，通过转录组数据分析获得一些沉默生物合成基因簇的差异表达。应用一些非传统培养方法也可发现新化合物，如培养基中含有早餐谷物食品可促进真菌的生长和次级代谢水平，从中发现了新的化合物和联苯代谢物。新一代测序技术的出现以及大量真菌基因组测序的完成为基于基因组挖掘真菌“沉默”基因簇相关的天然产物创造了条件。那些利用传统方法无法发现的天然产物，通过生物信息学、功能基因组学和分子遗传学操作等工具，结合真菌次级代谢产物的调控表达机制等研究策略，在自身宿主或异源宿主中鉴定并激活目标基因簇，从而发现新的天然产物，并将大大加快真菌中新的活性天然产物发现的步伐[8]。

7.2.2 基因组代谢模型构建

基因组代谢模型是利用基因组信息描述生物体整个代谢过程的重要模型，通过参与代谢物的化学计量系数和基因蛋白质反应的关联，在全基因组规模上全面描述了一个生物体的整个代谢反应途径。目前基因组代谢模型的应用包括：设计系统的代谢工程策略，如全系统预测基因操作靶点；生物学发现，如基因功能的鉴定和微生物群落范围内代谢活动的预测以及微生物病原体中药物靶点的鉴定，对系统生物学和代谢工程产生了重大影响。

从系统生物学的角度来看，不同种类的生物网络不是单独工作，而是相互合作以行使其职能。综合网络研究将通过研究其系统中生物体不同信息处理组件之间的相互作用关系，建立一个更现实的模型。这种模型对生命系统的理论研究和基因工程菌株的构建具有重要意义。基因组规模的细胞网络已成为微生物系统分析的必要工具。生物细胞中各种生理过程通常通过生物组分的相互作用来进行。因此，有必要对系统层面的所有相关组件进行整合和分析，以全面、正确地实现生物体内的生理功能[9]。

代谢网络重构研究已成为一个研究系统生物学新陈代谢不可或缺的工具，而且代谢网络模型是研究细胞代谢调控特征的重要前提和基础，它包含有基因、酶及代谢物的一系列化学反应以及这些反应的一系列相互作用。自 2000 年第一个基因组规模的代谢网络模型诞生后，目前已经有很多生物的代谢网络模型被构建出来。但是它的构建是非常费时的，因为基因组代谢模型构建从人工构建到半自动化以及自动化构建的过程，仍然存在其优缺点，无论哪一种构建方法都离不开人工修正模型这一过程。原因主要有：代谢网络的构建需要大量信息，目前这些信息的搜集和整合难以通过高通量方式自动化实现；代谢网络的构建信息主要来自数据库中的预测信息，准确度有限，基于文献查阅的人工校正不可缺少。

真菌的基因组规模代谢网络重建的发展起步相较于细菌来说落后较多，2003 年第一个丝状真菌基因组被公布，随后第一个丝状真菌代谢网络模型在 2005 年被公布。代谢模型构建的基本步骤如下[10-12]。

1. 代谢网络粗模型的构建

代谢网络粗模型的构建需要获得目标生物的全基因组序列，并对全基因组进行基因注释。基因的功能注释采取两种不同的方式进行。一种方式是进行本地比对，主要基于局部比对算法的搜索工具（Basic Local Alignment Search Tool，BLAST）对下载的基因组序列进行功能注释。BLAST 进行序列同源比对前还需要建立本地数据库。除了待比对的基因组序列，还需要选用参考目标，并且建立本地数据库。利用 BLAST 对序列之间的同源性进行比对，根据比对结果以确定两队序列的同源性是否表达同一种具体功能。在比对过程中筛选条件为：序列匹配度（matched length）＞ 70%，氨基酸序列相似度（identity）＞ 40%，期望值（expected value）＜ 1×10^{-30}。将比对结果分别存储于 Excel 中。另一种方式则通过 KEGG 自动注解服务器（KAAS）用于查询氨基酸序列的功能注释。使用特定的 KO 标识符或 EC 编号，从 KEGG 反应数据库中选择特异性反应，然后将其与 BLAST 结果进行整合。

在基因注释的基础上，需要进一步确定基因-蛋白质（酶）-反应（GPR）三者之间的关联，通过使用布尔逻辑语言（“AND”和“OR”运算符）详细描述 GPR

之间的关系。在KAAS数据库中注释的结果可以帮助鉴定各种同工酶或多酶复合物。在模型整合的过程中，要删除重复的反应和基因注释，保留不重复的反应，由此获得初模型。

2. 基因组代谢网络粗模型的优化

基因组代谢网络粗模型往往还缺少相当多的信息，且不够精确，需要进一步优化，粗模型的优化过程主要通过整合数据库信息、预测信息、文献信息，修正和添加代谢网络相关的各种细节，包括：①冗余反应去除（辅因子确定、大分子反应去除）；②亚细胞系统的定位；③代谢通路缺口填补；④反应方向确定；⑤反应方程式配平；⑥运输反应添加；⑦交换反应添加；⑧自发反应添加。

1）冗余反应去除

丝状真菌代谢粗模型中的反应大多数来源于KEGG数据库中，KEGG不同代谢通路的重叠部分构成粗模型中大量冗余反应。冗余反应会影响流量平衡分析（FBA）的流量分布，从而导致无效循环进而影响基因敲除分析结果，必须将其去除[13]。粗模型中有很多反应其差别只在于辅因子不同，如脱辅基蛋白能够与NAD^+/NADH或$NADP^+$/NADPH结合形成全酶行使功能，这种反应会造成冗余反应，可能导致无效循环。主要借助UniProtKB和BRENDA数据库确定辅因子信息，对不能确定的反应再查找相关文献或参考相关丝状真菌模型中相关反应信息。另外，粗模型中可能存在多步反应对应的总反应，二者同时存在也会造成冗余，因此二者只能取其一。选取原则为：当多步反应中全部中间代谢产物不参与其他反应时，则保留总反应、去除分步反应；如果多步反应中至少有一种中间代谢产物参与其他反应，保留分步反应、去除总反应。例如，丙酮酸脱氧酶复合体催化的丙酮酸到乙酰辅酶A的反应，总反应对应几个分反应，全部中间代谢产物不参与其他反应，保留总反应。

2）亚细胞系统的定位

细胞中代谢体系被膜系统分隔为不同的亚细胞区室，不同的反应只在特定的区室内进行，理论上相互关联的反应实际上可能由于亚细胞定位不同而互不相关。因此，亚细胞定位信息不仅是细胞中真实情况的反映，而且还是代谢网络模型的重要约束。

3）代谢通路缺口填补

针对具体物种，现有的数据库和预测工具只能对基因相关反应进行预测，因此只能获得酶促反应相关信息，某些途径中必需的自发反应无法确定，这也是粗模型中漏洞的一个来源。粗模型中大部分反应都是基于序列比对的预测结果，不可能得到完整的代谢通路，需要添加其他信息补全缺口。代谢通路缺口填补是模型优化的重要步骤,很大程度上决定了模型的准确性。利用 COBRA 中的 DetectDeadEnd 函数确定粗模型中的死端代谢物,再查找死端代谢物对应的 KEGG 代谢通路确定添加、删除的反应列表，结合相关代谢物参与的代谢途径及文献报道的信息，最终确定添加或删除的反应。代谢通路缺口填补需要从整体把握单个反应和代谢物在网络中的位置及连接情况，往往需要综合多条途径才能确定添加、删除的反应列表[14]。

4）反应方向确定

反应方向信息来源主要有：KEGG 中相关反应方向信息，MetaCyc 数据库搜索，其他丝状真菌模型中反应方向信息。KEGG 反应方向信息最为完整，预测过程中对全部反应的自由能变化做了计算，并提供了计算结果，具有较强可靠性，先整合二者确定主体反应集的方向，方向不能确定的反应再参考其他丝状真菌模型中相应反应的方向，若仍不能确定，则假设其为可逆反应。确定全部反应方向后再对参与的反应进行校正。

5）反应方程式配平

因为需要基于化学计量学矩阵，因此代谢网络中反应方程式必须配平。在文献和数据库能获得的信息中，代谢物分子式一般都以中性分子形式给出，但实际情况下细胞中的分子很多以解离状态存在，因此方程式配平的前提是确定解离形式的分子式，而分子解离状态取决于环境 pH。在 KEGG 下载目的丝状真菌代谢物 mol 格式的分子结构文件，使用 Pipeline Pilot 预测分子在 pH 7.2 下的解离状态并确定解离形式的分子式，在 BiGG 数据库中查询相应代谢物解离形式的分子式，二者比较最终确定代谢物解离形式的分子式。最后确定方程式两侧各原子数目是否相等并补全方程式，不平衡的反应绝大部分需要调整方程式两侧氢离子数。

6）运输反应添加

丝状真菌代谢网络中的运输反应按功能分为两类，即连接代谢通路中细胞内外反应的运输反应，以及连接细胞内部与外界环境的运输反应，后者一般与相应代谢物的交换反应相偶联。代谢网络中存在某运输反应为研究对象利用相应底物的生理生化实验和底物转运蛋白或相应基因的确定提供了直接证据。通过查阅文献获得的运输反应相关信息往往很少，一般都需借助预测工具。添加的运输反应必须确定其反应机制和底物运输方向。运输反应方向确定的一般原则为：合成代谢途径的中间代谢产物一般为由外到内，分解代谢途径相反。

7）交换反应添加

交换反应构成代谢网络模型与环境物质交换的通道和代谢网络的边界。在模型中表示代谢网络与环境物质交换时，普通代谢反应和运输反应无法形成平衡的代谢终端，交换反应的加入解决了这一问题。另外，在利用代谢网络模型进行模拟分析时必须设定网络与环境的物质流通条件，这在 FBA 中通过设定交换反应上下限实现，通过设定不同的交换反应的边界值对网络施加不同的外部约束条件以模拟生物在不同环境中的生理状况。胞外代谢物中部分中间代谢产物不需添加运输反应和交换反应，另一部分需添加运输反应，剩下的大部分都需添加相应的交换反应[15]。

8）自发反应添加

在生物体内会存在一定的自发反应，无需酶的催化，通过基因组的注释结果是无法填补自发反应的，因此，需要人工进行自发反应的添加，以此进一步完善代谢模型。

在上述各方面优化的基础上，还需对 GPR 关系（即基因-蛋白-反应关系，指与同一反应相关的不同基因间关系）进行确定。生物系统能够适应多种不同环境，表现出很强的稳定性，在 GPR 关系方面表现为同工酶及多酶复合体相关基因的冗余，如编码相同酶的不同基因、同工酶等。GPR 关系的确定对于模型完整性及后续基因敲除分析有重要影响。代谢网络由反应组成，各个反应的约束构成网络的整体约束，在这些约束下，网络的解空间依然很大，线性规划往往得不到确定结果。构建代谢网络模型的目的是模拟并分析生物的某种生理状态，在流平衡分析中被抽象为反映此种生理状态的目标函数，目标函数的优化不仅实现了对生理状态的模拟，而且为代谢网络添加了额外的约束，缩小了网络的解空间。构建代谢网络模型的最终目标一般是模拟某物种野生型的正常生理状态，模拟特异物种特殊生理状态的模型一般也以该物种野生型的正常生理状态模型为基础。生物体正常生长即生物量积累的合成反应是流量平衡分析的重要目标函数，而且其优化涉及大量代谢反应，是构建代谢网络模型的重要宏观约束。

3. 生物量合成反应的确定

生物量合成反应是由构成生物量的前体物质组成的交换反应，是判断基因组代谢模型是否完善的重要指标，可将生物量看成独立于代谢网络的组分，将整体代谢网络看成生物量前体物质和能量的供应工厂，因此，确定生物量合成反应主要是确定生物量中各种大分子的比例及各个大分子中各种前体的比例。生物量合成是耗能过程，消耗的这部分能量也要在生物量合成反应中有所体现，在代谢网络中表现为生长相关。前体合成大分子的能耗均有可参考的经验值。另外，生物体还存在与生物量合成不相关的耗能反应，如蛋白折叠、物质转运、膜电势维持、大分子缺陷修复及少量无效循环，因此生物量合成反应的能量大于大分子合成的能量。由于消耗的能量没有进入生物量而是保留在网络内部，因此生物量合成反应的能量部分为普通反应而非交换反应。

微生物细胞代谢网络的生物量合成反应一般反映对数生长期菌体的生物量组成。目前确定生物量合成反应的方法主要有实验测定和信息查询两种。实验测定全面而准确，并且能反映生物量组成的细节，但由于生物量组分十分复杂并且只有在具有经验知识的前提下才能设计和优化出对应物质的分离和测定方案，再考虑分离和测量的精度，因此实验方法一般只测定生物量的主要组分，忽略微量和痕量组分。实验测定的另一缺点是耗时较长。信息查询耗时较短，但全面性和精确性十分有限，不同的实验数据，其材料和测定方法很难统一，尤其是研究尚不熟悉的生物，一般无法通过信息查询确定生物量组成。目前代谢网络构建的对象一般是有代表性的生物，生物量合成反应主要通过信息查询确定。这里要确定的有生物量组分比例、蛋白质组分比例、DNA 组分比例、RNA 组分比例、脂质组分比例、能量计算、生物量合成反应确定等。

4. 目标函数确定

目标函数是模型预测与模拟的服务对象，通过对目标函数的确定赋予了模型的主要作用。由于目标函数是随着模拟和分析的生理状态特点的变化而随之变化的，因此在确定目标函数之前，需要对模拟条件和实验者的目标进行确定。例如，研究酿酒酵母基因组代谢模型产乙醇的模拟预测时，葡萄糖产乙醇为目标函数。

5. 模型校正

代谢网络优化完成后网络构建阶段基本结束，但优化后的网络与实际生理状况可能并不相符，因此需要对生理状况进行模拟，在模拟过程中对模型细节进行校正，通过调整优化，使模拟结果尽可能逼近实际情况。这一过程可看成模型构建和模拟分析间的过渡阶段，主要包括调整代谢网络结构、确定最简底物输入集等。在代谢网络构建和分析过程中，模型优化与校正是最为关键的步骤，直接决定代谢网络的构建质量；同时也是最耗时耗力的步骤，多种数据不能实现高通量处理，往往需要多轮优化才能得到比较合理的模型[16]。

7.3　常见食药用真菌的基因组信息分析

自 2003 年第一个食药用真菌全基因组信息（灰盖鬼伞，2010 再次修订）公布以来，越来越多的食药用真菌全基因组信息被公布，相关研究所报道的大型真菌（83 种担子菌和 7 种子囊菌）中基因组大小从 27.4 Mb（红菇腊伞）到 202.2 Mb（色钉菇）不等。蛋白质编码基因的数量预测范围从 9511 个（红菇腊伞）

到52 289个(变黄喇叭菌)。食药用真菌的基因组平均大小为46.67 Mb,基因数目平均为14 049个,表7-2列举了50个已发表的部分食药用真菌基因组数据。JGI数据库(http://genome.jgi.doe.gov/programs/fungilindex.jsf)和NCBI数据库(https://www.ncbi.nlm.nih.gov/genome/)公布的基因组信息为解决相关的生物学问题提供了重要的依据。例如,木质纤维素降解机制、次级代谢产物挖掘和生物合成等研究,为食药用真菌合成生物活性物质基因的高表达等研究提供了依据和方向[17]。

表7-2 已发表的部分食药用真菌基因组数据信息

序号	中文名	拉丁学名	年份	大小/Mb	基因数目	INSDC
1	双色蜡蘑	*Laccaria bicolor* S238N-H82	2008	64.88	18 264	ABFE00000000.1
2	灰盖鬼伞	*Coprinopsis cinerea* okayama7#130	2010	36.19	13 657	AACS00000000.2
3	裂褶菌	*Schizophyllum commune* H4-8	2010	38.48	13 193	ADMJ00000000.1
4	黑孢块菌	*Tuber melanosporum* Mel28	2010	124.95	7 496	CABJ00000000.1
5	蛹虫草	*Cordyceps militaris* CM01	2011	32.27	9 651	AEVU00000000.1
6	双孢蘑菇	*Agaricus bisporus* H97	2012	30.23	10 606	AEOK00000000.1
7	拟光滑木耳	*Auricularia subglabra* TFB-10046 SS5	2012	74.92	23 577	AFVO00000000
8	金针菇	*Flammulina velutipes* KACC42780	2012	35.65	12 218	AQHU00000000.1
9	灵芝	*Ganoderma lucidum* CGMCC 5.26	2012	43.29	16 113	AGAX00000000.1
10	毛韧革菌	*Stereum hirsutum* FP-91666 SS1	2012	46.51	14 453	AEGX00000000.1
11	变色栓菌	*Trametes versicolor* FP-101664 SS1	2012	44.79	14 572	AEJI00000000.1
12	金耳	*Tremella mesenterica* DSM 1558	2012	28.64	8 309	AFVY00000000.1
13	松生拟层孔菌	*Fomitopsis pinicola* FP-58527 SS1	2013	41.61	13 993	AEHC00000000.2
14	密粘褶菌	*Gloeophyllum trabeum* ATCC 11539	2013	37.18	11 885	AFVP00000000.1
15	草菇	*Volvariella volvacea* V23	2013	35.7	11 084	AMXZ00000000.1
16	茯苓	*Wolfiporia cocos* MD-104	2013	50.48	12 358	AEHD00000000.1
17	牛樟芝	*Antrodia cinnamomea* S27	2014	32.16	9 254	JNBV00000000.1
18	牛樟薄孔菌	*Taiwanofungus camphoratus* S27	2014	32.16	9 254	JNBV00000000.1
19	朱红栓菌	*Trametes cinnabarina* BRFM137	2014	33.67	10 441	CCBP000000000.1
20	牛舌菌	*Fistulina hepatica* ATCC 64428	2015	33.85	11 391	JYFI00000000.1
21	裸脚菇	*Gymnopus luxurians* FD-317 M1	2015	66.28	22 395	JJNP00000000.1
22	栗蘑	*Hypholoma sublateritium* FD-334 SS-4	2015	48.03	17 997	JMSJ00000000.1
23	紫蜡蘑	*Laccaria amethystea* LaAM-08-1	2015	52.2	21 027	JMSL00000000.1
24	卷边桩菇	*Paxillus involutus* ATCC 200175	2015	58.3	18 033	JOMD00000000.1
25	暗褐网柄牛肝菌	*Phlebopus portentosus* PP33	2015	30.35	8 390	JROP00000000.2
26	黄硬皮马勃	*Scleroderma citrinum* Foug A	2015	56.14	20 993	JMDU00000000.1

续表

序号	中文名	拉丁学名	年份	大小/Mb	基因数目	INSDC
27	褐环乳牛肝菌	*Suillus luteus* UH-Slu-Lm8-n1	2015	37.01	18 419	JMSM00000000.1
28	鸡枞菌	*Termitomyces* sp. J132	2015	67.3	11 398	JDCH00000000.1
29	银耳	*Tremella fuciformis* tr26	2015	23.64	10 040	LBGW00000000.1
30	蜜环菌	*Armillaria fuscipes* CMW2740	2016	52.98	14 515	LWUH00000000.1
31	香菇	*Lentinula edodes* B17	2016	46.11	12 051	LSDU00000000.1
32	冬虫夏草	*Ophiocordyceps sinensis* ZJB12195	2016	101.07	6 972	LWBQ00000000.1
33	鲍氏桑黄	*Sanghuangporus baumii* 821	2016	31.64	8 455	LNZH00000000.2
34	欧洲木耳	*Auricularia auricula-judae* B14-8	2017	43.57	—	NCVV00000000.1
35	黑木耳	*Auricularia heimuer* Dai 13782	2017	49.76	—	NEKD00000000.1
36	紫芝	*Ganoderma sinense* ZZ0214-1	2017	48.96	15 478	AYKW00000000.1
37	桃红侧耳	*Pleurotus salmoneostramineus* N60	2017	39.19	—	BEWF00000000.1
38	杨树菇	*Agrocybe cylindracea* MG21	2018	56.28	22 535	QFEP00000000.1
39	美味牛肝菌	*Boletus edulis* MG6	2018	52.58	19 907	QFEJ00000000.1
40	鸡腿菇	*Coprinus comatus* MG80	2018	30.63	10 160	QFED00000000.1
41	蝉花	*Cordyceps cicadae* CC02	2018	34.1	9 701	MWMN00000000.1
42	灰树花	*Grifola frondosa* MG88	2018	39.29	15 039	LUGG00000000.1
43	尖顶羊肚菌	*Morchella conica* SH	2018	52.43	11 593	PZQV00000000.1
44	梯棱羊肚菌	*Morchella importuna* M04M26	2018	51.08	—	QOKS00000000.1
45	杏鲍菇	*Pleurotus eryngii* JKXB130DA	2018	49.92	13 212	QCWS00000000.1
46	白灵侧耳	*Pleurotus tuoliensis* JKBL130LB	2018	48.23	13 097	QCWT00000000.1
47	松茸菌	*Tricholoma matsutake* KMCC04578	2018	189.03	—	PKSN00000000.2
48	绿盖粉孢牛肝菌	*Tylopilus virens* MG40	2018	45.82	17 464	QFER00000000.1
49	平菇	*Pleurotus ostreatus* CCMSSC03989	2019	34.36	12 460	QLNW00000000.2
50	猴头菇	*Hericium erinaceus* CS-4	2020	41.2	10 620	SZZO00000000.2

基于灵芝 5.26 的完整基因组序列，鉴定出了一组参与次生代谢及其调控的基因和潜在基因簇。基因组信息有助于阐明食药用真菌次生代谢产物合成的分子机制，使灵芝作为一种具有药理活性的化合物和工业酶的来源成为可能。灵芝 43.3 Mb 基因组中，共编码 16 113 个预测基因。基因组序列分析发现一系列参与次级代谢物合成的编码基因，包括细胞色素 P450、转运蛋白和调控蛋白。基因组分析发现灵芝含有担子菌中最丰富的一组木质素降解酶。灵芝基因组的解析使其成为研究食药用真菌次级代谢途径及其调控的重要研究对象。

双孢蘑菇是一种在富腐殖质凋落物环境中具有适应性、持久性和生长力的模式真菌。对其进行了全基因组测序，组装后获得 30.23 Mb 的测序数据，包括 10 606 个基因，注释了蛋白质 10 448 个。基因组中编码了一系列多糖降解酶，类似于木腐菌的降解酶系。在特定培养基、土壤和混合废料上生长的菌丝体的比较转录组学显示，编码基因中与木聚糖、纤维素、果胶和蛋白质降解有关酶的基因在混合废料培养中表达得更高。这些基因的上调，再加上分解木质素的锰过氧化物酶、多种铜自由基氧化酶和细胞色素 P450，都与复杂的富腐殖质底物所带来的改变相一致。在富腐殖质底物中高度表达的基因中也发现了一个共同的启动子序列。

牛樟芝全基因组大小为 32.15 Mb，其中包含了 9254 个基因。基因组数据的完备和途径分析为倍半萜、三萜、麦角甾醇等活性物质的生物合成提供了新的思路。分析结果表明菌丝与子实体在甲羟戊酸途径、萜类途径、细胞色素 P450 酶和聚酮合成酶中存在 242 个表达差异的基因，这些基因可能有助于药用次级代谢产物的产生。特定的次级代谢产物生物合成途径中的基因表达量十分显著，包括在子实体中转换羊毛甾烷到麦角甾烷三萜的 14-α-脱甲基酶（CYP51F1）的基因表达，以及在菌丝中参与安替喹诺醇生物合成的辅酶 Q。

金针菇基因组的完整序列长度为 35.65 Mb，包含 12 218 个预测蛋白编码基因，287 个 tRNA 基因组装成 11 个支架，与菌株 KACC 42780 的 11 条染色体相对应。在菌丝体中高度表达了 58 个醇脱氢酶基因，并具有较强的木质素降解潜力和碳水化合物降解潜力，显示了该生物在生物乙醇生产中的潜在应用价值。

草菇是一种高营养的食用菌，在亚洲许多地区以农业废弃物（稻草、棉花废弃物）为生长基质，进行大规模的商业种植。研究者们已经对草菇的基因组进行测序，并将其组装成 62 个支架，总基因组大小为 35.7 Mb，包含 11 084 个预测基因模型。对碳水化合物活性酶、真菌氧化木质素酶进行了比较分析。在研究低温（4℃）反应的转录调控机制中发现，草菇的基因组中有许多编码酶的基因参与了纤维素、半纤维素和果胶的降解，对低温敏感可能是由于缺乏启动不饱和脂肪酸、海藻糖和糖原的生物合成。草菇基因组测序的结果数据有助于我们了解与农业废弃物组成的基质降解有关的生物学特性、有性生殖机制和在分子水平上对低温的敏感性的理解。

灰盖鬼伞在特定的培养基上生长时，可以在 2 周内完成其生命周期，并产生约 10^8 个同步母细胞，可以在发育的各个阶段通过突变和转化进行调控，所以被作为经典的实验模型菌株。灰盖鬼伞基因组序列中有 13 条染色体，全基因组大小为 36.19 Mb，预测了 13 657 个编码基因。灰盖鬼伞和双色蜡蘑是一种共生担子菌，它们的基因组具有广泛的同源性。在减数分裂发生重组率低、没有转座因子和基因间隔紧密的区域，同源单拷贝基因被过度表达。

蛹虫草的全基因组序列在 2011 年被公布，总基因组大小为 32.27 Mb，包含 9651 个预测基因模型。蛹虫草是异性生殖，在没有异性伴侣的情况下，也能产生子实体。转录组分析表明，子实体的出现涉及 Zn2Cys6 型转录因子和促细胞分裂剂活化蛋白激酶通路的诱导，然而，与其他真菌不同的是，蛋白激酶 A 通路没有被激活。蛹虫草基因组数据不仅提供虫草代谢的全面信息，更有助于药用化合物的挖掘与开发。

香菇的基因组约为 46.11 Mb，包含 12 051 个基因。香菇子实体相关性状是由多个基因或大量的性状位点控制的。与子实体形成相关的成对性状之间也存在很强的表型相关性，传统的育种方法如表型选育难以提高农艺性状。改善香菇子实体的形态特征是香菇生产和销售的长期目标。然而，由于这些性状的复杂性，它们的基因操纵仍然具有挑战性。全基因组序列的公布也将为进一步深入研究香菇子实体形成的遗传结构提供依据，并对今后的遗传育种研究具有重要的参考价值。

7.4　蛹虫草基因组代谢模型的构建及分析

为了解虫草素生物合成过程，基于蛹虫草的基因组信息构建基因组代谢网络，具体描述如下[18]。

对蛹虫草基因组中代谢基因进行功能注释，获得蛹虫草的各种代谢途径及生化反应，早期公布的真菌代谢网络模型，即米曲霉、毛霉和黑曲霉用作最初参考模型。为了进一步获得高质量的蛹虫草代谢网络模型，填补所构建的代谢网络模型中代谢漏洞是必不可少的步骤。收集从 KEGG 和 BioCyc 途径数据库中检索到的反应，以及从文献中检索到的虫草素生物合成途径的模板，建立了一个分类系统，将蛹虫草整个代谢网络中的反应划分为 6 种代谢途径，即碳水化合物、能量、氨基酸、核苷酸、脂类和辅助因子代谢途径。蛹虫草基因组代谢网络模型 *i*WV1170 作为第一个食药用真菌的模型，包含 9651 个蛋白编码基因中的 1170 个（12.1%）。该网络模型由细胞膜、细胞质、线粒体、过氧化物酶体和细胞外 5 个亚细胞系统的 894 个代谢产物和 1267 个代谢反应组成，包括：质膜中 87 个反应；细胞质中 868 个反应；线粒体中 241 个反应；过氧物酶体 28 个反应；细胞外空间 43 个反应。这些代谢反应中有 1214 个反应（95.8%）有相关的基因，53 个反应（4.2%）中没有与之有关的编码基因。

在蛹虫草代谢模型的基础上，主要针对代谢基因和相关酶的 EC 编号进行分类。在整个注释过程中，通过 KEGG 分类，对来自蛹虫草和其他昆虫病原真菌的比较同源性分析所获得的代谢基因进行修正，并对它们的代谢功能进行了分类。蛹虫草的总体基因中代谢功能包含氨基酸代谢（21.6%）、核苷酸代谢（14.9%）、复合碳水化合物代谢（14.9%）、碳水化合物代谢（11.5%）和复合脂质的代谢

（8.8%）。发现所注释的代谢功能基因中，参与嘌呤代谢的有 124 个基因，参与淀粉和蔗糖代谢的有 92 个基因，参与色氨酸代谢的有 81 个基因，参与戊糖和葡萄糖醛酸交换的有 53 个基因，参与甘氨酸、丝氨酸和苏氨酸代谢的有 46 个基因。

值得关注的是，在蛹虫草基因组中代谢基因和它们相关的酶功能中发现了大量编码细胞外酶的基因，如 α-葡萄糖苷酶（EC 3.2.1.20）、α-半乳糖苷酶（EC 3.2.1.22）、海藻糖酶（EC 3.2.1.28）、β-葡萄糖苷酶（EC 3.2.1.21）、β-半乳糖苷酶（EC 3.2.1.23）、α-甘露糖苷酶（EC 3.2.1.24）、几丁质酶（EC 3.2.1.14）、β-1,3-葡聚糖酶（EC 3.2.1.58）、壳聚糖酶（EC 3.2.1.132）和 β-甘露聚糖酶（EC 3.2.1.78）。此外，在蛹虫草中富含参与甘氨酸代谢的基因，如肌氨酸氧化酶（EC 1.5.3.1）和谷氨酰胺合成酶（EC 6.3.1.2）。可以看出，与其他昆虫病原真菌相比，蛹虫草具有更加复杂的代谢基因，特别是编码腺苷和腺嘌呤合成酶的基因，其负责生产虫草素，如腺苷酸激酶（EC 2.7.4.3）和 5′-核苷酸酶（EC 3.1.3.5）。在 6 种主要的 EC 酶分类中，蛹虫草中酶类最丰富的是转移酶（EC 2），其次是水解酶（EC 3）、氧化还原酶（EC 1）、裂解酶（EC 4）、连接酶（EC 6）和异构酶（EC 5）。所鉴定出的水解酶大多为蛋白水解酶与脂肪水解酶等。在同一科的近缘种中也发现了类似的趋势。值得注意的是，关于已知的真菌毒素，在蛹虫草的基因组中没有发现真菌毒素机制的 EC 编号。因此认为蛹虫草在药物应用领域是安全的，这与其长期的实验记录相符。

*i*WV1170 可用于解释其生长表型、虫草素等代谢产物在不同底物上的表型。在蛹虫草基因组中存在大量编码胞外酶的基因，这些基因编码的目的是降解复杂的碳水化合物、脂质和蛋白质。通过基因组比对分析，重建了腺嘌呤对虫草素生物合成的代谢途径，揭示了它们在 11 种昆虫病原真菌中的进化关系。推测虫草素生物合成过程中涉及的代谢途径包括中心碳代谢、氨基酸代谢（甘氨酸、L-谷氨酰胺和 L-天冬氨酸）和核苷酸代谢（腺苷和腺嘌呤）。有趣的是，在蛹虫草中发现缺乏核糖核酸还原酶抑制剂的编码序列，这可能是导致蛹虫草过量生产虫草素的原因之一。

由于虫草属在传统中药中有广泛的应用，人们长期以来就认为其合成了许多具有药理活性的初级和次级代谢产物。其中，虫草素是在蛹虫草中发现的一种生物活性化合物，腺嘌呤是虫草素生物合成的主要前体。事实上，腺嘌呤代谢途径通向所推断的虫草素生物合成途径，从而组装到蛹虫草的代谢网络中，该网络包含 31 个基因、21 个酶、25 个生化反应。与相关昆虫病原真菌的系统发育树比较发现了在蛹虫草中参与虫草素生物合成的 8 种关键酶。在这些同源基因的背景下，*B. bassiana*、*C. brongniartii*、*C. confragosa* 和 *I. fumosorosea* 彼此拥有最近的共同祖先，而与蛹虫草相差较远。在参与虫草素生物合成的基因中，蛹虫草不含有核糖核酸还原酶抑制剂的编码序列。而核糖核酸还原酶抑制剂序列 AAL_00437、

BBA_05582、BBO_00466、MAA_01045、ISF_08196、LEL_02678、MAN_05671、NOR_07456、OCS_04786、XA68_2784 分别出现在 *A. aleyrodis*、*B. bassiana*、*C. brongniartii*、*M. robertsii*、*I. fumosorosea*、*C. confragosa*、*M. isopliae*、*M. rileyi*、*O. sinensis* 和 *O. unilateralis* 中。因此，人们认为蛹虫草具有很高的虫草素生产潜力。此外，腺苷单磷酸、腺嘌呤和腺苷酸被认为是合成虫草素转化过程中的基本组成部分。戊糖（木糖和核糖）、己糖（葡萄糖和果糖）和二糖（蔗糖）可以通过糖酵解、戊糖磷酸途径和三羧酸循环来作为细胞生长发育的碳源以及参与虫草素的生物合成。

7.5　灵芝多糖基因组代谢模型的构建及应用

7.5.1　灵芝基因组代谢模型的构建

由于目前关于食药用真菌的生化信息无法与原核微生物相比，因此食药用真菌的代谢模型构建无法实现自动或半自动化，以灵芝 5.26 的模型构建作为分析目标，根据 Thiele 等人发表的基因组规模代谢模型构建方法，采用手动的方式构建灵芝基因组代谢网络模型（图 7-2）。

从数据库中下载的灵芝 5.26 全基因组序列 [19]，经 BLAST 和 KAAS 两种方法注释。应用 BLAST 进行序列同源比对，选取 *Aspergillus niger i*MA871[20]、*Mortierella alpina i*CY1106[21] 和 *Aspergillus terreus i*JL1454[22] 的 GSMM 为参考，*Aspergillus niger*、*Mortierella alpina* 和 *Aspergillus terreus* 的全基因组序列被建立成 BLAST 比对所需的本地数据库。将灵芝基因组与三种微生物的比对结果分别存储于 Excel 中。另外，将灵芝全基因组上传到 KEGG 自动注解服务器（KAAS）中进行在线注释，然后将注释结果与 BLAST 比对结果进行整合。在模型整合的过程中，要删除重复的反应和基因注释等在 Excel 中所在的那一行所有数据。保留不重复的反应，由此获得灵芝的初模型。整合注释结果后得到包含反应列表与代谢物列表两个脚本的 xlsx 格式文件，其定义为灵芝粗模型，包含 835 个基因、1029 个代谢物和 961 个反应。

上述所得到的灵芝粗模型是后续代谢网络模型改进的起点。最基本的代谢模型由两部分组成，包括反应列表与代谢物列表。其中，反应列表作为主体，代谢物列表是基于反应列表获得的。反应列表中改进的依据主要来源于 KEGG、MetaCyc、CELLO 和 TCDB 等公共的生化数据库中所获取的生物化学信息，由此针对粗模型逐步进行手动修饰，包括错误反应的删除、生物体特异性反应的添加、质量电荷平衡的检查和代谢漏洞的填充。每个反应中的代谢物信息主要根据 CHEBI[23] 和

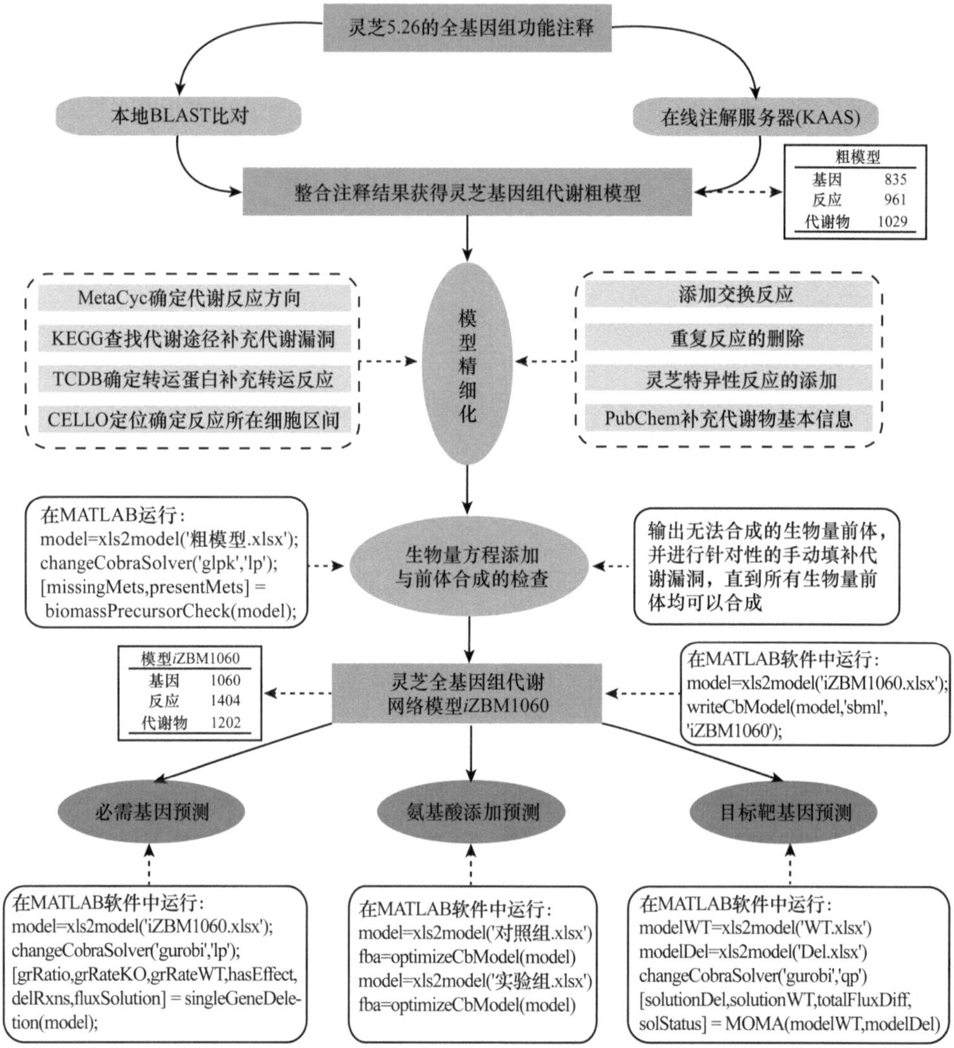

图 7-2　灵芝基因组规模代谢网络模型的构建及其模拟预测流程图

PubChem[24] 数据库得到，进而补充到模型中的代谢物列表中。

运行基于 COBRA 工具箱中的 GapFind 和 GapFilling 发现初始模型中的漏洞，使得在后期模拟过程可以有一个准确的代谢通路。当生物量方程和交换反应添加到代谢模型中后，一个相对详细的模型就基本完成了。生物量组成是所有已知生物量成分及其含量的线性组合，主要作用是在后期模拟中作为菌体生长与否的判断依据。交换反应作用主要是摄取培养基中营养物质和将特定代谢物分泌到细胞外环境，从而定义了系统吸收与分泌的上、下边界，正流量值为分泌，负流量值为吸收。

基于文献挖掘确定了生物量组成，以此进行换算得到生物量方程，将生物量方程添加到上述经过手动精细化修饰后的模型中，然后进行生物量前体合成的检查，在检查前体合成之前需要把 COBRA 工具箱添加到 MATLAB 软件平台的路径中。运行：

model=xls2model（‘粗模型 . xlsx’）；

changeCobraSolver（‘glpk’，‘lp’）；

[missingMets，presentMets] =biomassPrecursorCheck（model）。

输出无法合成的生物量前体，进行针对性的手动填补代谢反应漏洞，直到所有生物量前体均可以合成。生物量前体检查完毕后进行手动添加交换反应。灵芝基因组规模代谢网络模型的构建基本完成，经过精炼的模型要转化为计算机可读的格式（SBML）才能进行模拟分析。需要在 MATLAB 中运行：

model=xls2model（‘iZBM1060. xlsx’）；

writeCbModel（model，‘sbml’，‘iZBM1060’）；

由此，得到灵芝基因组代谢网络模型，根据命名规则将其命名为“*i*ZBM1060”，该模型包含了 1060 个基因、1202 个代谢物和 1404 个反应。模型的形式以 xlsx 格式表现，通过 MATLAB 软件运行，可以把该 xlsx 格式文件进一步转化为 xml 格式文件。

为了确定构建的灵芝基因组代谢网络模型是否能够正确地反映灵芝菌体的代谢过程，可以在 MATLAB 平台上通过调用 COBRA 工具箱中的程序阅读模型，并使用 FBA 分析代谢流量的分布。这也是代谢网络常用的优化模拟方法。GLPK 用于线性规划，二次规划使用 Gurobi。模型中的反应通量范围对于模拟是有限的。其中可逆反应、不可逆反应、转运反应和交换反应上下限流量分别设定为（–1000，1000），（0，1000），（–1000，1000）和（0，1000）mmol/g DW/h。然而，需要通过交换反应从环境中获得基本元素，所以基本的元素需要另外设定流量。通过设置通量为零来评估基因的必要性，并用 FBA 模拟最大比生长速率是否为零。如果基因的缺失导致生物量方程的流量为零，则表示菌株不能生长，将其定义为必需基因。为了模拟胞外多糖（EPS）生产，将生物量设定为固定值，并将 EPS 交换反应设定为目标函数。其余的模拟与预测和生物量方程作为目标方程方法一样。

定性验证：COBRA 工具箱用来模拟灵芝在不同的唯一碳源与氮源的条件下是否生长（即生物量方程作为目标方程，模拟结果是否有流量输出），对于生长模拟，湿实验以最小培养基进行培养，模型中对于基本元素 C、H、O、N、Pi 与 S 设定一定流量，生物量方程设定为目标函数。将这些模拟结果与实验观察到的表型进行比较以验证模型的模拟结果是否与实验表型一致。

定量验证：基于实验结果，得到灵芝液体发酵时最大比糖耗速率与最大比生长速率，根据最大比糖耗速率，对模型中的葡萄糖进行上下界流量约束，以生物量方程作为目标方程，运行 fba=optimizeCbModel（model）输出生物量方程的流量值（即最大比生长速率模拟值），实验结果得到的最大比生长速率作为参照标准，与模型模拟的最大比生长速率进行定量比较验证。根据两者之间的差异调整反应列表中的反应方向等其他影响流量输出结果的因素。发酵培养基作为湿实验培养基，在模型中需要对基本元素进行流量约束，而且湿实验所用到的发酵培养基为复合型培养基，所以不仅仅要对基本元素进行约束，还要对 20 种氨基酸的流量进行约束，所有 20 种氨基酸的最大摄取率都设定为 0.01 mmol/g DW/h。

使用最小化代谢调整算法（MOMA）进行过表达目标靶基因的鉴定，以更好地预测流量分布。过表达算法包括 5 个步骤：①最大比 EPS 生成速率（0.005 mmol/g DW/h）在模型中被设定；②通过调节特定培养基成分（如基本元素和 20 种氨基酸）的吸收速率，基于发酵培养基计算每个反应的通量。氨基酸的最大摄取率设定为 0.01 mmol/g DW/h。葡萄糖作为唯一的碳源，其吸收率设定为 1 mmol/g DW/h；③放大其中流量不为零的反应的通量（模拟基因过表达的影响）；④ MOMA 用于解决过表达的问题；⑤确定过量表达的目标基因是否为靶基因，要满足 EPS 产量提高（超过 0.005 mmol/g DW/h）和 f_{PH} 值＞ 1（方程式 1）。对模型内的每个反应重复步骤③和④。

$$f_{PH}=\left(f_{biomass}\right)\left(f_{EPS}\right)=\left(\frac{V_{biomass,\ over\text{-}expression}}{V_{biomass,\ WT}}\right)\left(\frac{V_{EPS,\ over\text{-}expression}}{V_{EPS,\ WT}}\right) \quad \text{（方程式 1）}$$

通过 FBA 定性预测灵芝模型在单一碳源与氮源条件下的生长表型，分别利用 18 种不同碳源（13 种糖、3 种醇、2 种羧酸）验证灵芝在单一碳源条件下的生长能力。其中每一种碳源都分别被用作最小生长培养基中的唯一碳源。将模拟结果与实验数据进行比较，模拟结果与生长表型匹配率高达 94.4%。从 18 种碳源被广泛利用的结果可以看出，灵芝不仅能够利用单糖，还能利用蔗糖、麦芽糖和乳糖等二糖。利用 22 种不同氮源（硝酸盐、尿素与 20 种氨基酸）验证灵芝在单一氮源条件下的生长能力。将模拟结果与实验数据进行比较时，匹配率为 95.5%。

在 18 种碳源的验证结果中的 17 种碳源都可以被灵芝利用，22 种氮源中的 20 种灵芝可以成功进行代谢利用，表明其具有广泛的底物适应性。基于以上结果也可以看出模型中漏洞较少，因此可用于预测各种碳源和氮源的分解代谢途径。其中，模拟与实验结果不一致的柠檬酸盐和尿素可归因于不明确的运输途径及该化学计量模型中缺乏调节机制，从而导致极少数的不一致现象。

培养灵芝以获得生物量、糖耗和 EPS 生产曲线，采用非线性拟合方法处理生物量生长曲线和糖耗曲线，根据拟合结果获得最大比生长速率为 0.076 h^{-1}，相应的比糖消耗率为 0.506 mmol/g DW/h。基于实验结果，对模型中葡萄糖的流量进行约束，其设定流量值为 0.506 mmol/g DW/h，以生物量方程为目标方程，利用 FBA

流量分析，输出生物量方程的流量值，为了模拟不同培养基条件的细胞生长，在流量分析模拟中，生物量方程所输出的结果就是最优值。所以在没有产物限制的情况下，计算机模拟预测中的细胞最大比生长速率为 0.077 h^{-1}，这与实验结果得到的 0.076 h^{-1} 的比生长速率非常接近，只比实验结果得到的细胞最大比生长速率高出 1.3%，说明模拟结果与实验结果具有较高的一致性。

模型已构建完毕，且进行了湿实验的定性与定量的验证，模拟结果与实验结果的一致性表明，模型 *i*ZBM1060 可成功反映灵芝的细胞代谢。可以进一步分析代谢模型，并基于所构建的模型在后期对灵芝 EPS 发酵生产进行模拟与预测。

7.5.2 灵芝基因组代谢模型的分析

基于模型 *i*ZBM1060 统计，代谢模型通过 69 个细胞质膜转运反应与 110 个细胞质线粒体转运反应连接三个细胞区间（细胞外、细胞质和线粒体），基于 TCDB 和 TransportDB 总共注释 129 个转运蛋白 [25]。细胞外有 179 个反应，包括 84 个交换反应和 95 个代谢反应。细胞外所存在的代谢反应可使灵芝适应不同的外部环境条件。例如，灵芝利用半乳糖苷酶可以在不同的碳源条件下生长，例如，麦芽糖、纤维二糖和甘露糖作为碳源时，均可以被半乳糖苷酶催化，然后被灵芝代谢利用。

根据 KEGG 数据库（http://www.genome.jp/kegg/pathway.html），在 *i*ZBM1060 中，所有 1404 个反应（包括转运和交换反应）被分为 10 个不同的代谢子系统。其中，最大的子系统是脂质代谢（脂肪酸生物合成、脂肪酸降解、甘油脂、甘油磷脂、鞘脂和类固醇代谢），占总反应的 21.97%，其次是氨基酸代谢（19.61%）和碳水化合物代谢（15.12%）。这三个最大子系统的总和占反应总数的 50% 以上。除脂质代谢和转运反应外，每个子系统中超过 80% 的反应都有相应的编码基因，这些与基因相关的反应，都有明确的基因所编码的酶催化。

在 10 个子系统中，多糖生物合成和代谢、核苷酸代谢、辅因子和维生素代谢中基因注释的百分比超过 90%。相比之下，转运反应和脂代谢研究相对较少，生化信息较缺乏。转运反应和脂代谢两个子系统中基因注释的百分比分别仅为 41.18% 和 77.92%。综上所述，在灵芝中，多糖生物合成和代谢、核苷酸代谢、辅因子和维生素代谢相对于转运反应和脂代谢的研究更多。

基于构建的模型 *i*ZBM1060，预测了灵芝可以广泛利用不同的底物，并进行了实验验证，灵芝不仅能够利用多种单糖（如葡萄糖、甘露糖与半乳糖等），而且还能够利用一部分二糖（蔗糖和乳糖）等。基于模型对灵芝中的碳源代谢进行了分析与总结，己糖的代谢主要通过相应的激酶催化生成相对应的磷酸单糖，然后直接进入乙醛酸循环、三羧酸（TCA）循环和戊糖磷酸途径（PPP）。

然而，阿拉伯糖和其他戊糖的磷酸化必须先通过氧化还原反应才能够完成，然后进入 PPP。另外，在鼠李糖代谢中合成的丙酮酸进入糖酵解途径、TCA 循环和其他途径。与其他己糖代谢相比，岩藻糖有着很大的差异，最初代谢为磷酸甘油酮，然后进入糖酵解途径。因此，在灵芝生长过程中，一些戊糖需要经过氧化还原反应，在此过程中会损失碳源中的能量。当葡萄糖、果糖、甘露糖和半乳糖用作碳源时，菌体的最大生物量分别为 9.99 g/L、13.03 g/L、9.33 g/L 和 4.11 g/L。当木糖、阿拉伯糖和鼠李糖用作碳源时，最大生物量分别为 1.90 g/L，1.63 g/L 和 2.41 g/L。实验结果显示，己糖与戊糖作为碳源时，前者细胞生物量显著高于后者。

EPS 的生物合成途径分为三个阶段：①核苷酸糖前体的生物合成途径；②重复单糖单元的组装；③聚合过程。葡萄糖、甘露糖和半乳糖在 EPS 的单糖组成中是常见的，其中单糖组分中葡萄糖的比例最高，岩藻糖与鼠李糖的含量相对较低。从上述结果可以看出，多糖的合成途径具有一定的复杂性。目前，由于对多糖合成途径中的酶以及在途径中的功能认识不足，所以生物合成途径的研究较少。在图 3-3 中，基于模型 *i*ZBM1060 提出了详细的灵芝多糖前体核苷酸糖的生物合成途径。在该模型中，灵芝多糖核苷酸糖前体的生物合成途径与植物中的相似，为分析食药用真菌中多糖的合成途径提供了基础。

葡萄糖等单糖由单糖激酶催化产生相应的磷酸单糖，然后用焦磷酸化酶合成 UDP-单糖。例如，己糖激酶（EC 2.7.1.1）参与葡萄糖-6-磷酸合成，葡萄糖异构酶（EC 5.4.2.2）参与葡萄糖-1-磷酸合成。最后通过 UGP-葡萄糖焦磷酸化酶（EC 2.7.7.9）合成 UGP-葡萄糖。对于木糖、鼠李糖和果糖先进入 PPP 以合成果糖-6-磷酸，果糖-6-磷酸进入核苷酸糖前体合成途径。此外，果糖-6-磷酸也可以通过阿拉伯糖合成。果糖-6-磷酸存在两条合成核苷酸糖的途径。一方面，葡萄糖-6-磷酸异构酶（EC 5.3.1.9）催化果糖-6-磷酸转化为葡萄糖-6-磷酸；另一方面，甘露糖-6-磷酸异构酶（EC 5.3.1.8）催化果糖-6-磷酸合成甘露糖-6-磷酸。从中也可以看出，在核苷酸糖前体合成途径中果糖-6-磷酸与葡萄糖-1-磷酸作为中间代谢产物起到至关重要的作用。葡萄糖等己糖在代谢过程中的反应步骤较少，可以快速进入灵芝核苷酸糖合成途径。然而，鼠李糖等戊糖不能直接进入核苷糖的合成途径，需要进行额外的反应。作为碳源的己糖比戊糖更有利于 EPS 合成。综上所述，己糖更有利于灵芝的生长与多糖的生成。

在两种培养基（最小生长培养基和发酵培养基）的条件约束下，通过 COBRA 工具箱中的单基因敲除程序 [singleGeneDeletion（model）] 在 MATLAB 平台模拟分析对细胞生长和 EPS 生产必需的基因。在预测 EPS 生产的必需基因之前，应限制生物量的流量值以确保细胞的正常生长（即模型中生物量方程中的流量约束）。当在含有葡萄糖、KH_2PO_4、$MgSO_4$ 和 NH_4Cl 的最小生长培养基条件下模拟时，使用 FBA 方法鉴定出了 119 个基因（总基因的 11.23%）对于生长是必需的。124 个基因（11.70%）被确定为对 EPS 生产必需的。相比之下，发酵培养基（基于最小生长培养基基础上，包括 20 种常规氨基酸）模拟结果显示仅 88 个基因（8.30%）被鉴定为对生长是必不可少的。106 个基因（10.00%）被确定为对 EPS 生产是必需的。

在最小生长培养基上，超过一半的生长必需基因涉及氨基酸（32.77%）和碳水化合物（19.33%）代谢。对于参与氨基酸代谢和碳水化合物代谢的 EPS 生产的必需基因，前者为 31.45%，后者为 21.77%。该结果表明，EPS 的生产与细胞生长相比，需要更多的碳代谢途径。然而，在发酵培养基上，超过 90% 的生长必需基因集中在 5 个子系统（氨基酸代谢、辅因子和维生素的代谢、核苷酸代谢、碳水化合物代谢和脂质代谢），证明这些子系统在细胞生长中发挥着重要作用。对于预测 EPS 生产的必需基因，大约 82% 都集中在氨基酸代谢（22.64%）、辅因子和维生素代谢（16.04%）、脂质代谢（16.98%）和碳水化合物代谢（25.47%），说明它们对于 EPS 生产有着非常重要的作用。

7.5.3　灵芝基因组代谢模型的多糖合成模拟预测

为了进一步阐明 EPS 前体合成途径，对灵芝和其他 5 种重要真菌中的 EPS 合成途径关键酶进行了比较基因组学分析。5 种相关食药用真菌的基因组（牛樟芝 *Antrodia cinnamomea*，蛹虫草 *Cordyceps militaris*，冬虫夏草 *Ophiocordyceps sinensis*，金针菇 *Flammulina velutipes*，平菇 *Pleurotus ostreatus*）由 KAAS 在线注释，基于注释结果比较灵芝与其他 5 种食药用真菌在 EPS 前体生物合成中相关酶的注释情况，以阐明灵芝 EPS 前体生物合成的特征。选取 32 个关键酶进行比较，灵芝中注释的关键酶基因数量为 25 个，牛樟芝注释到 18 个关键酶基因，蛹虫草注释到 17 个关键酶基因，冬虫夏草注释到 16 个关键酶基因，金针菇注释到 20 个关键酶基因，平菇也注释到 20 个关键酶基因（表 7-3）。根据所统计的基因注释结果可以看出，灵芝相对于其他 5 个菌株的注释更加全面。

6 个菌株在 dTDP-鼠李糖生物合成途径中都显示出基因缺失。例如，dTDP-葡萄糖合酶参与 dTDP-葡萄糖的合成、dTDP-4-脱氢-6-脱氧-D-葡萄糖 3,5-差向异构酶和 dTDP-4-脱氢半乳糖还原酶参与 dTDP-鼠李糖的合成。UDP-阿拉伯糖 4-差向异构酶也没有注释到相关基因，其催化 UDP-木糖转化为 UDP-阿拉伯糖。上述结果表明灵芝的多糖合成代谢比其他 5 种真菌更加复杂，因此，可以合成更多种类的核苷酸糖前体，以此组装聚合生成具有多种生物活性的灵芝多糖。

表 7-3　六种被研究的药食用真菌物种中 EPS 生物合成的关键酶

EC 编号	灵芝	牛樟芝	蛹虫草	冬虫夏草	金针菇	平菇
2.7.1.1	3	2	4	4	2	2
5.3.1.9	1	1	1	1	1	1
5.3.1.8	2	2	1	1	1	1
5.4.2.8	2	0	0	0	0	0
2.7.7.13	1	0	0	0	0	0
4.2.1.47	1	1	0	0	1	1
1.1.1.271	1	1	0	0	1	1
5.4.2.2	1	2	1	1	3	2
2.7.7.9	1	2	1	1	1	1
5.1.3.2	2	1	1	1	1	1
1.1.1.22	1	1	1	1	1	1
4.1.1.35	1	1	0	0	1	1
5.1.3.5	0	0	0	0	0	0
2.7.7.24	0	0	0	0	0	0
4.2.1.46	0	0	1	2	0	0
5.1.3.13	0	0	0	0	0	0
1.1.1.133	0	0	0	0	0	0
2.7.1.6	1	0	1	1	1	1
2.7.7.12	0	0	1	1	1	1
1.1.1.307	1	0	0	0	0	0
1.1.1.9	1	1	2	0	1	1
1.1.1.14	1	1	2	3	3	2
4.1.2.13	2	1	3	2	2	2
3.1.3.11	2	1	1	1	1	1
2.7.1.17	2	2	1	1	2	2
2.2.1.1	0	1	1	1	1	1
2.7.1.11	1	1	1	1	1	1
4.1.2.9	1	1	0	0	1	1
2.7.1.46	1	0	0	0	0	0
2.7.7.64	1	0	0	0	0	0
2.7.1.52	1	0	0	0	0	0
2.7.7.30	1	0	0	0	0	0

注：表格列中的数字是注释的基因数量。

以 EPS 的生产为目标，在模型 *i*ZBM1060 中，模拟额外添加 20 种氨基酸对细胞生长和 EPS 生产的影响。结果表明，添加氨基酸对细胞生长和比 EPS 生产速率均有很好的促进效果，对 EPS 的生产影响最大的为 L-色氨酸的添加，其次是 L-苯丙氨酸和 L-酪氨酸。模拟结果显示，添加上述三种氨基酸使比 EPS 生产速率分别提高了 41.85%、32.80% 和 31.39%。通过湿实验的验证，最终发现添加 L-苯丙氨酸对于增强 EPS 的生产有着很大的潜力。

近几年增加 EPS 产量的策略主要集中在基因的表达水平上。然而，关于目标基因过表达以改善 EPS 生产的数据来源较少。基于本研究中的灵芝基因组代谢模型 *i*ZBM1060，我们对基因进行模拟过表达以指导代谢发酵工程，改善 EPS 生产。8 个基因在模拟过程中被确定为 EPS 过量生产的潜在目标靶基因，结果显示，PGM（EC 5.4.2.2）、UGP（EC 2.7.7.9）、GALE（EC 5.1.3.5）、TSTA3（EC 1.1.1.271）、GMDS（EC 4.2.1.47）、RFBC（EC 5.1.3.13）、TGDS（EC 4.2.1.46）和 RFFH（EC 2.7.7.24）基因的过表达可以提高 EPS 的产量。

模拟结果表明过表达葡萄糖磷酸化酶（PGM）基因，最大比 EPS 生产速率相对于野生型菌株提高 2.66 倍。PGM 催化葡萄糖-6-磷酸转化为葡萄糖-1-磷酸，而葡萄糖-6-磷酸和葡萄糖-1-磷酸是 EPS 前体合成途径中的两个重要中间体。因此，PGM 的转录水平增加有助于增强 EPS 前体的生成，从而促进 EPS 的生产。在相关研究中，PGM 也被认为是灵芝中 EPS 生物合成的关键酶。当过表达 PGM 基因时，灵芝的最大 EPS 产量为 1.76 g/L，比野生型菌株高 44.30%。

此外，当 UDP-葡萄糖焦磷酸化酶（UGP）在计算机模拟过表达时，最大比 EPS 生产速率提高至 0.0106 mmol/g DW/h。UGP 直接参与 UDP-葡萄糖的合成，并且多糖组分中葡萄糖的比例高。因此，UDP-葡萄糖作为多糖合成前体对多糖生产具有关键作用。此外，在早期研究中，证明了 UGP 影响 EPS 的合成，UGP 的高表达可以提高 EPS 的产量。对于剩下的 6 个目标靶基因作为 EPS 合成途径中的关键酶，为后期的基因调控提高 EPS 的产量提供了指导方向。

7.5.4　基于模型预测的灵芝多糖高效发酵策略

基于模型的模拟和预测表明，L-苯丙氨酸对 EPS 的生产有显著的促进作用。苯丙氨酸是一种具有生理活性的芳香氨基酸；它是人体和动物不能自然合成的必需氨基酸之一，具有重要的营养和保健作用，广泛应用于食品和医药行业，例如，应用于生产低热量甜味剂阿斯巴甜、食品香精和药用活性物质。很少有研究探讨 L-苯丙氨酸对食药用真菌发酵的影响。

为了测试 L-苯丙氨酸的效果，在灵芝培养基中加入不同浓度的 L-苯丙氨酸，最终确定了 L-苯丙氨酸的最适添加量，最大 EPS 产量增加 45.49%（图 7-3A）。为了更好地了解 L-苯丙氨酸对多糖生产的影响，在不同时间加入 L-苯丙氨酸，发现发酵 24 h 后添加 L-苯丙氨酸，EPS 产量显著提高了 62.50%（图 7-3B）。因此确定了 L-苯丙氨酸的最适发酵条件。

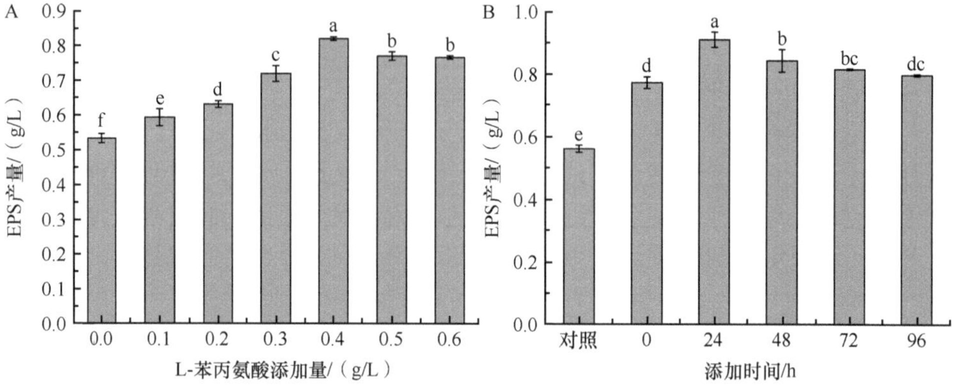

图 7-3　L-苯丙氨酸的添加量与添加时间对 EPS 生产的影响

为了确定 L-苯丙氨酸是否在不同培养基条件下也同样促进灵芝 EPS 的生产，选取了其他研究者所报的两种培养基进行验证，结果展示添加 L-苯丙氨酸可以使得 EPS 的产量分别提高 1.33 倍（图 7-4A）和 1.21 倍（图 7-4B）。此外，还选取了在工业发酵生产中所用的玉米麸皮发酵培养基验证 L-苯丙氨酸的促进效果。

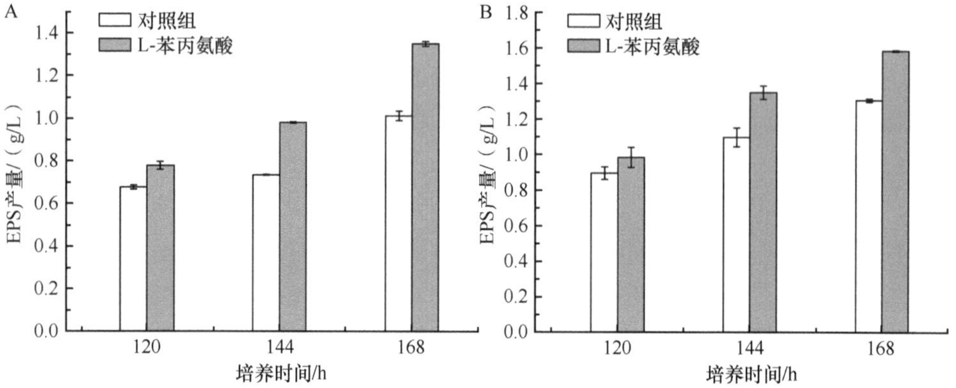

图 7-4　L-苯丙氨酸添加到不同培养基中对 EPS 发酵产量的影响

从图 7-5 中的结果可以看出，L-苯丙氨酸的添加对工业培养基条件下所培养的灵芝 EPS 的生产有着显著的促进效果，EPS 的产量达到了将近 3 倍的增幅。基于上述结果，也证明了在不同培养基条件下，L-苯丙氨酸均对灵芝 EPS 的生产有着促进作用。通过在灵芝培养中添加 L-苯丙氨酸，建立了一种高效高产的 EPS 生产的发酵策略。由此可知，以 L-苯丙氨酸作为促进剂促进灵芝 EPS 的生产具有广泛的应用前景[26]。

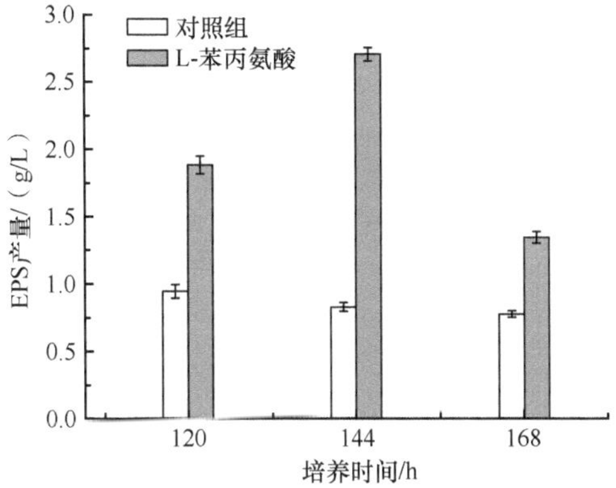

图 7-5　工业培养基条件下 L-苯丙氨酸对 EPS 发酵产量的影响

（丁重阳　马忠宝）

参考文献

[1] 樊龙江 , 吴三玲 , 邱杰 . 生物信息学 . 杭州 : 浙江大学出版社 , 2017.

[2] 张阳德 . 生物信息学 (第二版). 北京 : 科学出版社 , 2009.

[3] Moriya Y, Itoh M, Okuda S, et al. KAAS: an automatic genome annotation and pathway reconstruction server . Nucleic Acids Research, 2007, 35 (Web Server issue): W182-5.

[4] Kanehisa M, Goto S, Furumichi M, et al. KEGG for representation and analysis of molecular networks involving diseases and drugs. Nucleic Acids Research, 2010, 38 (Database issue): D355-360.

[5] Caspi R, Foerster H, Fulcher C A, et al. The MetaCyc Database of metabolic pathways and enzymes and the BioCyc collection of Pathway/Genome Databases. Nucleic Acids Research, 2008, 36(Database issue): D623-631.

[6] Uniprot C. The Universal Protein Resource (UniProt) in 2010. Nucleic Acids Research, 2010, 38 (Database issue): D142-148.

[7] Yu C S, Lin C J, Hwang J K. Predicting subcellular localization of proteins for Gram-negative bacteria by support vector machines based on n-peptide compositions. Protein Science, 2004, 13(5): 1402-1406.

[8] 李伟 , 吴广畏 , 杨玉萍 , 等 . 后基因组时代的真菌天然产物发现 . 菌物学报 , 2015, 34(5): 914-926.

[9] Kim W J, Kim H U, Lee S Y. Current state and applications of microbial genome: scale metabolic models. Current Opinion in Systems Biology, 2017, 2: 9-17.

[10] 刘婷 . 树干毕赤酵母基因组规模代谢网络模型构建及应用 . 无锡 : 江南大学硕士学位论文 , 2013.

[11] Thiele I, Palsson B O. A protocol for generating a high-quality genome-scale metabolic reconstruction. Nature Protocol, 2010, 5(1): 93-121.

[12] 马忠宝 . 灵芝多糖基因组规模代谢模型构建及其高效发酵研究 . 无锡 : 江南大学硕士学位论文 , 2019.

[13] Lakshmanan M, Koh G, Chung B K S, et al. Software applications for flux balance analysis. Briefings in Bioinformatics, 2014, 15(1): 108-122.

[14] Schellenberger J, Que R, Fleming R M T, et al. Quantitative prediction of cellular metabolism with constraint-based models: the COBRA Toolbox v2.0. Nature Protocol, 2011, 6(9): 1290-1307.

[15] Saier M H, Tran C V, Barabote R D. TCDB: the Transporter Classification Database for membrane transport protein analyses and information. Nucleic Acids Research, 2006, 34 (Database issue): D181-186.

[16] Satish K V, Dasika M S, Maranas C D. Optimization based automated curation of metabolic reconstructions. BMC Bioinformatics, 2007, 8: 212.

[17] Li H, Wu S, Ma X, et al. The genome sequences of 90 mushrooms. Scientific Reports, 2018, 8: 9982.

[18] Vongsangnak W, Raethong N, Mujchariyakul W, et al. Genome-scale metabolic network of *Cordyceps militaris* useful for comparative analysis of entomopathogenic fungi. Gene, 2017, 626: 132-139.

[19] Chen S, Xu J, Liu C, et al. Genome sequence of the model medicinal mushroom *Ganoderma lucidum*. Nature Communication, 2012, 3(913).

[20] Andersen M R, Nielsen M L, Nielsen J. Metabolic model integration of the bibliome, genome, metabolome and reactome of *Aspergillus niger*. Molecular Systems Biology, 2008, 4: 178.

[21] Ye C, Xu N, Chen H, et al. Reconstruction and analysis of a genome-scale metabolic model of the oleaginous fungus *Mortierella alpina*. BMC Systems Biology, 2015, 9: 1.

[22] Liu J, Gao Q, Xu N, et al. Genome-scale reconstruction and in silico analysis of *Aspergillus terreus* metabolism. Molecular Biosystems, 2013, 9(7): 1939-1948.

[23] Degtyarenko K, dE Matos P, Ennis M, et al. ChEBI: a database and ontology for chemical entities of biological interest. Nucleic Acids Research, 2008, 36 (Database issue): D344-350.

[24] Wang Y, Xiao J, Suzek T O, et al. PubChem: a public information system for analyzing bioactivities of small molecules. Nucleic Acids Research, 2009, 37 (Web Server issue): W623-633.

[25] Ma Z, Ye C, Deng W, et al. Reconstruction and analysis of a genome-scale metabolic model of *Ganoderma lucidum* for improved extracellular polysaccharide production. Frontiers in Microbiology, 2018, 9(3076).

[26] Ma Z, Xu M, Wang Q, et al. Development of an efficient strategy to improve extracellular polysaccharide production of *Ganoderma lucidum* using L-phenylalanine as an enhancer. Frontiers in Microbiology, 2019, 10(2306).